HTML5与CSS
网页设计基础（第5版）

[美] 特丽·费尔克-莫里斯◎著　周　靖◎译

清华大学出版社

北京

内 容 简 介

本书针对HTML5和CSS的最新标准进行及时的更新和修订，包含的主题有：Internet和Web概念；创建HTML5网页；用CSS配置颜色和文本；用CSS配置页面布局；配置图像和多媒体；探索新的CSS特性；应用网页设计最佳实践；设计可访问和可用的网页；搜索引擎优化设计；选择域名；发布网站。

本书适合所有对网页设计感兴趣的读者阅读，是一本理想的入门参考。

北京市版权局著作权合同登记号　图字：01-2019-7175

Authorized translation from the English language edition, entitled BASICS OF WEB DESIGN: HTML5 AND CSS, 5TH EDITION, ISBN 9780135225486, by TERRY FELKE-MORRIS published by Pearson Education, Inc, publishing as Pearson Education, Inc, copyright © 2020.

All Rights Reserved. No part of this book may be reproduced or transmitted in any form or by any means, electronic or mechanical, including photocopying, recording or by any information storage retrieval system, without permission from Pearson Education, Inc.

CHINESE SIMPLIFIED language edition published by **PEARSON EDUCATION ASIA LTD.**, and **TSINGHUA UNIVERSITY PRESS** Copyright © 2020.

本书中文简体翻译版由培生教育出版集团授权给清华大学出版社出版发行。未经许可，不得以任何方式复制或抄袭本书的任何部分。

本书封面贴有Pearson Education(培生教育出版集团)激光防伪标签，无标签者不得销售。

版权所有，侵权必究。侵权举报电话：010-62782989　13501256678　13801310933

图书在版编目(CIP)数据

HTML5与CSS网页设计基础：第5版 /(美)特丽·费尔克-莫里斯(Terry Felke-Morris)著；周靖译. 一5版. 一北京：清华大学出版社，2020.4
　书名原文：Basics of Web Design: HTML5 and CSS，5th Edition
　ISBN 978-7-302-54573-6

　Ⅰ.①H… Ⅱ.①特… ②周… Ⅲ.①超文本标记语言—程序设计 ②网页制作工具 Ⅳ.①TP312.8 ②TP393.092.2

中国版本图书馆CIP数据核字(2019)第290349号

责任编辑：文开琪
封面设计：李　坤
责任校对：周剑云
责任印制：丛怀宇

出版发行：清华大学出版社
　　　　　网址：http://www.tup.com.cn, http://www.wqbook.com
　　　　　地址：北京清华大学学研大厦A座　　　　邮编：100084
　　　　　社 总 机：010-62770175　　　　　　　　邮购：010-62786544
　　　　　投稿与读者服务：010-62776969, c-service@tup.tsinghua.edu.cn
　　　　　质量反馈：010-62772015, zhiliang@tup.tsinghua.edu.cn
印 装 者：涿州汇美亿浓印刷有限公司
经　　销：全国新华书店
开　　本：185mm×260mm　　印张：29.5　　　　字数：714千字
版　　次：2013年1月第1版　2020年4月第5版　印次：2020年4月第1次印刷
定　　价：118.00元

产品编号：083105-01

前　言

《HTML5 与 CSS 网页设计基础》是一本适合网页设计或开发初级课程。每个主题都只用两页篇幅进行讲解，在指出关键点的同时，一般还包含动手实作。全书覆盖网页设计师需要掌握的所有基础知识，包括以下主题：

- ▸ 互联网和万维网的概念；
- ▸ 用 HTML5 创建网页；
- ▸ 用层叠样式表 (CSS) 配置文本、颜色和网页布局；
- ▸ 配置网页上的图片和多媒体；
- ▸ 探索 CSS Flexbox 和 CSS 网格布局系统；
- ▸ 网页设计最佳实践；
- ▸ 创建在桌面和移动设备上都能良好显示的网页；
- ▸ 对无障碍访问、可用性和搜索引擎优化的考量；
- ▸ 取得域名和主机；
- ▸ 发布到网上。

本书中文版的学生文件可以从配套网站 https://pan.baidu.com/s/1yd43W 下载 (区分大小写)，其中包括动手实作的原始文件和解决方案以及案例学习的原始文件。

在本书第 4 版取得极大成功之后，第 5 版新增了以下特色：

- ▸ 更丰富的动手实作；
- ▸ 全面更新了范例代码、案例学习和网络资源；
- ▸ 更新了 HTML5.2 元素和属性；
- ▸ 扩充了网页布局设计和灵活响应网页设计技术；
- ▸ 第 8 章更名为"灵活响应布局基础"，强调了新的布局系统，包括 CSS 灵活布局模块 (Flexbox) 和 CSS 网格布局；
- ▸ 扩充了灵活响应图像技术，包括新的 HTML5 的 picture 元素；
- ▸ 更新了 HTML5 和 CSS 参考资源。

本书特色

立足当下，展望未来。本书采用独特的教学方式，使学生在学习适合当下的网页设计技能的同时，掌握新的 HTML5 和 CSS 编码技术，迎接未来的挑战。

精心挑选主题。本书既传授"硬"技能，比如 HTML5 和层叠样式表 (第 1 章和

第 2 章，第 4 章~第 11 章），也传授"软"技能，比如网页设计（第 3 章）和发布到网上（第 12 章）。打下良好基础之后，学生作为网页设计师追寻自己的职业梦想时，会更加得心应手。使用本书的学生和老师会发现，我们这个课程变得更有趣了。学生在创建网页和网站时，可以一起讨论、综合和运用软硬技能。每个主题都用两页的篇幅来讲解，除了快速提供需要掌握的知识点外，还通过动手实例来巩固所学到的知识。

每个主题两页篇幅。 每个主题都用简洁的、两页篇幅的一个小节进行讲述。许多小节还包含马上就可以开始的动手实作，旨在帮助巩固新学的技能或概念。这种精心设计对学业沉重的学生尤其有用，因为他们需要立即搞清楚关键的概念。

动手实作。 网页开发是一门技能，只有通过动手实作才能更好地掌握。本书十分强调实际动手能力的培养，体现在每章的动手实作练习题、章末练习题以及通过真实的案例学习来完成网站的开发。

网站案例学习。 从第 2 章开始，案例学习将贯穿全书。它的作用是巩固每章所学的技能。教师资源中心提供了案例的示例解决方案，网址是 http://www.pearsonhighered.com/irc。

聚焦网页设计。 大多数章都提供额外的活动来探索与本章有关的网页设计主题。这些活动可以用于巩固、扩展和增强课程主题。

在我的网页开发课堂中，学生经常会问到一些同样的问题。书中列出了这些问题，并用 FAQ 标志注明。

开发无障碍网页的重要性日益增强，所以无障碍网页设计技术将贯穿全书。这个特殊标记可以让您更方便地找到这些信息。

本书使用特殊的道德规范标记注明与网页开发有关的道德规范话题。

提供有用的背景资料，或者帮助提高生产力。

这个特殊标记代表可供深入探索的网络资源，方便学生对当前主题进行深入学习。

参考资料。 附录提供了丰富的参考资料，包括 HTML5 参考、CSS 参考、WCAG 2.1

快速参考以及 ARIA Landmark Roles 概述。

▶ **视频讲解 *(Video Note)*** 视频讲解讲解关键编程概念和技术，演示从设计到编码来解决问题的过程。视频讲解方便学生自学自己感兴趣的主题，支持选择、播放、倒退、快进和暂停。每当看到 视频讲解：……，都表明当前主题有对应的视频讲解。视频列表可从本书中文版配套网站获取，网址是 https://pan.baidu.com/s/1yd43W。注意，由于是英文视频，所以为了方便索引，书中保留了这些视频的英文名称。

补充材料

学生资源。本书中文版读者请访问 https://pan.baidu.com/s/1yd43W（区分大小写）获取学生资源（含视频讲解）。

教师资源。以下补充资源仅供认证教师使用。

- ▸ 章末练习题答案；
- ▸ 案例学习作业答案；
- ▸ 试题；
- ▸ PPT 演示文稿；
- ▸ 示范教学大纲。

作者网站。除了出版社为本书提供的配套网站，作者还专门创建了一个网站，网址为 https://www.webdevbasics.net。该网站拥有许多额外资源，包括调色板和学习 / 复习游戏，还为每一章都单独建了一个网页，提供这一章的示例、链接和更新信息。该网站由作者自行维护，和出版商无利益关系。

致谢

特别感谢出版社的工作人员，包括戈登斯坦 (Matt Goldstein)，雅各比 (Meghan Jacoby) 和布兰兹 (Amanda Brands)。

感谢我的家人，尤其是我的"另一半"，感谢他的耐心、关爱、支持和鼓励。最后还要特别纪念我的父亲，我们永远想念他。

作者简介

特丽·费尔克-莫里斯(Terry Felke-Morris)博士是哈珀学院(位于伊利诺伊州帕拉汀市)的荣誉退休教授。她拥有教育学博士学位和信息系统理学硕士学位,还通过了很多认证,包括 Adobe 认证 Dreamweaver 8 开发者、WOW 认证合作伙伴 Webmaster、Microsoft 认证专家、Master CIW Designer 和 CIW 认证讲师。

为了表彰她在设计 CIS 网页开发大学项目与课程上的贡献,哈珀学院授予她 Glenn A. Reich 教育技术纪念奖。2006 年,她获得了 Blackboard Greenhouse Exemplary 网络课程奖,以表彰她在学院积极使用互联网技术。莫里斯博士在 2008 年获得了两个国际大奖:教育技术委员会颁发的电子教学优秀员工奖和 MERLOT 网上示范教学资源奖。

莫里斯博士拥有 25 年的工商业信息技术从业经历。她于 1996 年发布了她的第一个网站,并从此与网络结下不解之缘。作为网页标准项目任务组的成员,她一直致力于网页标准的推广。她协助哈珀学院设立了网页证书和学位课程,并担任骨干教员。她还是另外一本经典教材系列版本《HTML5 入门经典》的作者。有关她的更多信息,请访问 http://terrymorris.net。

目 录

第1章

互联网和万维网基础

互联网和万维网是我们日常生活的一部分。它们是如何起源的？是什么网络协议和程序设计语言在幕后控制着网页的显示？本章讲述了网页开发人员必须掌握的基础知识，并指导你开始制作自己的第一个网页。你将学习超文本标记语言（HTML），这是创建网页时要用到的语言。

学习内容

▶ 了解互联网和万维网的演变过程

▶ 解释为什么需要网页标准

▶ 了解通用设计

▶ 了解无障碍网页设计的好处

▶ 辨别网上可靠的信息资源

▶ 了解网上信息的道德使用规范

▶ 了解网页浏览器和网络服务器的用途

▶ 了解什么是互联网协议

▶ 定义 URI 和域名

▶ 了解 HTML，XHTML 和 HTML5

▶ 创建自己的第一个网页

▶ 使用 body 元素，head 元素，title 元素和 meta 元素

▶ 命名、保存和测试网页

1.1   互联网和万维网

互联网

互联网 (Internet) 一词是指由计算机网络连接而成的网络,即"互联网""网际网络"或者音译成"因特网"。如今,它随处可见,已经成为我们日常工作和生活中的一部分。电视和广播没有一个节目不在敦促你浏览某个网站,甚至报纸和杂志也全面触网。

互联网的诞生

互联网最初只是一个连接科研机构和大学计算机的网络。在这个网络中,信息能通过多条线路传输到目的地,使网络在部分中断或损毁的情况下也能照常工作。信息重新路由到正常工作的那部分网络从而送达目的地。该网络由美国高级研究计划局 (Advanced Research Projects Agency, ARPA) 提出,所以称为"阿帕网"(ARPAnet)。1969 年底,只有 4 台计算机 (分别位于加州大学洛杉矶分校、斯坦福大学研究院、加州大学圣芭芭拉分校和犹他州立大学) 连接到一起。

互联网的发展

随着时间的推移,其他网络 (如美国国家科学基金会的 NSFnet) 相继建立并连接到阿帕网。这些互相连接的网络,即互联网,起初只限于在政府、科研和教育领域使用。对互联网的商用限制在 1991 年才解禁。

互联网得以持续发展,Internet World Stats 的报告表明,到 2017 年 6 月 30 日,互联网用户的数量已超过 38 亿,相当于全球总人口的 50%。

互联网的商用限制解禁,为后来的电子商务奠定了基础。然而,虽然不再限制商用,但当时的互联网仍然是基于文本的,使用起来非常不方便。不过,后来的发展解决了这个问题。

万维网的诞生

▶ 视频讲解: *Evolution of the Web*

蒂姆·伯纳斯-李 (Tim Berners-Lee) 在瑞士的欧洲粒子物理研究所 (CERN) 工作期间构想了一种通信方式,使得科学家之间可以轻易"链接"到其他研究论文或文章并立刻查看该文章的内容。于是,他建立了万维网(World Wide Web)来满足这种需求。1991 年,伯纳斯·李在一个新闻组上发布了这些代码。在这个版本的万维网中,客户端和服务器之间用超文本传输协议 (Hypertext Transfer Protocol，HTTP) 进行通信，用超文本标记语言 (Hypertext Markup Language，HTML) 格式化文档。

第一个图形化浏览器

1993 年，第一个图形化浏览器 Mosaic 问世。它由马克·安德森 (Marc Andreessen) 和美国国家超级计算中心 (NCSA) 的一群研究生开发，该中心位于伊利诺伊大学香槟分校。他们中的一些人后来开发了另一款著名的浏览器 Netscape Navigator，即今天 Mozilla Firefox 浏览器的前身。

各种技术的聚合

上个世纪 90 年代初，采用易于使用的图形化操作系统 (比如 Microsoft Windows，IBM OS/2 和 Apple Macintosh) 的个人电脑大量面世，而且价格变得越来越便宜。网络服务提供商 (比如 CompuServe，AOL 和 Prodigy) 也提供了便宜的上网连接。图 1.1 清楚地描绘了这样的情形：价格低廉的计算机硬件、易于使用的操作系统、便宜的上网费用、HTTP 协议和 HTML 语言以及图形化的浏览器，所有这些技术聚合在一起，使得人们很容易获得网上的信息。就在这时，万维网 (World Wide Web) 应运而生，它提供了图形化界面，使得用户可以方便地访问网络服务器上存储的信息。

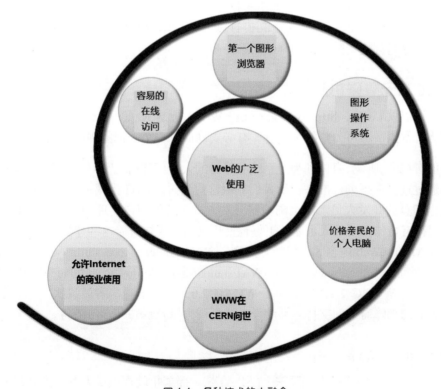

图 1.1　各种技术的大融合

1.2 网页标准和无障碍访问

你可能已经注意到,万维网不是由单一个人或团体运作的。然而,万维网联盟(W3C,http://www.w3.org)在提供与网络相关的建议和建立技术模型上扮演着重要的角色。W3C 主要解决以下三个方面的问题:架构、设计标准和无障碍访问。W3C 提出规范(称为推荐标准,即 recommendations)来促进网页技术的标准化。

W3C 推荐标准

W3C 推荐标准由下属工作组提出,工作组则从参与网页技术开发工作的许多主要公司获取原始技术。这些推荐标准不是规定而是指导方针,许多开发网页浏览器的大软件公司,(比如微软)并不总是遵从 W3C 推荐标准。这给网页开发人员造成了不少的麻烦,因为他们写的网页在不同浏览器中显示的效果不完全相同。

但也有好消息,那就是主流浏览器的新版本都在向这些推荐标准靠拢。甚至还有专门的组织团体,如 Web 标准项目(Web Standards Projects,http://webstandards.org),专门从事 W3C 建议(通常称为"网页标准")的推广,他们的推广对象不仅包括浏览器开发商,还包括网页开发人员和设计师。使用本书编码网页时,将遵从 W3C 推荐标准,这是创建无障碍访问网站的第一步。

网页标准和无障碍访问

无障碍网络倡议(WAI,http://www.w3.org/WAI/)是 W3C 的一个主要工作领域。上网已成为日常生活不可分割的一部分,有必要确保每一个人都能顺利使用。

网页可能对视觉、听觉、身体和神经系统有障碍的人造成障碍。无障碍访问(accessible)的网站通过遵循一系列标准来帮助人们克服这些障碍。WAI 为网页内容开发人员、网页创作工具的开发人员、网页浏览器开发人员和其他用户代理的开发人员提出了建议,使得有特殊需要的人也能够更好地使用网络。要想查看这些建议的一个列表,请访问 WAI 的"Web 内容无障碍指导原则"(Web Content Accessibility Guidelines,WCAG),网址是 https://www.w3.org/WAI/standards-guidelines/wcag/glance/。WCAG 的最新版本是 WCAG 2.1,它扩展了 WCAG 2.0,引入了一些附加条款,要求提高对以下方面的无障碍访问支持:移动设备、低视力以及认知和学习障碍。

无障碍访问和法律

1990 年颁布的《美国残疾人保障法》(ADA)是一部禁止歧视残疾人的美国联邦公民

权利法，ADA 要求商业、联邦和各州均要对残疾人提供无障碍服务，1996 年美国司法部的一项规定 (http://www.usdoj.gov/crt/foia/cltr204.txt) 指出，ADA 无障碍要求适用于互联网上的资源。

1998 年对《联邦康复法案》进行增补的 Section 508 条款规定，所有由美国联邦政府发展、取得、维持或使用的电子和信息技术都必须提供无障碍访问。美国联邦信息技术无障碍推动组 (http://www.section508.gov) 为信息技术开发人员提供了无障碍设计要求的资源。随着网络和互联网 (Web 和 Internet) 技术的进步，有必要修订原始的 Section 508 条款。新条款向 WCAG 2.0 规范看齐，后者于 2015 年发布意见征求版本。本书写作时这部分更新仍处于审查阶段。本书将依据 WCAG 2.0 规范来提供无障碍访问。

近年来，美国各州政府也开始鼓励和推广网络无障碍访问，伊利诺伊州网络无障碍法案 (http://www.dhs.state.il.us/IITAA/IITAAWebImplementationGuidelines.html) 是这种发展趋势的一个例证。

网页通用设计

通用设计中心 (Center for Universal Design) 将通用设计 (universal design) 定义为"在设计产品和环境时尽量方便所有人使用，免除届时进行修改或特制的必要"。通用设计的例子在我们周围随处可见。路边石上开凿的斜坡既方便推婴儿车，又方便电动平衡车的行驶 (图 1.2)。自动门为带着大包小包的人带来了方便。斜坡设计既方便人们推着有滑轮的行李箱上下，也方便手提行李的人行走。

图 1.2　电动平衡车受益于通用设计

网页开发人员越来越多地采用通用设计。有远见的开发人员在网页的设计过程中会谨记无障碍要求。为有视觉、听觉和其他缺陷的访问者提供访问途径应该是网页设计的一个组成部分，而不是网页设计完后才考虑的事情。

有视觉障碍的人也许无法使用图形导航按钮，而是使用屏幕朗读器来提供对页面内容的声音描述。只要做一点简单的改变，比如为图片添加描述文本或在网页底部提供文本导航区，网页开发人员就可以把自己的网页变成无障碍页面。通常情况下，提供无障碍访问途径对于所有访问者来说都有好处，因为它提升了网页的可用性。

为图片提供备用文本，以有序的方式使用标题，为多媒体提供旁白或字幕，这样的网站不仅方便有视听障碍的人访问，还方便移动浏览器的用户访问。搜索引擎可能对无障碍网站进行更全面的索引，这有助于将新的访问者带到网站。本书在介绍网页开发与设计技术的过程中，会讨论相应的无障碍和易用性设计方法。

1.3 浏览器和服务器

网络概述

网络由两台或多台相互连接的计算机构成，它们以通信和共享资源为目的。图 1.3 展示了网络常见的组成部分，包括：

- 服务器计算机；
- 客户端工作站计算机；
- 共享设备，如打印机；
- 连接它们的网络设备（路由器、集线器和交换机）和媒介。

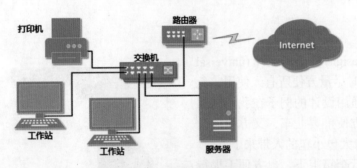

图 1.3 一个网络的常见组成部分

客户端是个人使用的计算机，如桌面机（台式机）。服务器用于接收客户端计算机的资源请求，比如文件请求。用作服务器的计算机通常安放在受保护的安全区域，只有网络管理员才能访问它。集线器 (hub) 和交换机 (switch) 等网络设备用于为计算机提供网络连接，路由器 (router) 将信息从一个网络传至另一个网络。用于连接客户端、服务器、外设和网络设备的媒介包括电缆、光纤和无线技术等。

客户端 / 服务器模型

客户端 / 服务器这个术语可追溯到上世纪 80 年代，表示通过一个网络连接的个人计算机。客户端 / 服务器也可用于描述两个计算机程序——客户程序和服务器程序——的关系。客户向服务器请求某种服务（比如请求一个文件或数据库访问），服务器满足请求并通过网络将结果传送给客户端。虽然客户端和服务器程序可存在于同一台计算机中，但它们通常都运行在不同计算机上（图 1.4）。一台服务器处理多个客户端请求也是很常见的。

互联网是客户端 / 服务器架构的典型例子。想象以下场景：某人在计算机上用网页浏览器访问网站，比如 http://www.yahoo.com。服务器是在一台计算机上运行的网页服务器程序，该计算机具有分配给 yahoo.com 这个域名的 IP 地址。连接到网页服务器后，它定位和查找所请求的网页和相关资源，并将它们发送给客户端。

浏览器发出的请求

服务器的响应

客户端   服务器

图 1.4　客户端和服务器

下面简单列举客户端和服务器的区别。

客户端

- 需要时才连接上网
- 通常会运行浏览器 (客户端) 软件，如 Edge 或 Firefox
- 使用 HTTP
- 向服务器请求网页
- 从服务器接收网页和文件

服务器

- 一直保持网络连接
- 运行服务器软件 (比如 Apache 或 Internet Information Server)
- 使用 HTTP
- 接收网页请求
- 响应请求并发送状态码、网页和相关文件

客户端和服务器交换文件时，它们通常需要了解正在传送的文件类型，这是使用 MIME 类型来实现的。多用途网际邮件扩展 (Multi-Purpose Internet Mail Extensions, MIME) 是一组允许多媒体文档在不同计算机系统之间传送的规则。MIME 最初专为扩展原始的 Internet 电子邮件协议而设计，但也被 HTTP 使用。MIME 提供了网上 7 种不同类型文件的传送方式：音频、视频、图像、应用程序、邮件、多段文件和文本。MIME 还使用子类型来进一步描述数据。例如，网页的 MIME 类型为 text/html, GIF 和 JPEG 图片的 MIME 类型分别是 image/gif 和 image/jpeg。

服务器在将一个文件传送给浏览器之前会先确定它的 MIME 类型，MIME 类型连同文件一起传送，浏览器根据 MIME 类型决定文件的显示方式。

那么，信息是如何从服务器传送到浏览器的呢？客户端 (如浏览器) 和服务器 (如服务器) 之间通过 HTTP，TCP 和 IP 等通信协议进行数据交换，详情请见下一小节的描述。

1.4 Internet 协议

协议是描述客户端和服务器之间如何在网络上进行通信的规则。互联网和万维网不是基于单一协议工作的。相反，它们要依赖于大量不同作用的协议。

电子邮件协议

大多数人对电子邮件已习以为常，但许多人不知道的是，它的顺利运行牵涉到两个服务器：一个入站邮件服务器和一个出站邮件服务器。需要向别人发邮件时，使用的是简单邮件传输协议 (SMTP)。接收邮件时，使用的是邮局协议 (POP，现在是 POP3) 和 Internet 邮件存取协议 (IMAP)。

超文本传输协议

超文本传输协议 (HTTP) 是一组在网上交换文件的规则，这些文件包括文本、图形图像、声音、视频和其他多媒体文件。浏览器和服务器通常使用这一协议。浏览器用户输入网址或点击链接请求文件时，浏览器构造一个 HTTP 请求并把它发送到服务器。目标机器上的服务器收到请求后进行必要的处理，再将被请求的文件和相关的媒体文件发送出去，进行应答。

文件传输协议

文件传输协议 (File Transfer Protocol，FTP) 是一组允许文件在网上不同的计算机之间进行交换的规则。HTTP 供浏览器请求网页及其相关文件以显示某一页面。相反，FTP 只用于将文件从一台计算机传送到另一台。开发人员经常使用 FTP 将网页从他们自己的计算机传送到服务器。FTP 也经常用于将程序和文件从服务器下载到自己的电脑。

传输控制协议 /Internet 协议

TCP/IP(传输控制协议 /Internet 协议) 被采纳为 Internet 官方通信协议。TCP 和 IP 有不同的功能，它们协同工作以保证网络通信的可靠性。

图 1.5 TCP 数据包

TCP。TCP 的目的是保证网络通信的完整性，TCP 首先将文件和消息分解成一些独立的单元，称为"数据包"。这些数据包 (图 1.5) 包含许多信息，如目标地址、来源地址、序号和用以验证数据完整性的校验和。

TCP 与 IP 共同工作，实现文件在网上的高效传输。TCP 创建好数据包之后，由 IP
进行下一步工作，它使用 IP 寻址在网上使用特定时刻的最佳路径发送每个数据包。
数据到达目标地址后，TCP 使用校验和来验证每个数据包的完整性，如果某个数据
包损坏就请求重发，然后将这些数据包重组成文件或消息。

IP。IP 与 TCP 共同工作，它是一组控制数据如何在网络计算机之间进行传输的规则。
IP 将数据包路由传送到目的地址。发送后，数据包将转发到下一个最近的路由器 (用
于控制网络传输的硬件设备)。如此重复，直至到达目标地址。

IP 地址

每台连接到网上的设备都有唯一数字 IP 地址，这些地址由 4 组数字组成，每组 8
位 (bit)，称为一个 octet(八位元)。现行 IP 版本 IPv4 使用 32 位地址，用十进制数
字表示为 xxx.xxx.xxx.xxx，其中 xxx 是 0 ~ 255 的十进制数值。IP 地址可以和域名
对应，在浏览器的地址栏中输入 URL 或域名后，域名系统 (Domain Name System，
DNS) 服务器会查找与之对应的 IP。例如，当我写到这里的时候查到 Google 的 IP
是 173.194.116.72。

可在浏览器的地址栏中输入这串数字 (如图 1.6 所示)，按
Enter 键，Google 的主页就会显示了。[①] 当然，直接输入 "google.
com" 会更容易，这也正是人们为什么要创建域名 (如 google.
com) 的原因。由于一长串数字记忆起来比较困难，所以人们
引进了域名系统，作为一种将文本名称和数字 IP 地址联系起
来的办法。

图 1.6　在浏览器中输入 IP 地址

? FAQ　**什么是 IPv6 ？**

IPv6 是下一代 IP 协议。目的是改进当前的 IPv4，同时保持与它的向后兼容。
ISP 和互联网用户可以分批次升级到 IPv6，不必统一行动。IPv6 提供了更多网络地址，因为
IP 地址从 32 位加长到 128 位。这意味着总共有 2128 个唯一的 IP 地址，或者说 340 282 366
920 938 463 463 374 607 431 768 211 456 个，多到每台 PC、笔记本、手机、传呼机、PDA、
汽车和烤箱等智能设备都可以分配到一个独有的 IP 地址。

? FAQ　**什么是 HTTPS**

HTTPS 全称是 "超文本传输安全协议" (Hypertext Transfer Protocol Secure) 。
HTTPS 合并了 HTTP 和一个称为 "安全套接字层" (Secure Sockets Layer，SSL) 的安全和
加密协议。由于信息在 Web 浏览器和 Web 服务器之间传输前会被加密，所以 HTTPS 能建
立更安全的连接。SSL 将在第 12 章讨论。

---

① 　译注：由于 Google 有时无法正常访问，大家可以换用自己熟悉的网站主页，比如 bing.com
　　和 bookzhou.com 等。

URI 和 URL

统一资源标识符 (Uniform Resource Identifier，URI) 代表网上的一个资源。统一资源定位符 (Uniform Resource Locator，URL) 是一种特别的 URI，代表网页、图形文件或 MP3 文件等资源的网络位置。URL 由协议、域名和文件在服务器上的层级位置构成。

例如 http://www.webdevbasics.net/chapter1/index.html 这个 URL(图 1.7)，它表示要使用 HTTP 协议和域名 webdevbasics.net 上名为 www 的服务器。这个例子将显示根文件 (通常是 index.html 或 index.htm) 的内容。

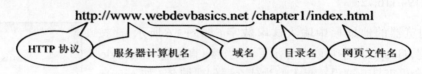

图 1.7 该 URL 对应指定目录中的一个文件

域名

域名用于在网上定位某个组织或其他实体。域名系统 (DNS) 的作用是通过标识确切的地址和组织类型，将互联网划分为众多逻辑性的组别和容易理解的名称。DNS 将基于文本的域名和分配给设备的唯一 IP 地址联系起来。

以 www.google.com 这个域名为例：.com 是顶级域名，google.com 是谷歌公司注册的域名，是 .com 下面的二级域名。www 是在 google.com 这个域中运行的服务器的名称 (有时称为 "主机")。

还可配置子域，以便在同一个域中容纳各自独立的网站。例如，谷歌 Gmail 可用域名 (gmail.google.com) 来访问，子域是 gmail。Google Maps 用 maps.google.com 访问，而 Google News Search 用 news.google.com 访问。主机 / 子域、二级域名和顶级域名的组合 (比如 www.google.com 或 mail.google.com) 称为完全限定域名 (Fully Qualified Domain Name，FQDN)。

顶级域名

顶级域名 (Top-Level Domain Name，TLD) 是域名最右边的部分。TLD 要么是国际顶级域名，如 com 为商业公司；要么是国别顶级域名，如 fr 代表法国。IANA 网站提供了完整国家代码 TLD 列表，网址是 http://www.iana.org/domains/root/db。

通用顶级域名

通用顶级域名 (Generic top-level domain，gTLD) 是专供特定组织使用的顶级域，由 ICANN(The Internet Corporation for Assigned Names and Numbers，互联网名称与数字地址分配机构) 管理，网址为 http://www.icann.org。表 1.1 展示了一系列 gTLD 及其既定意图。

表 1.1　通用顶级域名

通用顶级域名	既定意图
.aero	航空运输业
.asia	亚洲机构
.biz	商业机构
.cat	加泰罗尼亚语或加泰罗尼亚文化相关
.com	商业实体
.coop	合作组织
.edu	仅限有学位或更高学历授予资格的高等教育机构使用
.gov	仅限政府使用
.info	无使用限制
.int	国际组织 (很少使用)
.jobs	人力资源管理社区
.mil	仅限军事用途
.mobi	要和一个 .com 网站对应，.mobi 网站专为方便移动设备访问而设计
.museum	博物馆
.name	个人
.net	与互联网网络支持相关的团体，通常是互联网服务提供商或电信公司
.org	非赢利性组织
.post	万国邮政联盟，商定国际邮政事务的政府间国际组织
.pro	会计师、物理学家和律师
.tel	个人和业务联系信息
travel	旅游业

.com，.org 和 .net 这三个顶级域名目前基于诚信系统使用，也就是说假如某个人开了一家鞋店 (与网络无关)，也可注册 shoes.net 这个域名。

通用顶级域名的数量和种类有望得到进一步增长。在 2012 年，ICANN 受理了将近 2000 个新的通用顶级域名的提议。新申请的域名类别也比较多，比如地名 (.quebec，.vegas，.moscow)、促销相关 (比如 .blackfriday)、金融相关 (.cash，.trade 和 .loans)、技术相关 (比如 .systems，.technology 和 .app) 和古怪好玩的说法 (比如 .ninja，.buzz，和 .cool)。新增的 gTLD 有一些已投入使用，比如 .bike，.guru，.holdings，.clothing，.singles，.ventures 和 .plumbing。ICANN 有一套定期启用新通用顶级域名的计划。要了解新的通用顶级域名，请访问 http://newgtlds.icann.org/en/program-status/delegated-strings。

国家代码顶级域名

双字母国家代码也是 TLD 名称。国家代码 TLD 名称最初用于标记个人或组织的地理位置。表 1.2 列出了部分国家代码。美国城市、学校和社区大学多用带国家代码的域名。例如，域名 www.harper.cc.il.us 从右到左依次表示美国、伊利诺斯州、社区大学 (community college)、Harper 大学和 Web 服务器名称 (www)。

虽然国家代码 TLD 旨在指示地理位置，但很容易注册跟所在国家无关的域名，例如 mediaqueri.es，goo.gl 和 bit.ly 等等。http://register.com，http://godaddy.com 和其他许多域名注册公司都允许自由注册带国家代码 TLD 的域名。

表 1.2　国家代码 TLD

国家代码 TLD	国家
.au	澳大利亚
.cn	中国
.eu	欧盟
.jp	日本
.ly	利比亚
.nl	荷兰
.us	美国
.ws	萨摩亚

域名系统 DNS

DNS 的作用是将域名与 IP 地址关联。如图 1.8 所示，每次在浏览器中输入一个新的 URL，就会发生下面这些事情。

1. 访问 DNS。

2. 获取相应 IP 地址并将地址返回给浏览器。

3. 浏览器使用这个 IP 地址向目标计算机发送 HTTP 请求。

4. HTTP 请求被服务器接收。

5. 必要的文件被定位并通过 HTTP 应答传回浏览器。

6. 浏览器渲染并显示网页和相关文件。

打开网页时要有耐心。如果想不通为什么打开一个网页需要这么长时间，就想想幕后发生的这么多事情吧！

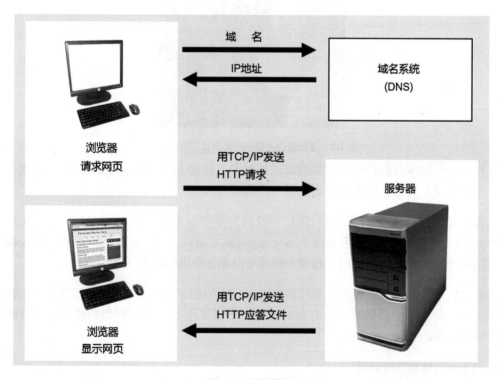

图 1.8　访问网页

1.6 网上的信息

任何人几乎都可以在网上发布几乎任何信息。本节探讨如何判断你获得的信息是否可靠，如何利用那些信息。

▶ 网上的信息可靠吗？

目前有数量众多的网站，但哪些才是可靠的信息来源呢？访问网站获取信息时，重点是切忌只看表面 (图 1.9)。任何人都可以在网上发布任何东西！一定要明智选择信息来源。

图 1.9　谁知道你在看的网页是谁在更新呢？

首先评估网站本身的信用。它是有自己的域名，比如 http://mywebsite.com，还是一个免费网站，托管在免费服务器上的一个目录中？

托管在免费服务器上的网站的 URL 一般包含免费服务器名称的一部分，可能采用 http://mysite.tripod.com 或者 http://www.angelfire.com/foldername 这样的形式。和免费网站相比，有自己域名的网站通常 (但并非总是) 提供的信息更为可靠。

还要评估域名类型，它是非赢利组织 (.org)，商业组织 (.com 或 .biz)，还是教育机构 (.edu)？商家可能提供对自己有利的信息，所以要小心。非赢利组织或者学校有时能够更客观地对待一个主题。

▶ 网上的信息是最新的吗？

另外要考虑的是网页创建日期或者最后更新日期。虽然有的信息不受时间影响，但几年都没更新的网页极有可能过时，算不上最好的信息来源。

▶ 有没有指向额外资源的链接？

如链接了其他网站，能提供额外支持或信息，对于探索一个主题是很有帮助的。不妨点击这些链接以延伸研究。

▶ 是维基百科吗？

维基百科 (http://wikipedia.org) 是开始研究的好地方，但也不要盲从。尤其学术研究需慎重。为什么？因为除少数受保护的主题，任何人都能在维基百科上更新任何东西！一般都能帮你答疑解惑，但也不要盲目信任你获得的信息。开始探索一个主题时请尽情使用维基百科，但注意拖到底部看一下"参考"部分，探索那些可提供额外帮助的网站。综合运用你能获得的所有信息，同时参考其他标准：可信度、域名、时效和到更多资源的链接。

使用网上信息时的道德规范

万维网这一奇妙的技术为我们提供了丰富的信息、图片和音乐，基本都是免费的 (上网费当然少不了)。下面谈谈与道德相关的一些话题。

- ▶ 能不能复制别人的图片并用于自己的网站？
- ▶ 能不能复制别人的音乐或视频并用于自己的网站？
- ▶ 能不能复制别人的网站设计并用于自己或客户的网站？
- ▶ 能不能复制别人网站上的文章，并把它的全部或部分当作自己的作品？
- ▶ 在自己的网站上攻击别人，或者以不敬的方式链接网站，这样的行为是否恰当？

对于所有这些问题的回答都是否定的。未经许可使用别人的图片就像是盗窃，事实上，链接这些图片，你用的其实是他们的带宽，并且有可能让他们花钱。复制他人或公司的网站设计也属于盗窃。在美国，无论网站是否有版权声明，它的任何文字和图片都自动受到版权保护。在你的网站上攻击别人和公司或以不敬的方式链接他们的网站都被视为诽谤。

诸如此类的与知识产权、版权和言论自由相关的事件常常被诉诸公堂。好的网络礼节要求你在使用他人的作品之前获得许可，注明你所用材料的出处 (美国版权法称"合理使用") 并以一种不伤害他人的方式行使你的言论自由权。世界知识产权组织 (World Intellectual Property Organization，简称 WIPO，网址 http://wipo.int) 是致力于保护知识产权的国际机构。

如果想保留所有权，又想方便其他人使用或采纳你的作品，又该怎么办呢？"知识共享"(Creative Commons，http://creativecommons.org) 是一家非赢利性组织，作者和艺术家可利用它提供的免费服务注册一种称为"知识共享"(Creative Commons) 的版权许可协议。可以从几种许可协议中选择一种，具体取决于你想授予的权利。"知识共享"许可协议提醒其他人对你的作品能做什么和不能做什么。http://meyerweb.com/eric/tools/color-blend 展示了基于 Creative Commons Attribution-ShareAlike 1.0 (署名 - 相同方式共享) 许可协议的一个网页，它"保留部分权利"(Some Rights Reserved)。

1.7 HTML 概述

标记语言 (markup language) 由规定浏览器软件 (或手机等其他用户代理) 如何显示和管理 Web 文档的指令集组成。这些指令通常称为 "标记" 或 "标签"(tag)，执行诸如显示图片、格式化文本和引用链接的功能。

万维网 (World Wide Web，WWW) 由众多网页文件构成，文件中包含对网页进行描述的 HTML 和其他标记语言指令。蒂姆·伯纳斯 - 李 (Tim Berners-Lee) 使用标准通用标记语言 (Standard Generalized Markup Language，SGML) 创建了 HTML。SGML 规定了在文档中嵌入描述性标记以及描述文档结构的标准格式。SGML 本身不是网页语言; 相反, 它描述了如何定义这样的一种语言以及如何创建 "文档类型定义"(DTD)。W3C(http://w3c.org) 订立了 HTML 及其相关语言的标准。和网络本身一样，HTML 作为一种语言，也在不断进化。

什么是 HTML ?

HTML 是一套标记符号或者代码集，它们插入可由浏览器显示的网页文件中。这些标记符号和代码标识了结构元素，如段落、标题和列表。还可用 HTML 在网页上放置多媒体 (如图片、视频和音频) 或者对表单进行描述。浏览器的作用是解释标记代码，并渲染页面供用户浏览。HTML 实现了信息的平台无关性。换言之，不管网页用什么计算机创建，任何操作系统的任何浏览器都显示一致的页面。

每个独立的标记代码都称为一个 "元素" 或 "标记"，每个标记都有特定的功能，它们被尖括号 < 和 > 括起来。大部分标记成对出现：有开始标记和结束标记；它们看起来就像是容器，所以有时被称为容器标记。例如，<title> 和 </title> 这一对标记之间的文本会显示在浏览器窗口的标题栏中。

有些标记独立使用，不成对使用。例如，在网页上显示水平分隔线的标记 <hr /> 就是独立（自包容）标记，没有对应的结束标记。咱们稍后会逐渐熟悉它们。另外，大部分标记可用属性 (attribute) 进一步描述其功能。

什么是 XML ？

XML(eXtensible Markup Language，可扩展标记语言) 是 W3C 用于创建通用信息格式以及在网上共享格式和信息的一种语言。它是一种基于文本的语法，设计用于描述、分发和交互结构化信息 (比如 RSS "源")。XML 的宗旨不是替代 HTML，而是通过将数据和表示分开，从而对 HTML 进行扩展。开发人员可使用 XML 创建描述自己信息所需要的任何标记。

什么是 XHTML ？

XHTML(eXtensible Hyper Text Markup Language，可扩展超文本标记语言) 使用 HTML4 的标记和属性，同时使用了更严谨的 XML 语法。XHTML 在网上已使用了超过 10 年，许多网页都用这种标记语言编码。W3C 有段时间开发过 XHTML 的新版本，称为 XHTML 2.0。但 W3C 后来停止了 XHTML 2.0 的开发，因为它不向后兼容 HTML4。相反，W3C 改为推进 HTML5。

HTML 的最新版本 HTML5

HTML5 是 HTML 的最新版本，取代了 XHTML。HTML5 集成了 HTML 和 XHTML 的功能，添加了新元素，提供了表单编辑和原生视频支持等新功能，而且向后兼容。

2012 年，W3C 审批通过了 HTML 的候选推荐标准状态。2014 年后期，HTML5 进入最终的推荐 (Recommendation) 阶段。W3C 继续开发 HTML，在 HTML5.1 中增加了更多新元素、属性和特性，目前处于候选推荐阶段，并已开始 HTML 5.2 的开发。

主流浏览器的最新版本 (比如 Microsoft Edge，Internet Explorer 11，Firefox，Safari，谷歌浏览器 Chrome 和 Opera) 都已开始支持 HTML5 和 HTML 5.1 的许多新功能。本书将指导你使用 HTML5.1 语法。W3C HTML5.1 文档可通过 http://www.w3.org/TR/html 查询。

图 1.10　幕后的秘密挺有意思

你已经知道 HTML 标记语言告诉浏览器如何在网页上显示信息。下面让我们揭开每个网页幕后的秘密 (图 1.10)。

文档类型定义 (DTD)

由于存在多个版本多种类型的 HTML 和 XHTML，W3C 建议在网页文档中使用文档类型定义 (Document Type Definition，DTD) 标识所用标记语言的类型。DTD 标识了文档里包含的 HTML 的版本，浏览器和 HTML 代码校验器在处理网页的时候会使用 DTD 中的信息。DTD 语句通常称为 DOCTYPE 语句，它是网页文档的第一行。HTML5 的 DTD 如下所示：

```
<!DOCTYPE html>
```

网页模板

每个网页都包含 html，head，title，meta 和 body 这 5 个元素。下面将遵循使用小写字母并为属性值添加引号的编码风格。基本 HTML5 模板如下所示 (chapter1/template.html)：

```
<!DOCTYPE html>
<html lang="en">
<head>
<title> 网页标题放在这里 </title>
<meta charset="utf-8">
</head>
<body>
... 主体文本和更多的 HTML 标记放在这里
</body>
</html>
```

注意，除了网页标题，你创建的每个网页的前 7 行通常都是相同的。注意在上述代码中，DTD 语句有自己的格式，而所有 HTML 标记都使用小写字母。接着讨论一下 html，head，title，meta 和 body 这 4 个元素的作用。

html 元素

html 元素指出当前文档用 HTML 格式化，它告诉浏览器如何解释文档。起始 <html>

标记放在 DTD 下方。结束 </html> 标记指出网页结尾,位于其他所有 HTML 元素之后。

html 元素还需指出文档的书面语言 (比如英语或中文)。该额外信息以属性 (attribute) 的形式添加到 <html> 标记,属性的作用是修改或进一步描述某个元素的作用。用 lang 属性指定文档书面语言。例如,lang="en" 指定英语。搜索引擎和屏幕朗读器可能会参考该属性。

html 元素包含网页的两个主要区域:页头 (head) 和主体 (body)。页头区域包含对网页文档进行描述的信息,而主体区域包含浏览器渲染网页实际内容时使用的标记、文本、图像和其他对象。

页头区域

位于页头区域的元素包括网页标题。用于描述文档的 meta 标记 (比如字符编码和可由搜索引擎访问的信息) 以及对脚本和样式的引用。这些信息大多不在网页上直接显示。

页头区域包含在 head 元素中,以 <head> 标记开始,以 </head> 标记结束。页头区域应至少包含一个 title 元素和一个 meta 元素。

页头区域第一个标记是 title 元素,包含要在浏览器窗口标题栏显示的文本。<title> 和 </title> 之间的文本是网页的标题,收藏和打印网页时会显示标题。流行搜索引擎 (比如 Google) 根据标题文本判断关键字相关性,甚至会在搜索结果页中显示标题文本。应指定一个能很好描述网页内容的标题。为公司或组织设计网页时,标题应包含公司或组织的名称。

meta 元素描述网页特征,比如字符编码。字符编码是指字母、数字和符号在文件中的内部表示方式。有多种字符编码,网页一般使用 utf-8,它是 Unicode(http://www.unicode.org)的一种形式。meta 标记独立使用,而不是使用一对起始和结束标记。我们说它是一种独立或 "自包容" 标记,在 HTML5 中称为 "void 元素"。meta 标记使用 charset 属性指定字符编码,如下例所示:

```
<meta charset=utf-8">
```

主体区域

主体区域包含在浏览器窗口 (称为浏览器的 "视口" 或 viewport) 中实际显示的文本和元素。该部分的作用是配置网页内容。

主体区域以 <body> 标记开始,以 </body> 标记结束。我们的大多数时间都花在网页主体区域的编码上。在主体区域输入的文本和元素将在浏览器视口中的网页上显示。

1.9 第一个网页

 视频讲解：*Your First Web Page*

创建网页文档无需特殊软件，只需一个文本编辑器。记事本是 Windows 自带的文本编辑器，TextEdit 是 Mac OS X 自带的。除了使用简单的文本编辑器或字处理程序，另一个选择是使用商业网页创作工具，比如 Adobe Dreamweaver。还有许多自由或共享软件可供选择，包括 UltraEdit，Notepad++，TextPad 和 TextWrangler.。无论使用什么工具，打下牢靠的 HTML 基础将让你受益匪浅，本书的例子使用记事本程序编辑。

动手实作 1.1

熟悉网页的基本元素之后，接着开始创建第一个网页，如图 1.11 所示。

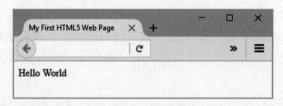

图 1.11　第一个网页

新建文件夹

使用本书开发自己的网站时，有必要创建文件夹来管理文件。使用自己的操作系统在硬盘或 U 盘上新建文件夹 chapter1。

在 Mac 上创建新文件夹

1. 启动 Finder，选择想要创建新文件夹的位置。

2. 选择 File(文件) > New Folder(新建文件夹)。将创建一个无标题文件夹。

3. 要重命名文件夹，选择它并点击当前名称。输入文件夹新名称，按 Return 键。

在 Windows 上创建新文件夹

1. 启动文件资源管理器，切换到想要创建新文件夹的位置，比如"文档"、C: 盘或外部 USB 驱动器。

2. 单击标题栏或工具栏中的"新建文件夹"按钮。

3. 要重命名文件夹，单击并输入新名称，按 Enter 键。

现在准备好创建你的第一个网页了。启动记事本或其他文本编辑器，输入以下代码：

```
<!DOCTYPE html>
<html lang="en">
<head>
<title>My First HTML5 Web Page</title>
<meta charset= "utf-8">
</head>
<body>
Hello World
</body>
</html>
```

注意，文件第一行包含的是 DTD。HTML 代码以 <html> 标记开始，以 </html> 标记结束，这两个标记的作用是表明它们之间的内容构成了一个网页。

<head> 和 </head> 标记界定了页头区域，其中包含一对标题标记 (标题文本是 My First HTML5 Web Page) 和一个 <meta> 标记 (指定字符编码)。

<body> 和 </body> 标记界定了主体区域，主体标记之间输入了 Hello World 这一行文本。这些代码在记事本 (Note pad) 中的样子如图 1.12 所示。你刚刚创建了一个网页文档的源代码。

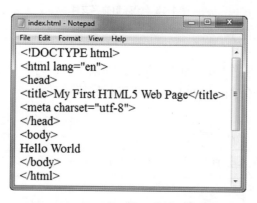

图 1.12　网页源代码在记事本中的显示

? FAQ 每个标记都要另起一行吗？

不用。即使所有标记都挤在一行，中间不留任何空白，浏览器也能正常显示网页。但适当运用换行和缩进，人们读代码时会感觉非常舒服。

保存文件

网页文件使用 .htm 或 .html 扩展名。网站主页常用文件名是 index.html 或 index.htm。本书网页使用 .html 扩展名。当前文件使用 index.html 这个名称来保存。

1. 在记事本或其他文本编辑器中显示文件。

2. 选择 File(文件) | Save As(另存为) 命令。

3. 在 Save As(另存为) 对话框中输入文件名，如图 1.13 所示。

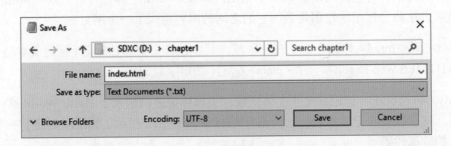

图 1.13　保存和命名文件

4. 单击 Save(保存) 按钮。

学生文件提供了动手实作的示例解决方案。如果愿意，可在测试网页之前将自己的作品与示例解决方案 (chapter1/index.html) 进行比较。

为什么我的文件有一个 .txt 扩展名？

老版本 Windows 记事本会自动附加 .txt 扩展名。请自行重命名为 index.html。

为什么要新建文件夹？为什么不可以直接用桌面？

文件夹（目录）帮助组织工作成果。单纯用桌面，很快就会一团糟。另外很重要的一点是：网站在服务器上也用文件夹组织。现在就用文件夹来组织相关网页，有助于将来成为一名成功的网页设计师。

测试网页

可通过以下两种方式测试网页。

1. 启动文件资源管理器 (Windows) 或 Finder(Mac)，找到自己的 index.html 文件，双击就会打开默认浏览器并显示网页。

2. 启动浏览器。选择"文件"｜"打开"找到 index.html 文件。选定并单击"确定"按钮。浏览器会显示网页。

如使用 Microsoft Edge，网页显示如图 1.14 所示。图 1.11 是用 Firefox 显示的效果。注意标题文本 My First HTML5 Web Page 有的在标题栏显示，有的在标签栏显示。有的搜索引擎利用 <title> 和 </title> 标记之间的内容判断关键字搜索的相关性。因此，请确保每个网页都包含贴切的标题。网站访问者把你的网页加入书签或收藏夹时也会用到 <title> 标记。吸引人的、贴切的网页标题会引导访客再次浏览你的网站。如果是公司或组织的网页，在标题中包含其名称是不错的主意。

图 1.14　用 Microsoft Edge 显示的网页

在浏览器中查看我的网页时，文件名是 index.html.html，为什么会这样?

这一般是因为操作系统设置了隐藏文件扩展名。可以先配置显示文件扩展名，再将 index.html.html 重命名为 index.html。也可以在文本编辑器中打开文件再另存为 index.html。两种操作系统显示文件扩展名的方法是不同的：

▶ Windows：http://www.file-extensions.org/article/show-and-hide-file-extensions-in-windows-10

▶ Mac：http://www.fileinfo.com/help/mac_show_extensions

复习和练习

复习题

选择题

1. http://www.mozilla.com 这个 URL 的顶级域名是什么? (　　)

   A. http　　　　　B. com　　　　　C. mozilla　　　　D. www

2. 与计算机唯一数字 IP 地址对应的、基于文本的 Internet 地址称为什么? (　　)

   A. IP 地址　　　B. 域名　　　　　C. URL　　　　　D. 用户名

3. 以下哪个协议的目的是确保通信的完整性? (　　)

   A. IP　　　　　　B. TCP　　　　　C. HTTP　　　　　D. FTP

4. 选择正确说法。(　　)

   A. 网页标题 (title) 由 meta 元素显示。

   B. 和网页有关的信息包含在主体区域。

   C. 浏览器显示的内容包含在页头区域。

   D. 浏览器显示的内容包含在主体区域。

判断题

5. 标记语言提供了告诉浏览器如何显示和管理网页文档的指令集。　　　　(　　)

6. 以 .net 结尾的域名表明是网络公司的网站。　　　　　　　　　　　　(　　)

7. 开发万维网的目的是让公司能在互联网上开展电子商务。　　　　　　　(　　)

填空题

8. _____ 是在网页浏览器显示的文件中插入的一组标记符号或代码。

9. 网页文档一般使用 _____ 或者 _____ 文件扩展名。

10. 网站主页一般命名为 _____ 或者 _____。

动手练习

1. 博客是网上的个人日记——它以时间顺序发表看法或链接,并经常更新。博客讨论的话题从政经到技术,再到个人日记,具体由创建和维护该博客的人(称为博主)决定。

建立博客来记录自己学习网页开发的历程。http://blog.qq.com 和 http://blog.sina.com.cn 提供了免费博客。按网站说明建立自己的博客。博客可记录自己的工作和学习经历，可介绍有用或有趣的网站，也可记录对自己有用的设计资源网站。还可介绍一些特色网站，比如提供了图片资源的网站，或者感觉导航功能好用的网站。用只言片语介绍自己感兴趣的网站。开发自己的网站时，可在博客上张贴你的网站的 URL，并解释自己的设计决定。与同学或朋友分享该博客。

2. 新浪微博 (http://weibo.com) 是著名微博社交媒体网站。每条微博最大长度 140 字。用户将自己的见闻或感想发布到微博，供朋友和粉丝浏览。如果微博是关于某个主题的，可在主题前后添加 # 符号，例如用 # 奥斯卡 # 发布关于该主题的微博。这个功能使用户能方便地搜索关于某个主题或事件的所有微博。

请在微博上建立帐号来分享你觉得有用或有趣的网站。发布至少 3 条微博。也可分享包含了有用设计资源的网站。开发自己的网站时，也可在微博上宣传一下它。

老师可能要求发布指定主题的微博，例如 # 网页设计 #。搜索它即可看到学生的所有相关微博。

网上调研

1. 万维网联盟 (W3C) 负责为网页创建各种各样的标准，浏览 http://www.w3c.org 并回答以下问题。

   A. W3C 最开始是怎么来的？

   B. 谁能加入 W3C？加入费用是多少？

   C. W3C 主页上列出了很多技术，选择感兴趣的一个，点击链接并阅读相关的页面。列举你归纳的三个事实或问题。

2. HTTP/2 是对 HTTP 第一个重要更新，它最初于上个世纪 90 年代开发。随着网站上的图片和媒体内容越来越丰富，显示网页需要的请求及其相关文件数量也在增长。HTTP/2 的强项之一就是能更快地加载网页。

   HTTP/2 网上资源：
   ‣ http://readwrite.com/2015/02/18/http-update-http2-what-you-need-to-know
   ‣ https://http2.github.io
   ‣ http://www.engadget.com/2015/02/24/what-you-need-to-know-about-http-2
   ‣ https://tools.ietf.org/html/rfc7540

利用上述资源研究 HTTP/2 并回答以下问题：

A. 谁开发了 HTTP/2？

B. HTTP/2 建议标准何时发布？

C. 描述 HTTP/2 用于降低延迟并更快加载网页的三个技术。

聚焦网页设计

浏览本章提到的你感兴趣的任何网站，打印主页或其他相关页面，写一页关于该网站的总结和你对它的感受。集中讨论以下问题。

A. 该网站的目的是什么？

B. 目标受众是谁？

C. 你是否认为网站能传到目标受众那里？为什么？

D. 这个网站对你是否有用？为什么？

E. 列举该网站讨论的你感兴趣的一个话题。

F. 你是否推荐其他人浏览这个网站？

G. 该网站还可以如何改进？

第 2 章
HTML 基础

第 1 章使用 HTML5 创建了第一个网页，并在浏览器中进行了测试。用 DTD 指定了要使用的 HTML 版本，并使用了 <html>，<head>，<title>，<meta> 和 <body> 标记。本章继续学习 HTML，要用 HTML 元素配置网页结构和文本格式。要学习超链接的知识，它使万维网成为信息互联网络。要配置锚元素，通过超链接使不同网页链接到一起。阅读本章时一定要把每个例子过一遍。网页编码是技术活儿，每种技术都需要练习。

学习内容

- 使用标题、段落、div、列表和块引用来配置网页主体
- 配置特殊实体字符、换行符和水平标尺
- 使用短语元素配置文本
- 校验网页语法
- 使用 HTML5 的结构元素 header，nav，main，footer，section，aside 和 article 配置网页
- 使用锚元素链接网页
- 配置绝对、相对和电子邮件链接

2.1 标题元素

标题 (heading) 元素从 h1 到 h6 共六级。标题元素包含的文本被浏览器渲染为"块" (block)。标题上下自动添加空白 (white space)。<h1> 字号最大，<h6> 最小。取决于所用字体，<h4>，<h5> 和 <h6> 标记中的文本看起来可能比默认字号小一点。标题文本全部加粗显示。

 FAQ 为什么不将标题放到页头区域?

经常有学生试图将标题 (heading) 元素或者说 h 元素放到文档的页头 (head) 而不是主体 (body) 区域，造成浏览器显示的网页看起来不理想。虽然 head 和 heading 听起来差不多，但 heading(<h1> 到 <h6>) 一定要放到 body 中。

图 2.1 显示了全部 6 级标题的效果。

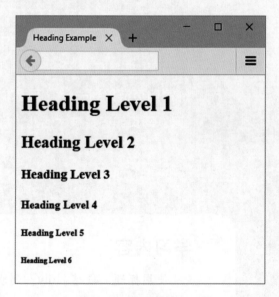

图 2.1 示例 heading.html

动手实作 2.1

为了创建如图 2.1 所示的网页，启动记事本或其他文本编辑器。打开学生文件 chapter1/template.html。修改 title 元素并在 body 区域添加标题。如以下加粗的代码所示。

```
<!DOCTYPE html>
<html lang="en">
<head>
<title>Heading Example</title>
<meta charset="utf-8">
</head>
<body>
<h1>Heading Level 1</h1>
<h2>Heading Level 2</h2>
<h3>Heading Level 3</h3>
<h4>Heading Level 4</h4>
<h5>Heading Level 5</h5>
<h6>Heading Level 6</h6>
</body>
</html>
```

将文件另存为 heading.html。打开网页浏览器 (如 Edge 或 Firefox) 测试网页。它看起来应该和图 2.1 显示的页面相似。可将自己的文档与学生文件 chapter2/heading.html 进行比较。

无障碍访问和标题

标题使网页更容易访问和使用。一个好的编码规范是使用标题创建网页内容大纲。利用 h1，h2 和 h3 等元素建立内容的层次结构。同时，将网页内容包含在段落和列表等块显示元素中。在图 2.2 中，<h1> 标记在网页顶部显示网站名称，<h2> 标记

显示网页名称，其他标题元素则用于标识更小的主题。

有视力障碍的用户可配置自己的屏幕朗读器显示网页上的标题。制作网页时利用标题对网页进行组织将使所有用户获益，其中包括那些有视力障碍的。

HTML5 更多的标题选项

你或许听说过 HTML5 新增的 header 元素。header 提供了更多的标题配置选项，而且通常包含一个 h1 元素。本章稍后会讨论 header 元素。

图 2.2　利用标题创建网页大纲

段落元素组织句子或文本。<p> 和 </p> 之间的文本显示成段落，上下留空。图 2.3 在第一个标题之后显示了一个段落。

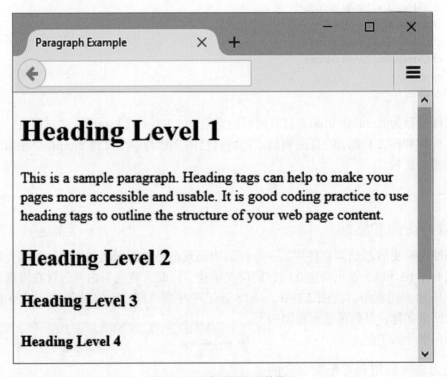

图 2.3　使用标题和段落的网页

 动手实作 2.2

为了创建图 2.3 的网页，启动记事本或其他文本编辑器，打开学生文件 chapter2/heading.html。修改网页标题 (title)，在 <h1> 和 <h2> 之间添加一个段落。

```
<!DOCTYPE html>
<html lang="en">
<head>
<title>Paragraph Example</title>
<meta charset="utf-8">
</head>
<body>
<h1>Heading Level 1</h1>
<p>This is a sample paragraph. Heading tags can help to make your pages more
accessible and usable. It is good coding practice to use heading tags to outline the
structure of your web page content.
</p>
<h2>Heading Level 2</h2>
<h3>Heading Level 3</h3>
<h4>Heading Level 4</h4>
<h5>Heading Level 5</h5>
<h6>Heading Level 6</h6>
</body>
</html>
```

将文档另存为 paragraph.html。启动浏览器测试网页。它看起来应该和图 2.3 相似。可将自己的文档与学生文件 chapter2/paragraph.html 进行比较。注意浏览器窗口大小改变时段落文本将自动换行。

对齐

测试网页时，会注意到标题和文本都是从左边开始显示的，这称为左对齐，是网页的默认对齐方式。在以前版本的 HTML 中，想让段落或标题居中或右对齐可以使用 align 属性。但这个属性已在 HTML5 中**废弃**。换言之，已从 W3C HTML5 草案规范中删除了。我们将在第 6 章、第 7 章和第 8 章学习如何使用 CSS 配置对齐。

 发布 Web 内容时避免使用长段落。人们喜欢快速扫视网页，而非逐字阅读。使用标题概括网页内容，并使用短段落（三五句话）和列表（本章稍后学习）。

2.3 换行和水平标尺

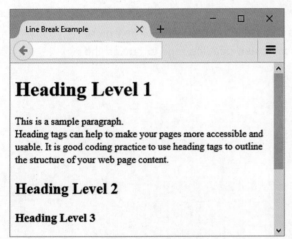

图 2.4 注意，第一句话之后发生了换行

换行元素

换行元素造成浏览器跳到下一行显示下一个元素或文本。换行标记单独使用，不成对使用，没有开始和结束标记。我们说它是一种独立或自包容标记。它在 HTML5 中称为 void 元素，编码成
。图 2.4 的网页在段落第一句话之后使用了换行。

 动手实作 2.3 ————

为了创建图 2.4 的网页，启动文本编辑器并打开学生文件 chapter2/paragraph.html。将标题修改成 Line Break Example。将光标移至段落第一句话 This is a sample paragraph 之后。按 Enter 键，保存网页并在浏览器中查看。注意，虽然源代码中的 "This is a sample paragraph." 是单独占一行，但浏览器并不那样显示。要看到和源代码一样的换行效果，必须添加换行标记。编辑文件，在第一句话后添加
 标记，如下所示：

```
<body>
<h1>Heading Level 1</h1>
<p>This is a sample paragraph. <br> Heading tags can help to make your pages more accessible and usable. It is good coding practice to use heading tags to outline the structure of your web page content.
</p>
<h2>Heading Level 2</h2>
<h3>Heading Level 3</h3>
<h4>Heading Level 4</h4>
<h5>Heading Level 5</h5>
<h6>Heading Level 6</h6>
</body>
```

将文件另存为 linebreak.html。启动浏览器进行测试，结果如图 2.4 所示。可将自己的作业与学生文件 Chapter2/linebreak.html 进行比较。

水平标尺元素

网页设计师经常使用线和边框等视觉元素分隔或定义网页的不同区域。水平标尺元素 <hr> 在在网页上配置一条水平线。由于水平标尺元素不含任何文本，所以编码成void 元素，不成对使用。水平标尺元素在 HTML5 中有新的语义，代表内容主题分隔或变化。图 2.5 展示了段落后添加水平标尺的一个网页 (学生文件 chapter2/hr.html)。第 6 章将学习如何使用层叠样式表(CSS) 为网页元素配置线和边框。

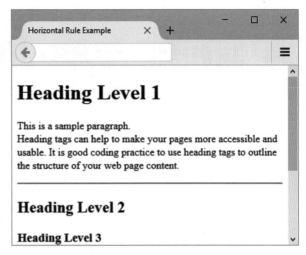

图 2.5 段落下方显示一条水平线

 至于要不要在网页上使用水平标尺，请三思而行，一般留空就足以分隔内容了。

 动手实作 2.4

为了创建图 2.5 的网页，启动文本编辑器并打开学生文件 chapter2/linebreak.html。将标题修改成 Horizontal Rule Example。将光标移至 </p> 标记后并按 Enter 键另起一行。在新行上输入 <hr>，如下所示：

```
<body>
<h1>Heading Level 1</h1>
<p>This is a sample paragraph. <br> Heading tags can help to make your pages more
accessible and usable. It is good coding practice to use heading tags to outline the
structure of your web page content.
</p>
<hr>
<h2>Heading Level 2</h2>
<h3>Heading Level 3</h3>
<h4>Heading Level 4</h4>
<h5>Heading Level 5</h5>
<h6>Heading Level 6</h6>
</body>
```

将文件另存为 hr.html。启动浏览器进行测试，结果如图 2.5 所示。可将自己的作业与学生文件 Chapter2/hr.html 进行比较。

2.4 块引用元素

除了用段落和标题组织文本，有时还需要为网页添加引文。<blockquote>标记以特殊方式显示引文块，左右两边都缩进。引文块包含在 <blockquote> 和 </blockquote> 标记之间。

图 2.6 展示了包含标题、段落和块引用的示例网页。

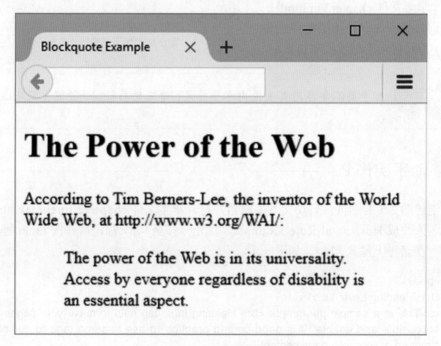

图 2.6　块引用元素中的文本有缩进

使用 <blockquote> 标记可以方便地缩进文本块。你或许会产生疑问，<blockquote> 是适合任意文本，还是仅适合长引文。<blockquote> 标记在语义上正确的用法是缩进网页中的大段引文块。为什么要强调语义？这是为将来的"语义网"准备的。《科学美国人》(Scientific American) 将"语义网"描述成"对计算机有意义的一种新形式的网页内容，具有广阔发展前景。"以符合语义的、结构性的方式使用 HTML 是迈向"语义网"的第一步。所以如果仅仅是缩进文本，就不要使用 <blockquote>。本书稍后会讲解如何配置元素的边距和填充。

动手实作 2.5

为了创建图 2.6 的网页，启动文本编辑器并打开 chapter1/template.html。修改 title 元素。然后在主体区域添加一个 <h1> 标题，一个 <p> 标记和一个 <blockquote> 标记，如下所示：

```
<!DOCTYPE html>
<html lang="en">
<head>
<title>Blockquote Example</title>
<meta charset="utf-8">
</head>
<body>
<h1>The Power of the Web</h1>
<p>According to Tim Berners-Lee, the inventor of the World Wide Web, at http://www.
w3.org/WAI/:
</p>
<blockquote>
The power of the Web is in its universality. Access by everyone
regardless of disability is an essential aspect.
</blockquote>
</body>
</html>
```

将文件另存为 blockquote.html。启动浏览器进行测试，结果如图 2.6 所示。可将自己的作业与学生文件 Chapter2/blockquote.html 进行比较。

?FAQ 为什么我的网页看起来还是一样的?

经常有这样的情况，把网页修改好了而浏览器显示的仍是旧的页面。如果确定已修改了网页，而浏览器没有显示更改的内容，下面这些技巧或许能解决问题。

1. 确定修改之后的网页文件已经保存。

2. 确定文件保存到正确位置——硬盘上的特定文件夹。

3. 确认浏览器从正确位置打开网页。

4. 一定要单击浏览器的"刷新"或"重载"按钮 (或者按功能键 F5)。

2.5 短语元素

短语元素指定容器标记之间的文本的上下文与含义。不同浏览器对这些样式的解释也不同。短语元素嵌入它周围的文本中 (称为内联显示)，可应用于一个文本区域，也可应用于单个字符。例如，<strong> 元素指定和它关联的文本要以一种比正常文本更"强调"的方式显示。

表 2.1 列出了常见的短语元素及其用法示例。注意，一些标记 (比如 <cite> 和 <dfn>) 在今天的浏览器中会造成和 <em> 一样的显示 (倾斜)。这两个标记在语义上将文本描述成引文 (citation) 或定义 (definition)，但在两种情况下实际都显示为倾斜。

表 2.1　短语元素

元素	例子	用法
<abbr>	WIPO	标识文本是缩写。配置 title 属性
<b>	**加粗**文本	文本没有额外的重要性，但样式采用加粗字体
<cite>	*引用文本*	标识文本是引文或参考，通常倾斜显示
<code>	代码 (code) 文本	标识文本是程序代码，通常使用等宽字体
<dfn>	*定义文本*	标识文本是词汇或术语定义，通常倾斜显示
<em>	*强调文本*	使文本强调或突出于周边的普通文本，通常倾斜显示
<i>	*倾斜文本*	文本没有额外的重要性，但样式采用倾斜字体
<kbd>	输入文本	标识要用户输入的文本，通常用等宽字体显示
<mark>	记号文本	文本高亮显示以便参考 (仅 HTML5)
<samp>	sample 文本	标识是程序的示例输出，通常使用等宽字体
<small>	小文本	用小字号显示的免责声明等
<strong>	**强调**文本	使文本强调或突出于周边的普通文本，通常加粗显示
<sub>	下标文本	在基线以下用小字号显示的下标
<sup>	上标文本	在基线以上用小字号显示的上标
<var>	*变量文本*	标识并显示变量或程序输出，通常倾斜显示

注意，所有短语元素都是容器标记，必须有开始和结束标记。如表 2.1 所示，<strong> 元素表明文本有很 "强" 的重要性。浏览器和其他用户代理通常加粗显示 <strong> 文本。屏幕朗读器 (比如 JAWS 或 Window-Eyes) 可能会将 <strong> 文本解释为重读。例如，要强调下面这行文本中的电话号码：

请拨打免费电话表明你的 Web 开发需求 : 888.555.5555

就应像下面这样编码：

```
<p> 请拨打免费电话表明你的 Web 开发需求 :<strong>888.555.5555</strong></p>
```

注意，<strong> 开始和结束标记都包含在段落标记 (<p> 和 </p>) 之中，这是正确的嵌套方式，被认为是良构 (well formed) 代码。如果 <p> 和 <strong> 标记对相互重叠，而不是一对标记嵌套在另一对标记中，嵌套就不正确了。嵌套不正确的代码无法通过 HTML 校验 (参见稍后的 2.10 节 "HTML 语法校验")，而且可能造成显示问题。

图 2.7 展示了在网页 (学生文件 chapter2/em.html) 中使用 <em> 标记以倾斜方式对短语 Access by everyone 进行强调。

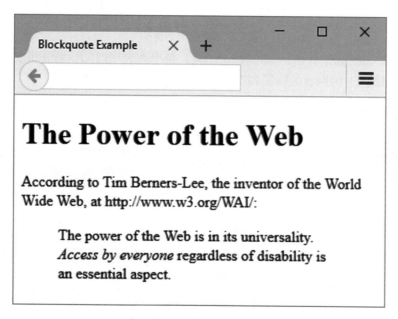

图 2.7　<em> 标记的实际效果

相应的代码片断如下：

```
<blockquote>
The power of the Web is in its universality.
<em>Access by everyone</em> regardless of disability is an essential
aspect.
</blockquote>
```

2.6 有序列表

列表用于组织信息。标题、短段落和列表使网页显得更清晰，更易阅读。HTML 支持创建三种列表：描述列表、有序列表和无序列表。所有列表都渲染成"块"，上下自动添加空白。本节讨论有序列表，它通过数字或字母编号来组织列表中包含的信息。有序列表的序号可以是数字(默认)、大写字母、小写字母、大写罗马数字和小写罗马数字。图 2.8 展示了有序列表的一个例子。

My Favorite Colors

1. Blue
2. Teal
3. Red

图 2.8 有序列表的例子

有序列表以 \<ol\> 标记开始，\</ol\> 标记结束；每个列表项以 \<li\> 标记开始，\</li\> 标记结束。对图 2.8 的网页的标题和有序列表进行配置的代码如下：

```html
<h1>My Favorite Colors</h1>
<ol>
    <li>Blue</li>
    <li>Teal</li>
    <li>Red</li>
</ol>
```

type 属性、start 属性和 reversed 属性

type 属性改变列表序号类型。例如，可用 \<ol type="A"\> 创建按大写字母排序的有序列表。表 2.2 列出了有序列表的 type 属性及其值。

表 2.2 有序列表的 type 属性

值	序号
1	数字(默认)
A	大写字母
a	小写字母
I	罗马数字
i	小写罗马数字

另一个有用的属性是 start，它指定序号起始值 (例如从 "10" 开始)。新的 HTML5 reversed 属性 (reversed="reversed") 可以指定降序排序。

 动手实作 2.6 ———————————————————————

这个动手实作将在同一个网页中添加标
题和有序列表。为了创建如图 2.9 所示的
网页，请启动文本编辑器并打开 chapter1/
template.html。修改 title 元素，并在主体
区域添加 h1，ol 和 li 这 3 个标记。如下
所示：

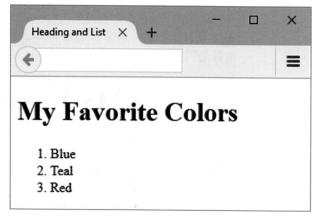

图 2.9　有序列表

```
<!DOCTYPE html>
<html lang="en">
<head>
<title>Heading and List</title>
<meta charset="utf-8">
</head>
<body>
<h1>My Favorite Colors</h1>
<ol>
    <li>Blue</li>
    <li>Teal</li>
    <li>Red</li>
</ol>
</body>
</html>
```

将文件另存为 ol.html。启动浏览器并测试网页，结果应该如图 2.9 所示。可将自己
的作业与学生文件 chapter2/ol.html 进行比较。

花些时间试验一下 type 属性，将有序列表设置成大写字母编号。将文件另存为 ola.
html 并在浏览器中测试。将自己的作业与学生文件 chapter2/ola.html 进行比较。

FAQ 为什么例子中的网页代码要缩进？

　　网页代码是否缩进对浏览器没有任何影响，但为了方便人们阅读和维护代码，有
合理缩进代码。例如，<li> 标记通常应缩进几个空格，这样在源代码中就能看出列表的
。虽然没有明确规定缩进空格的数量，但你的老师或工作单位可能有要求。习惯使用缩
有利于创建容易维护的网页。

无序列表在列表的每个项目前都加上列表符号。默认列表符号由浏览器决定，但一般都是圆点。图 2.10 是无序列表的一个例子。

My Favorite Colors

- Blue
- Teal
- Red

图 2.10   无序列表的例子

无序列表以 <ul> 标记开始，</ul> 标记结束。ul 元素是块显示元素，上下自动添加空白。每个列表项以 <li> 标记开始，</li> 标记结束。对图 2.10 的网页的标题和无序列表进行配置的代码如下：

```
<h1>h1>My Favorite Colors</h1>
<ul>
    <li>Blue</li>
    <li>Teal</li>
    <li>Red</li>
</ul>
```

?FAQ   可不可以改变无序列表的列表符号？

在 HTML5 之前，可以为 <ul> 标记设置 type 属性将默认列表符号更改为方块 type="square") 或空心圆 (type="circle")。但 HTML5 已弃用无序列表的 type 属性，因为它只具装饰性，无实际意义。但不用担心，第 5 章会讲解如何用 CSS 技术配置列表符号来显示图片和形状。

这个动手实作将在同一个网页中添加标题和无序列表。为了创建如图 2.11 所示的网页，请启动文本编辑器并打开 chapter1/template.html。修改 title 元素，并在主体区域添加 h1，ul 和 li 标记。如下所示：

```
<!DOCTYPE html>
<html lang="en">
<head>
<title>Heading and List</title>
<meta charset="utf-8">
</head>
<body>
<h1>My Favorite Colors</h1>
<ul>
    <li>Blue</li>
    <li>Teal</li>
    <li>Red</li>
</ul>
</body>
</html>
```

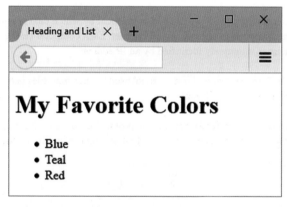

图 2.11　无序列表

将文件另存为 ul.html。启动浏览器并测试网页，结果应该如图 2.11 所示。可将自己的作业与学生文件 chapter2/ul.html 进行比较。

2.8 描述列表

描述列表用于组织术语及其定义。术语单独显示，对它的描述根据需要可以无限长。术语独占一行并顶满格显示，描述另起一行并缩进。描述列表还可用于组织常见问题 (FAQ) 及其答案。问题和答案通过缩进加以区分。任何类型的信息如果包含多个术语和较长的解释，就适合使用描述列表。图 2.12 是描述列表的例子。

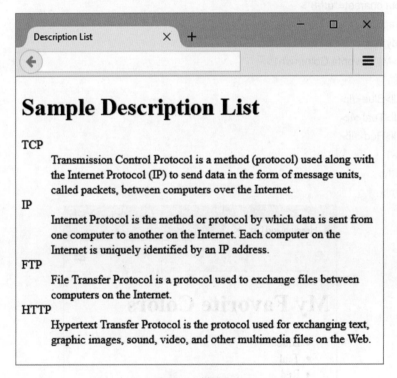

图 2.12　描述列表

描述列表以 <dl> 标记开始，</dl> 标记结束；每个要描述的术语以 <dt> 标记开始，</dt> 标记结束；每项描述内容以 <dd> 标记开始，</dd> 标记结束。

 动手实作 2.8 ————————————————————————

这个动手实作将在同一个网页中添加标题和描述列表。为了创建如图 2.12 所示的网页，请启动文本编辑器并打开 chapter1/template.html。修改 title 元素，并在主体区域添加 h1，dl，dd 和 dt 这 4 个标记。如下所示：

```
<!DOCTYPE html>
<html lang="en">
<head>
<title>Description List</title>
<meta charset="utf-8">
</head>
<body>
<h1>Sample Description List</h1>
<dl>
   <dt>TCP</dt>
      <dd>Transmission Control Protocol is a method (protocol) used along
with the Internet Protocol (IP) to send data in the form of message
units, called packets, between computers over the Internet.</dd>
   <dt>IP</dt>
      <dd>Internet Protocol is the method or protocol by which data is
sent from one computer to another on the Internet. Each computer on
the Internet is uniquely identified by an IP address.</dd>
   <dt>FTP</dt>
      <dd>File Transfer Protocol is a protocol used to exchange files
between computers on the Internet.</dd>
   <dt>HTTP</dt>
      <dd>Hypertext Transfer Protocol is the protocol used for
exchanging text, graphic images, sound, video, and other multimedia
files on the Web.</dd>
</dl>
</body>
</html>
```

将文件另存为 description.html。启动浏览器并测试网页，结果如图 2.12 所示。不必
担心换行位置不同，重要的是每行 <dt> 术语都独占一行，对应的 <dd> 描述则在它
下方缩进。尝试调整浏览器窗口的大小，注意描述文本会自动换行。可将自己的作
业与学生文件 chapter2/description.html 进行比较。

***

❓FAQ 为什么网页在我的浏览器中的显示和例子不同？

文本根据屏幕分辨率或浏览器视口大小自动缩进。网页开发人员的一个重要工作
就是保证使用不同屏幕分辨率、不同浏览器视口大小和不同浏览器的用户看到大致相同的网
页，不至于严重"走样"。

2.9　特殊实体字符

为了在网页文档中使用诸如引号、大于号 (>)、小于号 (<) 和版权符 (©) 等特殊符号，需要使用特殊字符，或者称为实体字符 (entity characters)。例如，要在网页中添加以下版权声明：

© Copyright 2020 我的公司。保留所有权利。

可使用特殊字符 © 显示版权符，代码如下：

© Copyright 2020 我的公司。保留所有权利。

另一个有用的特殊字符是 ，它代表不间断空格 (nonbreaking space)。你也许已经注意到，不管多少空格，网页浏览器都只视为一个。要在文本中添加多个空格，可连续使用 。如果只是想将某个元素调整一点点位置，这种方法是可取的。但是，如果发现网页包含太多连续的   特殊字符，就应该通过其他方法对齐元素，比如用 CSS 调整边距或填充 (参见第 6 章)。

表 2.3 和 http://dev.w3.org/html5/html-author/charref 列举了更多特殊字符及其代码。

表 2.3　常用特殊字符

字符	实体名称	代码
"	引号	&quot;
©	版权符号	&copy;
&	& 符号	&amp;
空格	不间断空格	
'	撇号	&rsquo;
—	长破折号	&mdash;
|	竖线	|
<	小于符号	&lt;
>	大于符号	&gt;

动手实作 2.9 ————————————————————————

图 2.13 展示了要创建的网页。启动文本编辑器并打开 chapter1/template.html。修改 title 元素，将 <title> 和 </title> 之间的文本更改为 Web Design Steps。图 2.13 的示例网页包含一个标题、一个无序列表和一行版权信息。

将标题 "Web Design Steps" 配置为一级标题 (<h1>)，代码如下：

```
<h1>Web Design Steps</h1>
```

图 2.13　示例 design.html

接着创建无序列表，每个列表项的第一行是一个网页设计步骤标题。在本例中，每个步骤标题都应强调 (加粗显示，或突出于其他文本显示)。该无序列表开始部分的代码如下：

```
<ul>
  <li><strong>Determine the Intended Audience</strong>
  <br> The colors, images, fonts, and layout should be tailored to
  the <em>preferences of your audience.</em> The type of site content
  (reading level, amount of animation, etc.) should be appropriate for
  your chosen audience.</li>
```

继续编辑网页文件，完成整个无序列表的编写。记住在列表末尾添加 </ul> 结束标记。最后编辑版权信息，把它包含在 small 元素中。使用特殊符号 © 显示版权符号。版权信息这一行的代码如下：

```
<p><small>Copyright &copy; 2020 Your name. All Rights
Reserved.</small></p>
```

文件另存为 design.html，启动浏览器并测试，将自己的作业与学生文件 Chapter2/design.html 进行比较。

2.10 HTML 语法校验

视频讲解：*HTML Validation*

W3C 提供了免费的标记语言语法校验服务，网址是 http://validator.w3.org/，可用它校验网页，检查语法错误。**HTML 校验**方便学生快速检测代码使用的语法是否正确。在工作场所，HTML 校验可充当质检员的角色。无效代码会影响浏览器渲染页面的速度。

动手实作 2.10

下面试验用 W3C 标记校验服务校验网页。启动文本编辑器并打开 Chapter2/design.html。首先在 design.html 中故意引入一个错误。把第一个 </strong> 结束标记删除。这一更改将导致多条错误信息。更改后保存文件。

接着校验 design.html 文件。启动浏览器并访问 W3C 标记校验服务的文件上传网页 (http://validator.w3.org/#validate_by_upload)。点击 "选择文件"，从计算机选择刚才保存的 Chapter2/design.html 文件。单击 Check 按钮将文件上传到 W3C 网站，如图 2.14 所示。

图 2.14 校验网页

随后会显示一个错误报告网页。向下滚动网页查看错误，如图 2.15 所示。

消息指出第 12 行有错，这实际是遗漏 </strong> 结束标记的那一行的下一行。注意，HTML 错误消息经常都会指向错误位置的下一行。

显示的错误消息是 End tag for li seen, but there were open elements。找出问题根源就是你自己的事情了。首先应检查容器标记是否成对使用，本例的问题就出在这里。还可向下滚动查看更多的错误信息。但一般情况下，一个错误会导致多条错误信息。所以最好每改正一个错误就重新校验一次。

在文本编辑器中编辑 design.html 文件，加上丢失的 </strong> 标记，保存文件。重新访问 http://validator.w3.org/ #validate_by_upload，选择文件并单击 Check 按钮。

图 2.15　第 12 行有错

结果如图 2.16 所示。注意 "Document checking completed. No errors or warnings to show." 信息，这表明网页通过了校验。恭喜你，design.html 现在是有效的 HTML5 网页了！警告消息可以忽略，它只是说 HTML5 兼容性检查工具目前正处于试验阶段。

图 2.16　网页通过了校验

校验网页是很好的习惯。但校验代码时要注意判断。许多浏览器仍然没有完全遵循 W3C 推荐标准，所以有的时候，比如在网页中加入了多媒体内容时，会出现虽然网页没有通过校验，但在多种浏览器、各种平台上仍然能正常工作的情况。

除了 W3C 校验服务，还可使用其他工具检查代码的语法，例如位于 http://html5. validator.nu 的 HTML5 校验器，以及位于 https://www.freeformatter.com/html-validator.html 的 HTML validator/linter。

2.11　结构元素

除了常规 div 元素，HTML5 还引入了许多语义上的结构元素来配置网页区域。这些新的 HTML5 header, nav, main 和 footer 元素的目的不是完全取代 div 元素，而是和 div 以及其他元素配合使用，通过一种更有意义的方式阐述结构区域的用途，从而对网页文档进行更好的结构化。图 2.17 展示了如何使用 header，nav，main，div 和 footer 这 5 个元素建立网页结构，这种图称为"线框图"(wireframe)。

div 元素

div 元素在网页中创建一个常规结构区域 (称为 division)。作为块显示元素，它上下会自动添加空白。div 元素以 <div> 标记开始，以 </div> 结束。div 元素适合定义包含了其他块显示元素 (标题、段落、无序列表以及其他 div 元素) 的区域。本书以后会用层叠样式表 (CSS) 配置 HTML 元素的样式、颜色、字体以及布局。

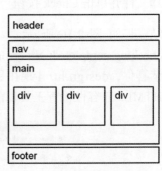

图 2.17　结构元素

header 元素

HTML5 的 header 元素的作用是包含网页文档或文档区域 (比如第 8 章将详细解释的 section 和 article) 的标题。header 元素以 <header> 标记开始，以 </header> 结束。header 元素是块显示元素，通常包含一个或多个标题元素 (h1 到 h6)。

nav 元素

HTML5 的 nav 元素的作用是建立一个导航链接区域。nav 是块显示元素，以 <nav> 标记开始，以 </nav> 结束。

main 元素

HTML5 的 main 元素的作用是包含网页文档的主要内容。每个网页只应有一个 main 元素。main 是块显示元素，以 <main> 标记开始，以 </main> 结束。

footer 元素

HTML5 的 footer 元素的作用是为网页或网页区域创建页脚。footer 是块显示元素，以 <footer> 标记开始，以 </footer> 结束。

动手实作 2.11 ────────────────────────

下面通过创建如图 2.18 所示的 Trillium Media
Design 公司主页来练习使用结构元素。在文本编
辑器中打开学生文件 chapter1/template.html。像下
面这样编辑代码。

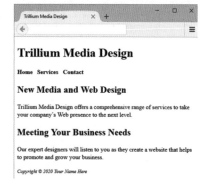

图 2.18　Trillium 主页

1. 将 <title> 和 </title> 标记之间的文本修改
   成 Trillium Media Design。

2. 光标定位到主体区域，添加 header 元素，
   在其中包含 h1 元素来显示文本 Trillium
   Media Design。

```
<header>
   <h1>Trillium Media Design</h1>
</header>
```

3. 编码 nav 元素来包含主导航区域的文本。配置加粗文本 (使用 b 元素)，并
   用特殊字符   添加额外的空格。

```
<nav>
   <b>Home   Services   Contact</b>
</nav>
```

4. 编码 main 元素来包含 h2 和段落元素。

```
<main>
   <h2>New Media and Web Design</h2>
   <p>Trillium Media Design will bring your company&rsquo;s Web
presence to the next level. We offer a comprehensive range of
services.</p>
   <h2>Meeting Your Business Needs</h2>
   <p>Our expert designers are creative and eager to work with you.</p>
</main>
```

5. 配置 footer 元素来包含用小字号 (使用 small 元素) 和斜体 (使用 i 元素) 显
   示的版权声明。注意，元素要正确嵌套。

```
<footer>
   <small><i>Copyright &copy; 2020 Your Name Here</i></small>
</footer>
```

将网页另存为 structure.html。在浏览器中测试，结果应该如图 2.18 所示。可将你的
作业与学生文件 chapter2/structure.html 进行比较。

HTML 编码是一门技能，而所有技能都需要多练。本节将用结构元素编码一个网页。

 动手实作 2.12 —————————————————————

这个动手实作参照图 2.19 的线框图创建图 2.20 的 Casita Sedona Bed & Breakfast 网页。

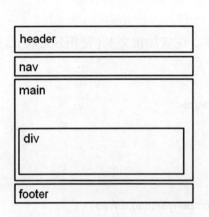

图 2.19　Casita Sedona 网页线框图

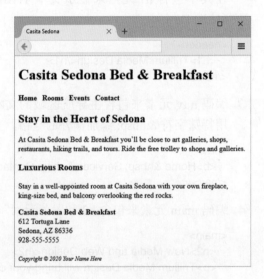

图 2.20　Casita Sedona 网页

在文本编辑器中打开学生文件 chapter1/template.html。像下面这样编辑代码。

1. 将 <title> 和 </title> 标记之间的文本修改成 Casita Sedona。

2. 光标定位到主体区域，添加 header 元素，并在其中包含 h1 元素来显示文本 Casita Sedona Bed & Breakfast。一定要用特殊字符 & 显示 & 字符。

```
<header>
  <h1>
    Casita Sedona Bed &amp; Breakfast
  </h1>
</header>
```

3. 编码 nav 元素来包含主导航区域的文本。配置加粗文本（使用 b 元素），并用特殊字符   添加额外的空格。

```
<nav>
  <b>
    Home  
    Rooms  
    Events  
    Contact
  </b>
</nav>
```

4. 编码 main 元素来包含 h2 和段落元素。

```
<main>
<h2>Stay in the Heart of Sedona</h2>
  <p>At Casita Sedona Bed &amp; Breakfast you&rsquo;ll be close to
art galleries, shops, restaurants, hiking trails, and tours. Ride
the free trolley to shops and galleries.</p>
  <h3>Luxurious Rooms</h3>
  <p>Stay in a well-appointed room at Casita Sedona with your own
fireplace, king-size bed, and balcony overlooking the red rocks.</p>
</main>
```

5. 编码 div 元素来配置公司名、地址和电话号码。div 元素嵌套在 main 元素中，放在结束 </main> 标记之前。用换行标记在单独的行上显示名称、地址和电话，并在页脚前面生成额外的空白。

```
<div>
  <strong>Casita Sedona Bed &amp; Breakfast</strong><br>
  612 Tortuga Lane<br>
  Sedona, AZ 86336<br>
  928-555-5555<br>
</div>
```

6. 配置 footer 元素来包含用小字号（使用 small 元素）和斜体（使用 i 元素）显示的版权声明。注意，元素要正确嵌套。

```
<footer>
  <small><i>Copyright &copy; 2020 Your Name Here</i></small>
</footer>
```

将网页另存为 casita.html。在浏览器中测试，结果应该如图 2.20 所示。可将你的作业与学生文件 chapter2/ casita.html) 进行比较。

2.13　更多结构元素

刚才练习了 HTML5 的 4 个元素 header，nav，main 和 footer。这些 HTML5 元素和 div 以及其他元素配合，以有意义的方式建立网页文档结构，划定不同结构性区域的用途。本节要介绍其他 HTML5 元素。

section 元素

包含文档的"区域"，比如章节或主题。section 元素是块显示元素，可包含 header，footer，section，article，aside，figure，div 和其他内容显示元素。

article 元素

包含一个独立条目，比如博客文章、评论或电子杂志文章。article 元素是块显示元素，可包含 header，footer，section，aside，figure，div 和其他内容显示元素。

aside 元素

aside 元素代表旁注或其他补充内容。aside 是块显示元素，可包含 header，footer，section，aside，figure，div 和其他内容显示元素。

time 元素

代表日期或时间。虽然不是结构元素，但之所以把它列出来，是因为它特别适合标注内容（网页或博客文章）的创建日期。使用可选的 datetime 属性，可通过一种机器能识别的格式来显示日历日期和 / 或时间。日期用 YYYY-MM-DD，时间用 HH:MM(24 小时制)。参考 https://www.w3.org/TR/html53/textlevel-semantics.html#the-time-element 了解语法选项。

 动手实作 2.13 ———————————————————————————

这个动手实作将编辑一个网页文档，运用 section，article，aside 和 time 这 4 个元素创建如图 2.21 所示的博客文章。

启动文本编辑器并打开学生文件的 chapter2/starter.html。将文件另存为 blog.html。

1. 找到 title 标记，将文本修改成 Lighthouse Bistro Blog。

2. 找到起始 main 标记。删除起始和结束 main 标记之间的所有 HTML 元素和文本。

3. 在起始 main 标记下方编码一个 aside 元素，如下所示：

```
<aside>
  <p><i>Watch for the March
  Madness Wrap next month!</i></p>
</aside>
```

4. 编码一个起始 section 标记，后跟一个 h2 元素，如下所示：

```
<section>
<h2>Bistro Blog</h2>
```

5. 编码两篇博客文章。注意，其中使用了 header，h3，time 和段落元素，最后编码一个结束 section 标记，如下所示：

```
<article>
  <header><h3>Valentine Wrap</h3></header>
  <time datetime="2020-02-01">February 1, 2020</time>
  <p>The February special sandwich is the Valentine Wrap &mdash;
  heart-healthy organic chicken with roasted red peppers on a
  whole wheat wrap.</p>
</article>
<article>
  <header><h3>New Coffee of the Day Promotion</h3></header>
  <time datetime="2020-01-12">January 12, 2020</time>
  <p>Enjoy the best coffee on the coast in the comfort of your
  home. We will feature a different flavor of our gourmet,
  locally roasted coffee each day with free bistro tastings and a
  discount on one-pound bags.</p>
</article>
</section>
```

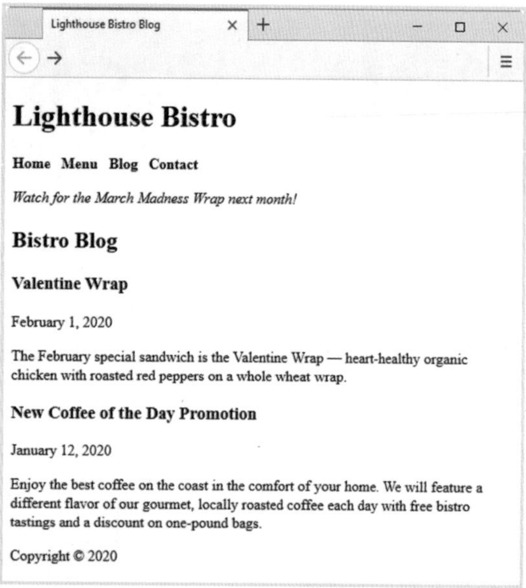

图 2.21　博客文章

保存文件并在浏览器中显示 blog.html，看起来应该和图 2.21 相似。示例解决方案是 chapter2/blog.html。

2.14 锚元素

锚元素 (anchor element) 作用是定义超链接 (后文简称 "链接")，它指向你想显示的另一个网页或文件。锚元素以 <a> 标记开始，以 </a> 结束。两个标记之间是可以点击的链接文本或图片。用 href 属性配置链接引用，即要访问 (链接到) 的文件的名称和位置。

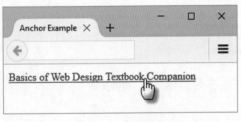

图 2.22　示例链接

图 2.22 的网页用锚标记配置到本书网站 (https:// webdevbasics.net) 的链接。锚标记的代码如下所示：

<a href="https://webdevbasics.net">Basics of Web Design Textbook Companion</a>

注意，href 的值就是网站 URL。两个锚标记之间的文本在网页上以链接形式显示 (大多数浏览器都是添加下划线)。鼠标移到链接上方，指针自动变成手掌形状，如图 2.22 所示。

 动手实作 2.14 ——————————————

为了创建图 2.22 的网页，请启动文本编辑器并打开 chapter1/template.html 模板文件。修改 title 元素，在主体区域添加锚标记，如加粗的部分所示：

```
<!DOCTYPE html>
<html lang="en">
<head>
<title>Anchor Example</title>
<meta charset="utf-8">
</head>
<body>
<a href="https://webdevbasics.net">Basics of Web Design Textbook Companion</a>
</body>
</html>
```

将文档另存为 anchor.html。启动浏览器测试网页，结果应该如图 2.22 所示。可将自己的作业与学生文件 chapter2/anchor.html 进行比较。

图片可以作为超链接吗？

可以。虽然本章着眼于文本链接，但图片也可配置成链接，详见第 5 章。

链接目标

你可能已注意到，在动手实作 2.14 中，点击链接会在同一浏览器窗口中打开新网页。可在锚标记中使用 target 属性配置 target="_blank" 在新浏览器窗口或新标签页中打开网页。但不能控制是在新窗口（新的浏览器实例）还是新标签页中打开，那是由浏览器本身的配置决定的。target 属性的实际运用请参考 chapter2/target.html。

绝对链接

绝对链接指定资源在 Web 上的绝对位置。动用实作 2.14 的超链接就是绝对链接。用绝对链接来链接其他网站上的资源。这种链接的 href 值包含协议名称 http:// 和域名。下面是指向本书网站主页的绝对链接：

```
<a href="http://webdevbasics.net">Basics of Web Design</a>
```

要访问本书网站的其他网页，可在 href 值中包含具体的文件夹名称。例如，以下锚标记配置的绝对链接指向网站上的 5e 文件夹中的 chapter1.html 网页：

```
<a href="http://webdevbasics.net/5e/chapter1.html">Chapter 1</a>
```

相对链接

链接到自己网站内部的网页时可以使用相对链接。这种链接的 href 值不以 http:// 开头，也不含域名，只包含想要显示的网页的文件名（或者文件夹和文件名的组合）。链接位置相对于当前显示的网页。例如，为了从主页 index.html 链接到同一文件夹中的 contact.html，可以像下面这样创建相对链接：

```
<a href="contact.html">Contact Us</a>
```

将整个块作为锚

一般使用锚标记将短语（甚至一个字）配置成链接。HTML5 为锚标记提供了新功能，允许将整个块作为锚，从而将一个或多个元素（包括作为块显示的，比如 div，h1 或段落）配置成链接。学生文件 chapter2/block.html 展示了一个例子。

无障碍访问和超链接

有视力障碍的用户可用屏幕朗读软件配置显示文档中的超链接列表。但只有链接文本充分说明了链接的作用，超链接列表才会真正有用。以学校网站为例，一个"搜索课程表"链接要比"更多信息"或"点我"链接更有用。

2.15 练习使用链接

动手是学习网页编码的最佳方式。下面创建包含三个网页的示例网站，通过配置链接来练习锚标记的使用。

站点地图

图 2.23 是新网站的站点地图，主页加两个内容页 (Services 和 Contact)。站点地图描述了网站结构。网站中的每个页都显示成站点地图中的一个框。如图 2.23 所示，主页位于顶部，它的下一级称为二级主页。在这个总共只有三个网页的小网站中，二级主页只有两个，即 Services 和 Contact。网站的主导航区域通常包含到网站地图前两级网页的链接。

图 2.23 站点地图

 FAQ 如何新建文件夹？

学习如何编码网页之前，首先要知道如何在计算机上执行基本的文件处理任务，比如新建文件夹。动手实作 1.1 描述了如何新建文件夹。

动手实作 2.15 ————————————————————

1. **新建文件夹**。计算机上的文件夹和日常生活中的文件夹相似，都用于收纳一组相关文件。本书将每个网站的文件都放到一个文件夹中。这样在处理多个不同的网站时就显得很有条理。利用自己的操作系统为新网站新建名为 mypractice 的文件夹。

2. **创建主页**。以动手实作 2.11 的 Trillium Media Design 网页 (图 2.18) 为基础创建新主页 (图 2.24)。将动用实作 2.11 的示例文件 (chapter2/structure.html) 复制到 mypractice 文件夹，并重命名为 index.html。网站主页一般都是 index.html。

启动文本编辑器来打开 index.html。导航链接应放到 nav 元素中。要编辑 nav 元素来配置三个链接。

- ◗ 文本 "Home" 链接到 index.html
- ◗ 文本 "Services" 链接到 services.html
- ◗ 文本 "Contact" 链接到 contact.html

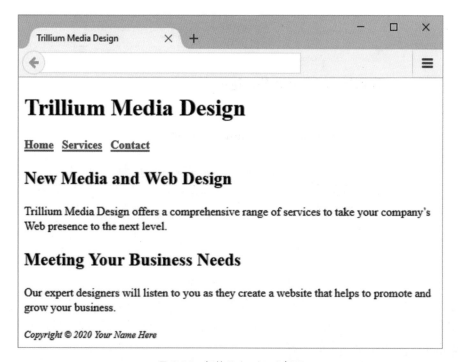

图 2.24　新的 index.html 主页

像下面这样修改 nav 元素中的代码。

```
<nav>
  <b>
    <a href="index.html">Home</a>  
    <a href="services.html">Services</a>  
    <a href="contact.html">Contact</a>
  </b>
</nav>
```

保存文件。在浏览器中打开网页，它应该和图 2.24 的页面相似。将你的作业与学生文件 chapter2/2.15/index.html 进行比较。

3. 创建服务页。基于现有网页创建新网页是常用手段。下面基于 index.html 创建如图 2.25 所示的服务页。在文本编辑器中打开 index.html 文件并另存为 services.html。

图 2.25　services.html 网页

首先将 <title> 和 </title> 之间的文本更改为 "Trillium Media Design - Services" 来修改标题 (title)。为了使所有网页都具有一致的标题 (header)、导航和页脚，不要更改 header，nav 或 footer 元素的内容。

将光标定位到主体区域，删除起始和结束 main 标记之间的内容。在起始和结束 main 标记之间添加以下二级标题和描述列表：

```
<h2>Our Services Meet Your Business Needs</h2>
  <dl>
    <dt><strong>Website Design</strong></dt>
      <dd>Whether your needs are large or small, Trillium can get
      you on the Web!</dd>
    <dt><strong>E-Commerce Solutions</strong></dt>
      <dd>Trillium offers quick entry into the e-commerce
      marketplace.</dd>
    <dt><strong>Search Engine Optimization</strong></dt>
      <dd>Most people find new sites using search engines.
      Trillium can get your website noticed.</dd>
  </dl>
```

保存文件并在浏览器中测试，结果应该如图 2.25 所示。把它和学生文件 chapter2/2.15/services.html 进行比较。

4. **创建联系页**。基于 index.html 创建如图 2.26 所示的联系页。在文本编辑器中打开 index.html 文件并另存为 contact.html。

首先将 <title> 和 </title> 之间的文本更改为 "Trillium Media Design - Contact" 来修改标题 (title)。为了使所有网页都具有一致的标题 (header)、导航和页脚，不要更改 header，nav 或 footer 元素的内容。

图 2.26 contact.html 网页

将光标定位到主体区域，删除起始和结束 main 标记之间的内容，在起始和结束 main 标记之间添加以下内容：

```
<h2>Contact Trillium Media Design Today</h2>
  <ul>
    <li>E-mail: contact@trilliummediadesign.com</li>
    <li>Phone: 555-555-5555</li>
  </ul>
```

保存文件并在浏览器中测试，结果应该如图 2.26 所示。把它和学生文件 chapter2/2.15/contact.html 进行比较。点击每个链接来测试网页。点击 Home 应显示主页 index.html，点击 Services 应显示 services.html，点击 Contact 应显示 contact.html。

 为什么我的相对链接不起作用？

检查以下项目：

▸ 是否将文件保存到了指定文件夹？

▸ 文件名是否正确？在 Windows 资源管理器或者 Mac Finder 中检查文件名。

▸ 锚标记的 href 属性是否输入了正确的文件名？检查打字错误。

▸ 鼠标放到链接上会在状态栏显示相对链接的文件名。请验证文件名正确。许多操作系统 (例如 UNIX 和 Linux) 区分大小写，所以要确定文件名的大小写正确。进行 Web 开发时坚持使用小写字母的文件名是一个好习惯。

2.16 电子邮件链接

锚标记也可用于创建电子邮件链接。电子邮件链接会自动打开浏览器设置的默认邮件程序，它与外部超链接相似但有两点不同。

▸ 使用 mailto:，而不是 http://。

▸ 会打开浏览器配置的默认邮件程序，自动填写 E-mail 地址作为收件人。

例如，要创建指向 help@webdevbasics.net 的电子邮件链接，要按如下方式编写代码：

```
<a href="mailto:help@webdevbasics.net">help@webdevbasics.net</a>
```

在网页和锚标记中都写上电子邮件地址是好习惯，因为不是所有人的浏览器都配置了电子邮件程序，将邮件地址写在这两个地方能方便所有访问者。

Quick TIP 有许多免费网上电子邮件服务可供选择，比如 Outlook 等。创建新网站或注册免费服务（比如新闻邮件）时，可创建一个或多个免费电子邮件帐号。这样可以对自己的电子邮件进行组织，因为一部分邮件需要快速回复，比如学校、工作或者私人邮件，另一部分邮件则可以在自己方便的时候查看。

FAQ 在网页上显示我的真实电邮地址会不会招来垃圾邮件？

不一定。虽然一些没有道德的垃圾邮件制造者可能搜索到你的网页上的电邮地址，但你的 Email 软件可能内置了垃圾邮件筛选器，能防范收件箱被垃圾邮件淹没。

配置直接在网页上显示的电子邮件链接，遇到以下情况时有助于提升网站的可用性。

▸ 访问者使用公共电脑，上面没有配置电子邮件软件。所以点击电邮链接会显示一条错误消息。如果不明确显示电邮地址，访问者就不知道怎么联系你。

▸ 访问者使用私人电脑，但不喜欢使用浏览器默认配置的电子邮件软件（和地址），他/她可能和别人共用一台电脑，或者不想让人知道自己的默认电子邮件地址。

明确显示你的电邮地址，上述两种情况下访问者仍然能知道你的地址并联系上你（不管是通过电子邮件软件，还是通过基于网页的电子邮件服务，比如 outlook.com），因而提升了你的网站的可用性。

动手实作 2.16 ─────────────────────

这个动手实作将修改动手实作 2.15 创建的联系页 (contact.html)，在网页内容区域配置电子邮件链接。启动文本编辑器并打开 chapter2/2.15 文件夹中的 contact.html 文件。

在内容区域配置电子邮件链接，如下所示：

```
<li>E-mail:
<a href="mailto:contact@trilliummediadesign.com">
    contact@trilliummediadesign.com</a>
</li>
```

保存网页并在浏览器中测试，结果应该如图 2.27 所示。将它和学生文件 chapter2/2.16/contact.html 进行比较。

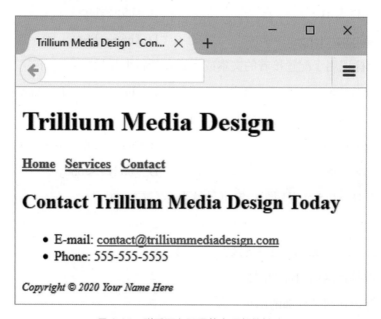

图 2.27 联系页上配置的电子邮件链接

复习和练习

复习题

选择题

1. 哪个标记在网页上配置超链接?( )

   A.
                          B. <hyperlink>

   C. <a>   D. <link

2. 哪一对标记用于创建最大的标题?( )

   A. <h1> </h1>   B.

   C. <h type="largest"> </h>   D. <h6> </h6>

3. 哪个标记用于配置接着的文本或元素在新行上显示?( )

   A. <new line>   B. <nl>   C.
        D. <line>

4. 哪一对标记用于配置段落?( )

   A. <para> </para>   B.

   C. <p> </p>   D. <body> </body>

5. 哪个 HTML5 元素用于指定可导航内容?( )

   A. nav   B. header   C. footer   D. a

6. 什么时候应该编码绝对链接?( )

   A. 链接到网站内部的网页

   B. 链接到网站外部的网页

   C. 总是使用,W3C 要求优先绝对链接

   D. 从不使用,绝对链接已被弃用

7. 想在网页上用斜体强调文本时,哪一对标记是最好的选择?( )

   A. <b> </b>   B. <strong> </strong>

   C. <em> </em>   D.

8. 哪个标记显示水平线?( )

   A.
        B. <hr >   C. <line>   D. <h1>

9. 哪种 HTML 列表会自动编号？（　　）

　　A. 编号列表　　　　　　　　　　B. 有序列表

　　C. 无序列表　　　　　　　　　　D. 描述列表

10. 哪种说法是正确的？（　　）

　　A. W3C 标记校验服务描述如何修改网页中的错误。

　　B. W3C 标记校验服务列出网页中的语法错误。

　　C. W3C 标记校验服务只有 W3C 会员才能使用。

　　D. 以上都不对。

动手练习

1. 写标记语言代码，用最大标题元素显示你的姓名。

2. 写标记语言代码显示无序列表，列出一周中的每一天。

3. 写标记语言代码显示有序列表，使用大写字母作为序号，在列表中显示 Spring，Summer，Fall 和 Winter。

4. 想一条名人名言。写标记语言代码，在标题中显示名人姓名，用块引用 (blockquote) 显示名言。

5. 修改下面的代码段，将加粗改成强调 (strong)。

```
<p>A diagram of the organization of a website is called a <b>site
map</b> or <b>storyboard</b>. Creating the <b>site map</b> is one
of the initial steps in developing a website.</p>
```

6. 写代码创建指向你的学校网站的绝对链接。

7. 写代码创建指向网页 clients.html 的相对链接。

8. 为你最喜欢的乐队创建网页，列出乐队名字、成员、官方网站链接、你最喜欢的三张 CD(新乐队可以少一点) 以及每张 CD 的简介。一定要使用以下元素：html，head，title，meta，body，header，footer，main，h1，h2，p，u，li 和 a。在页脚区域用电子邮件链接配置你的姓名。将网页另存为 band.html，在文本编辑器中打开文件并打印网页源代码。在浏览器中显示网页并打印。将两份打印稿交给老师。

聚焦网页设计

标记语言代码本身比较枯燥，最重要的还是设计。上网浏览并找到两个网页，其中一个有吸引力，另一个没有。打印每个网页。创建一个网页，针对找到的两个网页回答以下问题。

A. 网站的 URL 是什么？

B. 网页是吸引人还是不吸引人？列出三个理由。

C. 不吸引人的网页如何改进？

D. 会推荐其他人访问这个网站吗？为什么？

案例学习

以下几个案例学习将贯穿全书。本章介绍每个网站的背景，展示站点地图，并指导你为每个网站创建两个网页。

案例学习：度假村 Pacific Trails Resort

Melanie Bowie 是加州北海岸 Pacific Trails Resort 的经营者。这个度假胜地非常安静，既提供舒适的露营帐篷，也提供高档酒店供客人就餐和住宿。目标顾客是喜爱大自然和远足的情侣或夫妇。

Melanie 希望创建网站来强调地理位置和住宿的独特性。她希望网站有主页、介绍特制帐篷的网页、带有联系表单的预约页以及介绍度假地各种活动的网页。

图 2.28 展示了描述网站架构的 Pacific Trails Resort 站点地图，包含主页和三个内容页：Yurts(帐篷)，Activities(活动) 和 Reservations(预约)。

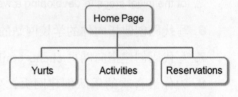

图 2.28　Pacific Trails Resort 站点地图

图 2.29 是网站页面布局线框图，其中包含 header 区域、导航区域、内容区域以及显示版权信息的页脚区域。

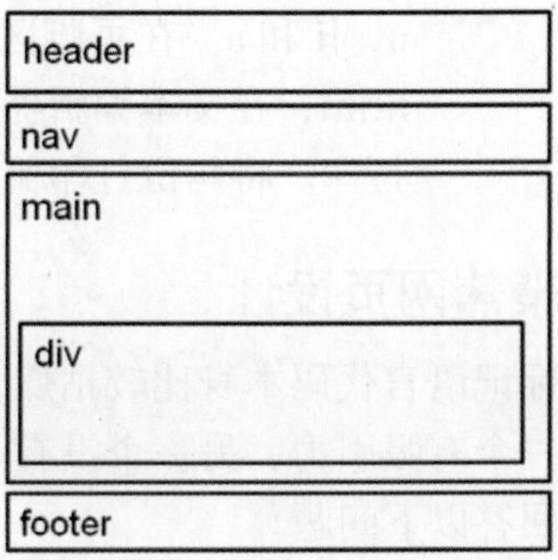

这个案例学习共有三个任务。

1. 为 Pacific Trails Resort 网站创建文件夹。

2. 创建主页：index.html。

3. 创建 Yurts 页：yurts.html.

任务 1：创建 pacific 文件夹，以后 Pacific Trails Resort 网站的所有文件都会放到其中。

图 2.29　页面布局线框图

任务 2：创建主页。用文本编辑器创建 Pacific Trails Resort 网站的主页，如图 2.30 所示。

启动文本编辑器来创建网页文档。

1. 网页标题 (title)：使用描述性的网页标题，商业网站最好直接使用公司名称。

2. header 区域：用 <h1> 显示大标题 Pacific Trails Resort。该元素嵌套在 header 元素中。

3. 导航区域：将以下文本放到一个 nav 中并加粗 (使用 <b> 元素)。

Home　　Yurts　　Activities　　Reservations

编码锚标记，使 Home 链接到 index. html，Yurts 链接到 yurts.html，Activities 链接到 activities.html，而 Reservations 链接到 reservations.html。用特殊字符   在超链接之间添加必要的空格。

图 2.30　　Pacific Trails Resort 网站主页 (index.html)

4. 内容区域：用 main 元素编码主页的内容区域。参考动手实作 2.11 和动手实作 2.12 完成以下任务。

A. 将以下内容放到一个 h2 元素中：Enjoy Nature in Luxury

B. 将以下内容放到一个段落中：

Pacific Trails Resort offers a special lodging experience on the California North Coast. Relax in serenity with panoramic views of the Pacific Ocean。

C. 将以下内容放到一个无序列表中：

Unwind in the heated outdoor pool and whirlpool
Explore the coast on your own or join our guided tours
Relax in our lodge while enjoying complimentary appetizers and beverages
Savor nightly fine dining with an ocean view

D. 联系信息。将地址和电话号码放到无序列表下方的一个 div 中，根据需要使用换行标记：

Pacific Trails Resort12010 Pacific Trails RoadZephyr, CA 95555888-555-5555

5. 页脚区域。在 footer 元素中配置版权信息和电子邮件。配置成小字号 (使用 <small> 元素) 和斜体 (使用 <i> 元素)。具体版权信息是 Copyright © 2020 Pacific Trails Resort。

在版权信息下方用电子邮件链接配置你的姓名。

图 2.30 的网页看起来比较"空旷"，但不必担心。随着积累的经验越来越多，并学到更多高级技术，网页会变得越来越专业。网页上的空白必要时可用
 标记来添加。你的网页不要求和例子完全一致。目的是多练习并熟悉 HTML 的运用。将文件保存到 pacific 文件夹，命名为 index.html。

任务 3：Yurts 页。创建如图 2.31 所示的 Yurts 页。基于现有网页创建新网页可以提高效率。新的 Yurts 网页将以 index.html 为基础。用文本编辑器打开 index.html，把它另存为 yurts.html，同样放到 pacific 文件夹。

图 2.31　新的 Yurts 网页

现在准备编辑 yurts.html 文件。

1. 修改网页标题。将 <title> 标记中的文本更改为 Pacific Trails Resort :: Yurts。

2. 内容区域。

   a. 将 <h2> 标记中的文本更改为 The Yurts at Pacific Trails。

   b. 删除段落、无序列表和联系信息。

   c. Yurts 页包含一个问答列表。使用描述列表添加这些内容。用 <dt> 元素包含每个问题。利用 <strong> 元素以加粗文本显示问题。用 <dd> 元素包含答案。下面是具体的问答列表：

   What is a yurt?
   Our luxury yurts are permanent structures four feet off the ground. Each yurt has canvas walls, a wooden floor, and a roof dome that can be opened.
   How are the yurts furnished?
   Each yurt is furnished with a queen-size bed with down quilt and gas-fired stove. The luxury camping experience also includes electricity and a sink with hot and cold running water. Shower and restroom facilities are located in the lodge.
   What should I bring?
   Bring a sense of adventure and some time to relax! Most guests also pack

comfortable walking shoes and plan to dress for changing weather with layers of clothing.

保存网页并在浏览器中测试。测试从 yurts.html 到 index.html 的链接，以及从 index.html 到 yurts.html 的链接。如果链接不起作用，请检查以下要素：

- 是否将网页以正确的名字保存到正确的文件夹中；
- 锚标记中的网页文件名是否拼写正确。

纠正错误后重新测试。

案例学习：瑜珈馆 Path of Light Yoga Studio

Path of Light Yoga Studio 是新开的一家小瑜伽馆。馆主 Ariana Starrweaver 想建立网站来展示她的瑜伽馆，为新学生和当前学生提供信息。Ariana 希望有主页、展示瑜伽课类型的课程页、课表页和联系页。图 2.32 是描述网站架构的 Path of Light Yoga Studio 站点地图，包含主页和三个内容页：Classes（课程）、Schedule（课表）和 Contact（联系）。

图 2.33 是网站页面布局线框图，其中包含 header 区域、导航区域、内容区域以及显示版权信息的页脚区域。

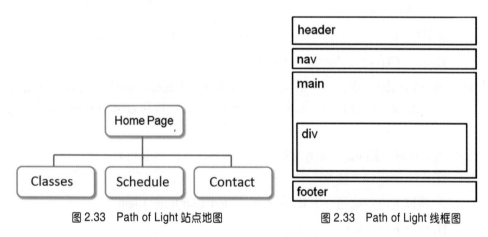

图 2.33 Path of Light 站点地图   图 2.33 Path of Light 线框图

这个案例学习共有三个任务。

1. 为 Path of Light Yoga Studio 网站创建文件夹。

2. 创建主页：index.html。

3. 创建课程页：classes.html。

任务 1：创建 yoga 文件夹来包含 Path of Light Yoga Studio 网站文件。

任务 2：创建主页。使用文本编辑器创建 Path of Light Yoga Studio 网站主页，如图 2.34 所示。

启动文本编辑器来创建网页文档。

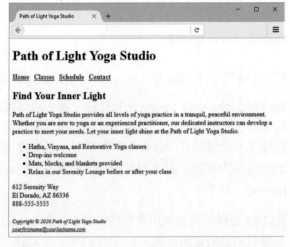

1. 网页标题 (title)：使用描述性的网页标题——商业网站最好直接使用公司名称。

2. header 区域：用 \<h1\> 显示大标题 Path of Light Yoga Studio。该元素嵌套在 header 元素中。

图 2.34　Path of Light Yoga Studio 网站主页 (index.html)

3. 导航区域：将以下文本放到一个 nav 中并加粗显示 (使用 \<b\> 元素)。

Home　Classes Schedule　Contact

编码锚标记，使 Home 链接到 index.html，Classes 链接到 classes.html，Schedule 链接到 schedule.html，而 Contact 链接到 contact.html。用特殊字符   在超链接之间添加必要的空格。

4. 内容区域：用 main 元素编码主页的内容区域。参考动手实作 2.11 和动手实作 2.12 完成以下任务。

A. 将以下内容放到一个 h2 元素中：Find Your Inner Light

B. 将以下内容放到一个段落中：

Path of Light Yoga Studio provides all levels of yoga practice in a tranquil, peaceful environment. Whether you are new to yoga or an experienced practitioner, our dedicated instructors can develop a practice to meet your needs. Let your inner light shine at the Path of Light Yoga Studio.

C. 将以下内容放到一个无序列表中：

Hatha, Vinyasa, and Restorative Yoga classes
Drop-ins welcome

Mats, blocks, and blankets provided

Relax in our Serenity Lounge before or after your class

D. 联系信息。将地址和电话号码放到无序列表下方的一个 div 中，根据需要使用换行标记：

612 Serenity Way

El Dorado, AZ 86336

888-555-5555

5. 页脚区域。在 footer 元素中配置版权信息和电子邮件。配置成小字号 (使用 <small> 元素) 和斜体 (使用 <i> 元素)。具体版权信息是 Copyright © 2020 Path of Light Yoga Studio。

在版权信息下方用电子邮件链接配置你的姓名。

图 2.34 的网页看起来比较"空旷"，但不必担心。随着积累的经验越来越多，并学到更多的高级技术，网页会变得越来越专业。网页上的空白必要时可用
 标记来添加。你的网页不要求和例子完全一致。目的是多练习并熟悉 HTML 的运用。将文件保存到 yoga 文件夹，命名为 index.html。

任务 3：课程页。创建如图 2.35 所示的课程页。基于现有网页创建新网页可以提高效率。新课程页将以 index.html 为基础。用文本编辑器打开 index.html 并另存为 classes.html，同样放到 yoga 文件夹。

现在准备编辑 classes.html 文件。

1. 修改网页标题。将 <title> 标记中的文本更改为 Path of Light Yoga Studio :: Classes。

2. 内容区域。

a. 删除主页内容段落、无序列表和联系信息。

b. 将以下内容放到一个 h2 元素中：Yoga Classes。

c. 用描述列表配置瑜伽课程信息。<dt> 元素包含每门课的名称，用 <strong> 元素以加粗文本显示课程名称。用 <dd> 元素包含课程描述。下面是具体内容:

Gentle Hatha Yoga

Intended for beginners and anyone wishing a grounded foundation in the practice of

yoga, this 60 minute class of poses and slow movement focuses on asana (proper alignment and posture), pranayama (breath work), and guided meditation to foster

your mind and body connection

Vinyasa Yoga

Although designed for intermediate to advanced students, beginners are welcome

to sample this 60 minute class that focuses on breath-synchronized movement—

you will inhale and exhale as you flow energetically through yoga poses.

Restorative Yoga

This 90 minute class features very slow movement and long poses that are

supported by a chair or wall. This calming, restorative experience is suitable for

students of any level of experience. This practice can be a perfect way to help rehabilitate

an injury.

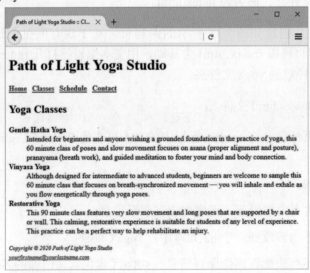

图 2.35　Path of Light Yoga Studio 课程页 (classes.html)

保存网页并在浏览器中测试。测试从 classes.html 到 index.html 的链接，以及从 index.html 到 classes.html 的链接。如果链接不起作用，请检查以下要素。

- 是否将网页以正确的名字保存到正确的文件夹中。
- 锚标记中的网页文件名是否拼写正确。

纠正错误后重新测试。

第 3 章

网页设计基础

在网上冲浪时，可能发现一些网站很吸引人，用起来很方便，但也有一些很难看或者让人讨厌。如何区分好坏？本章将讨论推荐的网页设计原则，涉及的主题包括网站组织结构、网站导航、页面设计、颜色方案、文本设计、图形设计和无障碍访问。

学习内容

- 了解最常见的网站组织结构
- 了解视觉设计原则
- 针对目标受众进行设计
- 创建清晰、易用的网站导航
- 增强网页上的文本的可读性
- 恰当使用图片
- 为网站选择颜色方案
- 了解网页"通用设计"概念
- 了解网页布局设计技术
- 了解可灵活响应的网页设计
- 运用网页设计最佳实践

无论开发者个人喜好是什么，网站都应当设计得能吸引目标受众，也就是网站的访问者。他们可能是青少年、大学生、年轻夫妇或老人，当然也可能是所有人。访问者的目的可能各不相同，可能只是随便看一下，搜索学习或工作方面的资料，进行购物比较，或者找工作等等。网站设计应具亲和力，且能满足目标受众的需要。

例如，图 3.1 的网页使用了吸引人的图片。它和图 3.2 基于文本而且链接密度很大的网页在外观和感觉上有很大不同。

图 3.1　图片很有吸引力

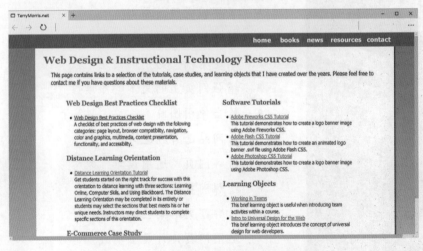

图 3.2　文本密集型的网站提供了大量的选择

第一个网站很炫，能吸引人进一步上网冲浪，第二个网站提供了大量的选择，使人能快速进入工作状态。设计网站时一定要牢记自己的目标受众，遵循推荐的网站设计原则。

浏览器

一个网页在你喜欢的浏览器中看起来很好，并不表示在所有浏览器中都很好。StatCounter(http://gs.statcounter.com) 的调查表明，近一个月最流行的 5 种桌面浏览器是：Chrome(65.98%)，Firefox(11.87%)，Internet Explorer(7.28%)，Safari (5.87%) 和 Edge (4.11%)；最流行的 5 种手机/平板浏览器是 Chrome(48.87%)，Safari (21.16%)，UC Browser(14.1%)，Opera (5.22%) 和 Samsung Internet(5.07%)。

网页设计要渐进式增强。首先确保网站在最常用的浏览器中正常显示，然后用 CSS3 和 / 或 HTML5 进行增强，在浏览器最新版本中获得最佳效果。

在 PC 和 Mac 最流行的浏览器中测试网页。网页的许多默认设定，包括默认字号和默认边距，在不同浏览器、同一个浏览器的不同版本以及不同操作系统上的设置都是不同的。还要在其他类型的设备 (比如平板电脑和手机) 上测试网页。

屏幕分辨率

网站访问者使用各种各样的分辨率。StatCounter(http://gs.statcounter.com) 的调查表明人们在使用多种多样的分辨率。最常见的 4 种是 $360 \times 640(23.12\%)$，$1366 \times 768(12.12\%)$，$1920 \times 1080(7.69\%)$ 和 $375 \times 667(4.9\%)$。注意移动设备的分辨率 360×640 是最流行的。现在设计网页时，一定要注意设计在桌面和移动设备上都能良好显示的网页。如果对流行的移动设备屏幕尺寸感兴趣，请访问 http://screensiz.es。第 8 章会讨论 CSS 媒体查询功能，可利用它在各种屏幕分辨率下获得较好的显示。

?FAQ 怎么创建在所有浏览器上都完全一样的网页？

答案是不能。优先照顾最流行的浏览器和分辨率，但要预计到网页在其他浏览器和设备上显示时会有少许差异。移动设备上的变化可能更大。本章稍后会讲解如何实现可以灵活响应的网页设计。

3.2 网站组织

访问者以什么方式浏览你的网站？怎样找到他们需要的东西？这主要由网站的组织或架构决定。有三种常见的网站组织结构：

- ▶ 分级式；
- ▶ 线性；
- ▶ 随机（有时也称为"网式结构"）。

网站的组织结构图称为站点地图(site map)。创建站点地图是开发网站的初始步骤之一。

分级式组织

大部分网站使用分级式组织结构。如图 3.3
所示，分级式组织结构的站点地图有一个明
确定义的主页，它链接到网站的各个主要部
分。各部分的网页则根据需要进行更详细的
组织。主页连同层次结构的第一级往往要设
计到每个网页的主导航栏中。

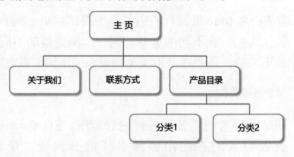

图 3.3　分级式网站组织结构

了解分级式组织结构的缺点也很重要。图 3.4 展示了一个过"浅"的网站设计，网
站的主要部分太多了。该站点设计需组织成更少的、更易管理的主题或信息单元，
这个过程称为"组块"或"意元集组"(chunking)。在网页设计的情况下，每个网页
都是一个信息单元(chunk)。 密苏里大学心理学家 Nelson Cowan 发现成人的短期记
忆有信息数量上的极限，一般最多只能记住 4 项信息 (4 个 chunk)，例如电话号码的
3 部分：888-555-5555(http://web .missouri.edu/~cowann/research.html)。基于这一设计
原则，主导航链接的数量一定不要太多。太多的话可以分组，并在网页上开辟单独
区域来显示。每一组的链接数量不要超过 4 个。

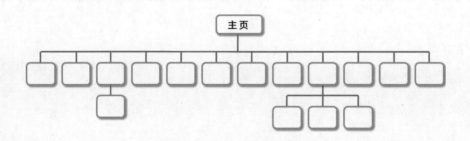

图 3.4　该网站设计的层级非常浅

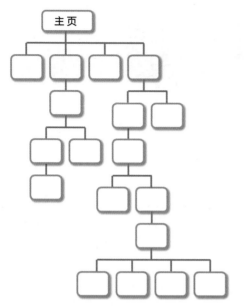

另一个设计上的误区是将网站设计得太"深"，图3.5 就是这样的一个例子。界面设计的"三次点击原则"告诉我们，网页访问者最多只应点击三次链接，就能从网站的一个页面跳转到同一网站的其他任何页面。换句话说，如访问者无法在三次鼠标点击以内找到自己想要的东西，就会觉得很烦并可能离开。大型网站这一原则也许很难满足，但总的目标是清晰组织网站，使访问者能在网站结构中轻松导航。

线性组织

如果一个网站或网站上的一组页面的作用是提供需按顺序观看的教程、导览或演示，线性组织结构就非常有用，如图 3.6 所示。

图 3.5 该网站使用了过深的层级设计

图 3.6 线性网站组织结构

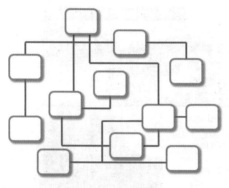

在线性组织结构中，页面一个接一个浏览。有些网站在大结构上使用分级式结构，在一些小地方使用线性结构。

随机组织

随机组织(有时称为网式结构)没有提供清晰的导航路径，如图 3.7 所示。它通常没有清晰的主页以及可识别的导航结构。随机组织不像分级或线性组织那样普遍，通常只在艺术类网站或另辟蹊径的原创网站上采用。这种组织结构通常不会用在商业网站上。

图 3.7 随机网站组织结构

？FAQ 网站的最佳组织方式是什么？

有时很难一开始就为网站创建完善的站点地图。有的设计团队会在有一面白墙的房间里开会。带一包大号便笺纸。将网站需要的主题名称或子标题写在便笺纸上，贴到墙上，讨论这些便笺的位置，直到网站结构变得清晰而且团队意见达成一致。即使不在团队里面，也可自己试试这个办法，然后和朋友或同学讨论你选择的网站组织方式。

3.3 视觉设计原则

▶ 视频讲解：*Principles of Visual Design*

几乎所有设计都可运用4个视觉设计原则：重复、对比、近似和对齐。无论设计网页、按钮、徽标、光盘封面、产品宣传册还是软件界面——重复、对比、近似和对齐四大设计原则都有助于打造一个项目的"外观和感觉"，它们决定着信息是否能得到有效表达。

重复：在整个设计中重复视觉元素

应用重复原则时，网页设计师在整个产品中重复一个或多个元素。重复出现的元素将作品紧密联系在一起。图3.8是一个度假村的主页。在网页设计中重复运用了大量设计元素，包括形状、颜色、字体和图像。

图 3.8　重复、对比、近似和对齐的设计原则在这个网站上得到了很好的运用

- 网页上的图片使用同一色调 (棕、深绿和米黄)。导航区域背景、Search 和 Subscribe 按钮以及中栏和右栏的字体使用棕色。logo 文本 (网站名称)、导航文本和中栏背景使用米黄色。导航区域背景和中栏的标题使用深绿色。
- Reservations 和 Newsletter 区域具有类似的形状并统一了格式 (标题、内容和按钮)。
- 网页只使用了两种字体，很好地运用了重复，有利于创建有粘性的外观。网站名称和各级标题使用 Trebuchet 字体。其他内容使用 Arial 字体。

无论颜色、形状、字体还是图片，重复的元素都有助于保证设计的一致性。

对比：添加视觉刺激和吸引注意力

为了应用对比原则，设计师应加大元素之间的差异 (加大对比度)，使设计作品有趣而且具有吸引力。设计网页时，背景颜色和文本之间应具有很好的对比度。对比度不强，文本将变得难以阅读。请注意图 3.8，看看右上角的导航区域如何使用具有强烈对比的文本颜色 (深色背景上的浅色文本)。左栏采用中深色背景，和浅色 (米黄) 文本具有很好的对比度。中栏则在中浅色背景上使用深色文本，提供很好的视觉对比而且易于阅读。页脚采用的是深色文本和中浅色背景。

近似：分组相关项目

设计师在应用近似原则时，相关项目在物理上应放到一起，无关项目则应分开。在图 3.8 中，"Reservations" 表单控件紧挨在一起，让人对信息或功能的逻辑组织一目了然。另外，水平导航链接全在一起，这在网页上创建了一个视觉分组，使导航功能更容易使用。设计者在这个网页上很好地利用了近似原则对相关元素进行分组。

对齐：对齐元素实现视觉上的统一

为了创建风格统一的网页，另一个原则就是对齐。基于该原则，每个元素都要和页面上的其他元素进行某种方式的对齐 (垂直或水平)。图 3.8 的网页也运用了这一原则。在三个等高的栏目中，所有内容元素都垂直对齐。

重复、对比、相似和对齐能显着改善网页设计。有效运用这 4 个原则，网页看起来更专业，而且能更清晰地传达信息。设计和构建网页时，请记住这些设计原则。

3.4 提供无障碍访问

第 1 章介绍了通用设计的概念。通用设计中心 (Center for Universal Design) 对通用设计的定义是"在设计产品和环境时尽量方便所有人使用，免除届时进行修改或特制的必要"。

通用设计和增强无障碍访问的受益者

试想一下以下这些情景。

- 玛丽亚 (Maria)，二十多岁的年轻女子，身体不便，无法使用鼠标，键盘也用得费劲，没有鼠标也能工作的网页使她访问内容时能轻松一点。
- 乐提丝 (Leotis)，聋哑大学生，想成为网页开发人员，为音频／视频配上字幕或文字稿 (transcripts) 能帮助他访问内容。
- 金 (Jim)，中年男士，拨号上网，随意访问网络，为图片添加替代文本，为多媒体添加文字稿，他可以在低带宽下获得更好的上网体验。
- 纳帝恩 (Nadine)，年龄较大的女士，由于年龄问题，眼睛有老花现象，读小字困难，设计网页时使文字能在浏览器中放大，方便她阅读。
- 凯伦 (Karen)，大学生，经常用手机上网，用标题和列表组织无障碍内容，使她能在移动设备上获得更好的上网体验。
- 普拉克什 (Prakesh)，已过不惑之年的男士，盲人，职业要求访问网络，用标题和列表组织网页内容，为链接添加描述性文本，为图片提供替代文本，在没有鼠标时也能正常使用，帮助他通过屏幕朗读软件 (JAWS 或 Window-Eyes) 访问内容。

以上所有人都能从无障碍设计中受益。以无障碍方式设计网页，所有人都会觉得网页更好用，即使他们没有残障或者使用宽带连接。

无障碍设计有助于提高在搜索引擎中的排名

搜索引擎的后台程序 (一般称为机器人或蜘蛛) 跟随网站上的链接来检索内容。如果网页都使用了描述性的网页标题，内容用标题和列表进行了良好组织，链接都添加了描述性的文本，而且图片都有替代文本，蜘蛛会更"喜欢"这类网站，说不定能得到更好的排名。

法律规定

Internet 和 Web 已成为重要的文化元素，因此美国通过立法来强制推行无障碍设计。1998 年对《联邦康复法案》进行增补的 Section 508 条款规定所有由联邦政府开发、取得、维持或使用的电子和信息技术都必须提供无障碍访问。本书讨论的无障碍设计建议就是为了满足 Section 508 标准和 W3C Accessibility Initiative 指导原则。本书写作时，Section 508 条款正在进行修订。新的 Section 508 建议标准已向 WCAG 2.0 规范看齐，2017 年仍在审查。最新情况请通过 http://www.access-board.gov 了解。

无障碍设计的热潮

在美国联邦政府通过立法推广无障碍访问的同时，私营企业也积极跟随这个潮流。W3C 在这一领域很活跃，他们发起了"无障碍网络倡议"(Web Accessibility Initiative，WAI)，为 Web 内容开发人员、创作工具开发人员和浏览器开发人员制定了指导原则和标准。为了满足 WCAG 2.0 的要求，请记住它的 4 个原则，或者说 POUR 原则。其中，P 代表 Perceivable(可感知)；O 代表 Operable(可操作)；U 代表 Understandable(可理解)；而 R 代表 Robust(健壮)。

- 内容必须可感知 (不能出现用户看不到或听不到内容的情况)。任何图形或多媒体内容都应同时提供文本格式，比如图片的文本描述，视频 / 音频的字幕或文字稿等。
- 界面组件必须可操作。可操作的内容要有导航或其他交互功能，方便使用鼠标或键盘进行操作。多媒体内容应避免闪烁而引发用户癫痫。
- 内容和控件必须可理解。可理解的内容要容易阅读，采取一致的方式组织，并在发生错误时提供有用的消息。
- 内容应该足够健壮，当前和将来的用户代理 (包括辅助技术，比如屏幕朗读器) 能顺利处理这些内容。内容要遵循 W3C 推荐标准进行编写，而且应兼容于多种浏览器、浏览器和辅助技术 (如屏幕朗读器)。

W3C 目前已批准了 WCAG 的新版本，称为 WCAG 2.1，它扩展了 WCAG 2.0 的一些无障碍网页的规范。附录的"WCAG 2.1 快速参考"简单描述了如何设计无障碍网页。要更详细地了解 WAI 的 Web Content Accessibility Guidelines 2.1(WCAG 2.1)，请访问 https://www.w3.org/WAI/standards-guidelines/wcag/。

随着本书学习的深入，将在创建网页时逐渐添加无障碍访问功能。之前已通过第 1 章和第 2 章学习了 title 标记、标题标记以及为超链接配置描述性文本的重要性，你已经在创建无障碍网页方面开了一个好头。

3.5 文本的使用

冗长的句子和解释在教科书和言情小说中很常见，但它们真的不适合网页。在浏览器中，大块文本和长段落阅读起来很困难。

- 使用短句，言简意赅；
- 用标题和副标题组织内容；
- 列表能充分吸引人的眼球，而且易于阅读。

图 3.9 的网页合理运用了标题和小段落来组织内容，使网页很容易阅读，访问者能快速找到自己需要的内容。

图 3.9　内容的组织很合理

文本设计的注意事项

怎样才知道网页是否容易阅读？文本容易阅读，才能真正吸引访问者。要慎重决定字体、字号、浓淡和颜色。下面是一些增强网页可读性的建议。

- 使用常用字体。英语字体使用 Arial、Verdana 或 Times New Roman，中文字体使用宋体、微软雅黑或黑体。请记住，要显示一种字体，访问者的计算机必须已安装了这种字体。也许你的网页用 Gill Sans Ultra Bold

Condensed 或者某种钢笔行书字体看起来很好看，但如果访问者的计算机没有安装这种字体，浏览器会用默认字体代替。请访问 http://www.ampsoft.net/webdesign-l/WindowsMacFonts.html，了解哪些字体是"网页安全"的。

▶ 谨慎选择字型。Serif 字体 (有衬线的字体)，比如 Times New Roman，原本是为了在纸张上印刷文本而开发的，不是为了在显示器上显示。研究表明，Sans Serif 字体 (无衬线的字体)，比如 Arial，在计算机屏幕上显示时比 Serif 字体更易读 (详情参见 http://alexpoole.info/blog/which-are-more-legible-serif-or-sans-serif-typefaces/ 或 http://www.webdesignerdepot.com/2013/03/serif-vs-sans-the-final-battle/)。

▶ 注意字号。字体在 Mac 上的显示比 PC 上小一些。即使同样在 PC 平台上，不同浏览器的默认字号也不同。可考虑创建字号设置的原型页，在各种浏览器和屏幕分辨率设置中测试。

▶ 注意字体浓淡。重要文本可以加粗 (使用 <strong> 元素) 或强调 (使用 <em> 元素配置成斜体)。但不要什么都强调，否则跟没强调一样。

▶ 使用恰当的颜色组合。学生经常为网页选择一些他们从前想都不敢想的颜色组合。为了选择具有良好对比度，而且组合起来令人赏心悦目的颜色，一个办法是从用于网站的图片或网站标识 (logo，例如图 3.8 的网站名称大标语) 中选取颜色。确保网页背景与文本、链接、已访问链接和激活链接的颜色具有良好对比度。https://webdevbasics.net/5e/chapter3.html 提供了一些联机工具链接，可利用它们检查网页背景色是否和文本 / 链接颜色具有良好对比度

▶ 注意文本行长度。合理使用空白和多栏。Baymard Institute 的 Christian Holst 建议每行使用 50 ~ 60 个字符 (汉字减半) 来增强可读性 (http://baymard.com/blog/ line-length-readability)。图 3.37 展示了网页文本布局的例子。

▶ 检查对齐。左对齐的文本比居中的文本更易阅读。

▶ 慎重选择超链接文本。只为关键词或短语制作超链接，不要将整个句子都做成超链接。防止"点击这里"或者"点我"这样的说法，用户知道怎么点。

▶ 检查拼写和语法。你每天访问的许多网站都存在拼写错误。大多数网页创作工具都有内置的拼写检查器，考虑使用这一功能。

最后确保已校对并全面测试了网站。最好是能找到一起学习网站设计的伙伴，你检查他们的网站，他们检查你的。俗话说得好，旁观者清。

3.6 调色板

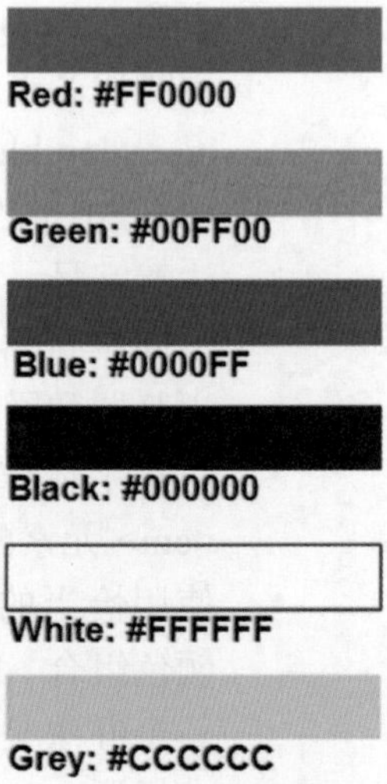

计算机显示器使用不同强度的红 (Red)、绿 (Green) 和蓝 (Blue) 颜色组合来产生某种颜色，称为 RGB 颜色。RGB 强度值是 0 ~ 255 的数值。

每个 RGB 颜色由三个值组成，分别代表红、绿、蓝。这些数值的顺序是固定的 (红、绿、蓝)，并指定了所用的每种颜色的数值。图 3.10 展示了几个例子。一般用十六进制值指定网页上使用的颜色。

Red: #FF0000

Green: #00FF00

Blue: #0000FF

Black: #000000

White: #FFFFFF

Grey: #CCCCCC

图 3.10 示例颜色

十六进制颜色值

十六进制以 16 为基数，基本数位包括 0、1、2、3、4、5、6、7、8、9、A、B、C、D、E 和 F。用十六进制值表示 RGB 颜色时，总共要使用 3 对十六进制数位。每一对值的范围是 00 ~ FF(十进制 0 ~ 255)。这 3 对值分别代表红、绿和蓝的颜色强度。采用这种表示法，红色将表示为 #FF0000，蓝色为 #0000FF。# 符号表明该值是十六进制的。可在十六进制颜色值中使用大写或小写字母，#FF0000 和 #ff0000 都表示红色。

不必担心，处理网页颜色时不需要手动计算，只需熟悉这一数字方案就可以了。图 3.11 是从 https://webdevbasics.net/color 截取的颜色表的一部分。

#FFFFFF	#FFFFCC	#FFFF99	#FFFF66	#FFFF33	#FFFF00
#FFCCFF	#FFCCCC	#FFCC99	#FFCC66	#FFCC33	#FFCC00
#FF99FF	#FF99CC	#FF9999	#FF9966	#FF9933	#FF9900
#FF66FF	#FF66CC	#FF6699	#FF6666	#FF6633	#FF6600
#FF33FF	#FF33CC	#FF3399	#FF3366	#FF3333	#FF3300
#FF00FF	#FF00CC	#FF0099	#FF0066	#FF0033	#FF0000

图 3.11 颜色表的一部分

网页安全色

观察这个颜色表，会发现十六进制值呈现一定规律 (成对的 00、33、66、99、CC 或 FF)，这种规律表示颜色位于网页安全调色板。

> **? FAQ** 一定要使用网页安全色吗？
>
> 　　不用，可选择任何颜色，只要保证文本和背景具有良好对比度。网页安全色是在 8 位颜色 (256 色) 的时代设计的。今天几乎所有显示设备都支持上千万种颜色。

无障碍设计和颜色

不是所有访问者都能看得见或分得清颜色。即使在用户无法识别颜色的情况下，你的信息也必须清楚地表达。Color Blindness Awareness((http://www. colourblindawareness.org/) 的报告称每 12 个男性或者每 200 个女性里面就有一人患有某种类型的色盲。

颜色的选择至关重要。以图 3.12 为例，一般人很难看清楚蓝底上的红字。避免红色、绿色、棕色、灰色或紫色的任意两种组合使用。访问 https://www.toptal.com/designers/colorfilter 模拟有色盲的人看到的网页。白、黑以及蓝 / 黄的各个色阶对于大多数人来说都很容易分辨。

Can you read this easily?

图 3.12　有的颜色组合很难分辨

文本和背景的颜色要有足够好的对比度以利阅读。WCAG 2.0 建议标准文本的对比度为 4.5:1。大字体文本的对比度可低至 3:1。Jonathan Snook 的联机 Colour Contrast Check（http://snook.ca/technical/colour_contrast/colour.html）可帮助你检查文本和背景颜色对比度。

> 访问以下网站了解更多关于颜色的主题。下一节将继续讨论网页的颜色选择。
> - http://paletton.com
> - http://0to255.com
> - http://www.colorsontheweb.com/Color-Tools/Color-Wizard

3.7 针对目标受众而设计

本章第 1 节强调了为目标受众设计的重要性，本节讨论如何为目标受众选择适宜的颜色、图片和文本。

图 3.13 一个典型的面向儿童的网站

面向儿童

年轻一点的受众 (比如儿童) 比较喜欢明快生动的颜色。图 3.13 的网页运用了明快的图片、大量颜色和交互功能。下面列举几个面向儿童的网站：

▸ http://www.sesamestreet.org/games
▸ http://www.nick.com
▸ http://www.usmint.gov/kids

图 3.14 许多青少年觉得深色系网站比较 "酷"

面向年轻人

十几二十岁的年轻人通常喜欢深色背景 (偶尔使用明亮对比)、音乐和动态导航。图 3.14 展示了为这个群体设计的一个网页。请注意，它的外观和感觉与专为儿童设计的网站是完全不同的。下面列举几个面向年轻人的网站：

▸ https://www.battlenet.com.cn/zh/
▸ http://www.twentyonepilots.com
▸ http://www.thresholdrpg.com

面向所有人

如果你的目标是吸引"所有人"，那么请仿效流行网站如 Amazon.com 和 eBay.com 的方式运用颜色。这些网站使用了中性的白色背景和一些分散的颜色来强调页面中的某些区域并增添其趣味性。Jakob Nielsen 和 Marie Tahir 在《主页可用性：解构 50 个网站》(Homepage Usability: 50 Websites Deconstructed) 一书中也叙述了白色背景的应用。根据他们的研究，84% 的网站使用白色作为背景色，72% 的网站将文本颜色设置为黑色。这样能使文本和背景之间的对比达到最大化，实现最佳的可读性。

另外，面向"所有人"的网站通常包含吸引人的图片。如图 3.15 所示的网页在用一张大图片 (该元素称为 hero) 吸引访问者的同时，在浅色背景上提供主要内容，从而获得最强烈的对比，使人产生对该网站一探究竟的欲望。

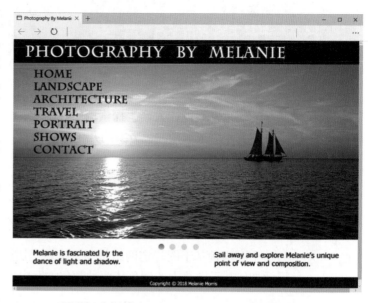

图 3.15　提供了吸引人的图片，内容区域白底

面向老年人

对于老年人，浅色背景、清晰明确的图像和大字体比较合适。图 3.16 的网页面向 55 岁以上的人群。下面列举几个面向老年人的网站：

图 3.16　此网站专为 55 岁以上的群体设计

- ▶ http://www.aarp.org
- ▶ http://www.theseniornews.com
- ▶ http://senior.org

3.8 选择颜色方案

养眼的颜色方案能让人产生探索网站的欲望，蹩脚的颜色方案只会让人想着赶快离开。本节介绍了选择颜色方案的几个办法。

以一张图片为基础的方案

选择颜色方案最简单的办法就是从现有的一张图片开始，比如网站 logo 或风景图片。如果单位已经有一个 logo，就从 logo 中挑选颜色来组成颜色方案。

另一个办法是基于图片定网站基调，也就是用图片中的颜色创建颜色方案。图 3.17 展示如何基于图片中的颜色从两种颜色方案中挑选一种。

色彩方案 A：

色彩方案 B：

图 3.17　基于图片选择颜色方案

如熟悉照片编辑工具 (比如 Adobe Photoshop，GIMP 或 http://pixlr.com/editor)，可用内置的颜色选择器选出图片中的颜色。还有一些网站能根据照片生成颜色方案，比如 http://www.cssdrive.com/imagepalette 和 http://www.pictaculous.com。

即使用现有图片作为颜色方案的基础，也有必要熟悉颜色理论、研究和实际运用。一个好的起点是探索色轮。

色轮

色轮 (图 3.18) 是一个描述三原色 (红、黄、蓝)、二次色 (橙、紫、绿) 和三次色 (橙黄、橙红、紫红、紫蓝、蓝绿、黄绿) 的色环。

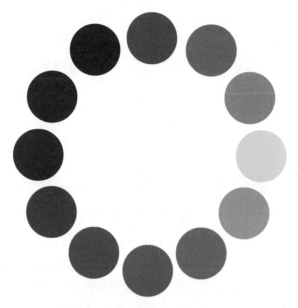

图 3.18　色轮

色轮 (图 3.18) 把颜色分成三个等级，分别是原色 (Primary)、二次色 (Secondary)、三次色 (Tertiary)。

- 原色：红、黄、蓝，这三个颜色不能通过任何其他颜色混合形成，而其他颜色都是通过这三个颜色混合而成。
- 二次色：绿 (黄与蓝混合)、橙 (红与黄混合)、紫 (蓝与红混合)。
- 三次色：橙黄、橙红、紫红、紫蓝、蓝绿以及黄绿，这 6 种颜色都是一个原色与一个二级色混合而成，从颜色名字就可以看出来了。

变深、变浅和变灰

不必非要选择网页安全颜色。现代显示设备都能显示千万种颜色。可任意将一种颜色变深 (shade)、变浅 (tint) 和变灰 (tone)。图 3.19 演示了 4 种颜色：黄色、黄色的变深版本，黄色的变浅版本以及黄色变灰版本：

- 变深是指颜色比原始颜色深，通过颜色与黑色混合而成；
- 变浅是指颜色比原始颜色浅，通过颜色与白色混合而成；
- 变灰是指颜色的饱和度比原始颜色低，通过颜色与灰色混合而成。

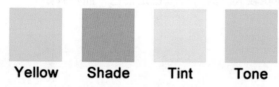

图 3.19　黄色 (Yellow) 和及其变深 (Shade)、变浅 (Tint) 和变灰 (Tone) 版本

接着让我们探索 6 种常见的颜色方案：单色、相似色、互补色、分散互补色、三色和四色。

单色

图 3.20 展示了一个单色方案，采用了同一种颜色的变深、变浅和变灰版本。可自己确定这些值，也可使用以下在线工具：

图 3.20 单色方案

- http://meyerweb.com/eric/tools/color-blend
- http://www.colorsontheweb.com/colorwizard. asp(选择颜色再选择 Monochromatic)
- http://paletton.com/(选择颜色再选择 Monochromatic)

相似色

创建相似色的方法是先选择一种主色，再选择色轮上相邻的两种颜色。图 3.21 展示了由橙、橙红和橙黄色构成的一个相似色方案。

图 3.21 相似色方案

用这种方案设计网页时，主要颜色通常是支配色。相邻颜色通常配置成辅色。要确保网页的主要内容易于阅读，再辅以相似色方案使用中性白、米黄、灰色、黑色或棕色。

互补色

互补色方案使用色轮上直线相对的两种颜色。图 3.22 展示了黄和紫构成的互补色方案。

图 3.22 互补色方案

用这种方案设计网页时，通常选择一种颜色作为主色或优势色，面积较大。另一种颜色是辅色，面积较小。

分散互补色

分散互补色方案包含一种主色、色轮上直线相对的颜色（辅色）以及和辅色相邻的两种颜色。图 3.23 的分散互补色方案包含黄色（主色）、紫色（辅色）、紫红和紫蓝。

图 3.23　分散互补色方案

三色

三色方案由色轮三等分处的三个颜色构成。图 3.24 的三色方案包含蓝绿、橙黄和紫红。

图 3.24　三色方案

四色

图 3.25 展示了一个四色方案，由两对互补色构成。一对是黄紫，一对是黄绿和紫红。

图 3.25　四色方案

实现颜色方案

用一种颜色方案设计网页时，通常要有一种优势颜色。其他颜色都是辅助，比如标题、小标题、边框、列表符和背景的颜色。

无论选择什么颜色方案，一般还要使用一些自然色，比如白、米黄、灰、黑或棕。为网站选择最佳颜色方案的过程通常要经历一些试验和犯错。请自由试验主色、二次色和三次色的各种变浅、变深和变灰版本。

太多颜色可以选择！以下网站帮你为网站选择一种颜色方案：

- ▶ http://paletton.com
- ▶ http://www.colorsontheweb.com/Color-Tools/Color-Wizard
- ▶ http://color.adobe.com
- ▶ http://www.colorspire.com

3.9 使用图片和多媒体

如图 3.15 所示，吸引人的图片会成为网页的焦点。但要注意，应避免完全依赖图片表达你的意思。有的人可能看不见图片和多媒体内容，他们可能使用移动设备或者辅助技术 (比如屏幕朗读软件) 访问网站。图片或多媒体内容想要表达的重点应提供相应的文本描述。本节要讨论图形和多媒体在网页上的运用。

文件大小和图片尺寸

图片优化是指用最小的文件大小来渲染高质量图片。也就是要在图片质量和文件大小之间取得平衡。文件和图片大小要尽量小。只显示表达你的意思所需的部分。用图像软件剪裁图片，或创建链接到正常大小图片的缩略图。Web 专家常用 Adobe Photoshop 和 Adobe Fireworks 优化图片。还可考虑免费的在线图像编辑和优化工具 Pixlr Editor(http://www.pixlr.com/editor)。

抗锯齿 / 锯齿化文本的问题

回头看图 3.13，注意，导航图片中的文本很容易分辨。每个按钮中的文本都是抗锯齿文本 (antialiased text)。抗锯齿技术在数字图像的锯齿状边缘引入中间色，使其看起来比较平滑。图像处理软件 (比如 Adobe Photoshop 和 Adobe Fireworks) 可创建抗锯齿的文本图像。图 3.26 的图片就采用了抗锯齿技术。图 3.27 则是没有进行抗锯齿处理的例子，注意锯齿状边缘。

Antialiased

图 3.26　抗锯齿文本

图 3.27　由于没有进行抗锯齿处理，该图像有锯齿状边缘

只使用必要的多媒体

只有能为网站带来价值的时候才使用多媒体。不要因为自己有一张动画 GIF 图片或者一段 Flash 动画，就非要使用它。使用动画的目的一定是为了更有效地传达一个意思。注意限制动画长度。

年青人通常比年纪较大的人更喜欢动画。图 3.13 的网站由于是专为儿童设计的，所以采用了大量动画。这些动画对于一个面向成年人的购物网站来说则显得太多了。然而，设计良好的导航动画或者产品 / 服务描述动画对于几乎任何人都是适宜的，图 3.28 就是一个例子。将在第 7 章和第 11 章学习用新的 CSS3 属性为网页添加动画和交互功能。

图 3.28　幻灯片具有好的视觉效果和交互性

提供替代文本

网页上的每张图片都应配置替代文本。参考第 5 章了解如何配置网页中的图片。替代文本可在图片加载速度较慢时临时显示以及在配置成不显示图片的浏览器中显示。残疾人用屏幕朗读软件访问网站时，替代文本也会被大声朗读出来。

为满足无障碍网页设计的要求，视频和音频等多媒体内容也要提供替代文本。一段录音的文字稿不仅对听力有问题的人有用，对那些临时不想看只想听的人也有用。除此之外，搜索引擎可根据文字稿来分类和索引网页。视频字幕永远都有用。第 11 章将进一步讨论无障碍和多媒体。

3.10 更多设计考虑

最不想看到的就是访问者还没有完全加载网页就离开了网站！请确保网页以尽可能快的速度下载。一般愿意花多少时间等待网页完全加载？网页可用性专家尼尔森 (Jakob Nielsen) 的答案是 10 秒！56 Kbps 带宽的情况下，浏览器大概花 9 秒钟的时间显示一个总大小为 60 KB 的网页，包括网页文档及其相关文件。

PEW Internet and American Life Project 的最新研究表明，美国家庭和办公室 Internet 用户的宽带连接 (cable，DSL 等) 比例正在上升，73% 美国成年人在家使用宽带。虽然宽带用户数量呈上升态势，但记住，仍有 27% 家庭没有宽带连接。访问 http://www.pewinternet.org 查看最新数据。

为了判断网页的加载时间是否能够接受，一个方法是在 Windows 资源管理器或 MacOS Finder 中查看网站文件大小。计算网页及其相关图片和媒体文件的总大小。如某个网页和相关文件的总大小超过 90 KB，而且目标受众使用的可能不是宽带，请仔细检查你的设计。考虑是否真的需要所有图片才能完整传达你的信息。也许应该优化一下图片，或将一个页面的内容分成几个页面。是时候做出一些决定了！流行网页创作工具 (比如 Adobe Dreamweaver) 可计算不同网速时的下载时间。

感觉到的加载时间

感觉到的加载时间 (perceived load time) 是指网页访问者感觉到的等待网页加载的总时间。由于访问者经常嫌网页加载太慢而离开，因此缩短他们感觉到的等待时间非常重要。除了优化图片，缩短这个时间的另一个技术是使用图像精灵 (image sprites)，也就是将多个小图片合并成一个文件，详情参见第 7 章。

适当留白

空白 (white space) 这个术语也是从出版业借鉴的。在文本块周围"留白" (因为纸张通常是白色的) 能增强页面的可读性。在图片周围留白可以突出显示它们。另外，文本块和图像之间也应该留白。那么，多大空白合适呢？要视情况而定——请自行试验，直到页面看起来能够吸引目标受众。

第一屏

将重要信息放置在第一屏 (above the fold) 是借鉴了新闻出版业的一个术语。报纸放在柜台或自动贩卖机上等待销售时，折线之上 (above the fold) 的部分是可见的。出版商发现如果把最重要的、最吸引人的信息放在这个位置，报纸卖得更多。可将这个技术应用于网页，吸引访问者并将他们留住。将头条内容安排在第一屏，访问者无需向下滚动即可看到的区域。在流行的 1024×768 的分辨率下，该分界线是 600 像素 (因为要除去浏览器菜单和控件)。不要将重要信息和导航放到最右侧，因为在某些分辨率下，浏览器刚开始不显示这个区域。

目前的扁平化网页设计趋势

扁平化网页设计的核心意义是将一切都简化，去除冗余、厚重和繁杂的装饰效果。而具体表现在去掉了多余的透视、纹理、渐变以及能做出 3D 效果的元素，这样可以让"信息"本身重新作为核心被凸显出来。同时在设计元素上，则强调了抽象、极简和符号化。由于这种扁平化是如此追求简化，以至于经常会出现要求垂直滚动的情况（这和刚才描述的"第一屏"思路相反）。如图 3.29 所示，这样的设计思路会出现相当大的色块和空白。

图 3.29　扁平化网页设计

 访问以下资源了解目前的扁平化网页设计趋势：
- ▸　https://designmodo.com/flat-design-principles/
- ▸　https://flatuicolors.com/
- ▸　https://speckyboy.com/flat-web-design

3.11 导航设计

网站要易于导航

有的时候，因为 Web 开发人员沉浸于自己的网站，造成只见树木，不见森林。没有好的导航系统，对网站不熟悉的人首次访问可能迷失方向，不知道该点击什么，或者该如何找到自己需要的东西。在每个页面都要提供清晰的导航链接，它们应在每个页面的同一位置，以保证最大的易用性。

图 3.30 水平文本导航栏

导航栏

清晰的导航栏，无论文本的还是图像的，可以使用户清楚地知道自己身在何处和下一步能去哪里。一般在网站标识 (logo) 下显示水平导航栏 (图 3.30)，或者在网页左侧显示垂直导航栏 (图 3.31)。较不常见的是在网页最右侧显示垂直导航栏，这个区域在低分辨率的时候可能被切掉。

图 3.31 访问者可沿着"面包屑"路径找到回家路

面包屑导航

著名可用性和网页设计专家尼尔森 (Jakob Nielsen) 钟意在大型网站上使用面包屑路径，清楚指明用户在当前会话中的浏览路径。图 3.31 的网页使用了垂直导航区域，并在主内容区域上方使用了面包屑路径，指出用户当前浏览的网页路径是：Home > Tours > Half-Day Tours > Europe Lake Tour。可利用该路径跳回之前访问过的网页。

图片导航

如图 3.13 的导航按钮所示，有时可通过图片来提供导航功能。导航"文本"实际存储为图片格式。但注意图片导航是过时的设计技术。文本导航更容易使用，搜索引擎也更容易为它建立索引。

即使使用图片而非文本链接来提供主导航功能，也可采用两个技术实现无障碍访问。

- 为每个 image 元素设置替代文本 (参见第 5 章)。
- 在页脚区域提供文本链接。

动态导航

有的网站支持在鼠标指向 / 点击导航菜单时显示额外选项，这称为动态导航。它在为访问者提供大量选项的同时，还避免了界面过于拥挤。不是一直显示全部导航链接，而是根据情况动态显示特定菜单项 (通常利用 HTML 和 CSS 的组合)。在图 3.32 中，点击 Tours 后会弹出一个垂直菜单。

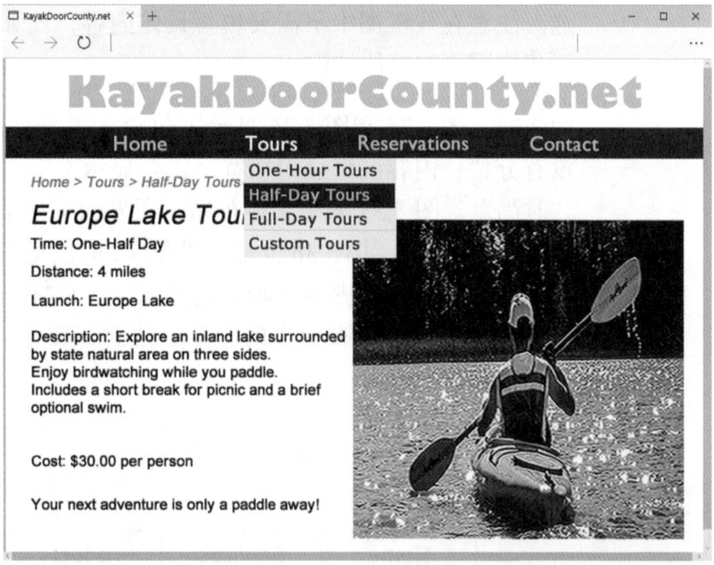

图 3.32　使用 HTML，CSS 和 JavaScript 实现动态导航

站点地图

即使提供了清晰和统一的导航系统，访问者有时也会在大型网站中迷路。站点地图提供了到每个主要页面的链接，帮助访问者获取所需信息，如图 3.33 所示。

站点搜索功能

在图 3.33 中，注意，网页右侧提供了搜索功能。该功能帮助访问者找到在导航或站点地图中不好找的信息。

图 3.33　这个大型网站为访问者提供了站点搜索和站点地图

3.12 线框和页面布局

线框 (wireframe) 是网页设计的草图或蓝图，显示了基本页面元素 (比如标题、导航、内容区域和页脚) 的基本布局，但不包括具体设计。作为设计过程的一部分，线框用于试验各种页面布局，开发网站结构和导航功能，并方便在项目成员之间进行沟通。注意在线框图中不需要填写具体内容，比如文本、图片、标识和导航。它只用于建构网页的总体结构。

图 3.34、图 3.35 和图 3.36 显示了包含水平导航条的三种可能的页面设计。图 3.34 没有分栏，内容区域显得很宽，适合显示文字内容较多的网页，就是看起来不怎么"时尚"。图 3.35 采用三栏布局，还显示了一张图片。设计上有所改进，但感觉还是少了一点什么。图 3.36 也是三栏布局，但栏宽不再固定了。网页设计了标题(header)区域、导航区域、内容区域 (包括标题、小标题、段落和无序列表) 和页脚区域。这是三种布局中最吸引人的一个。注意，图 3.35 和图 3.36 如何利用分栏和图片来增强网页的吸引力。

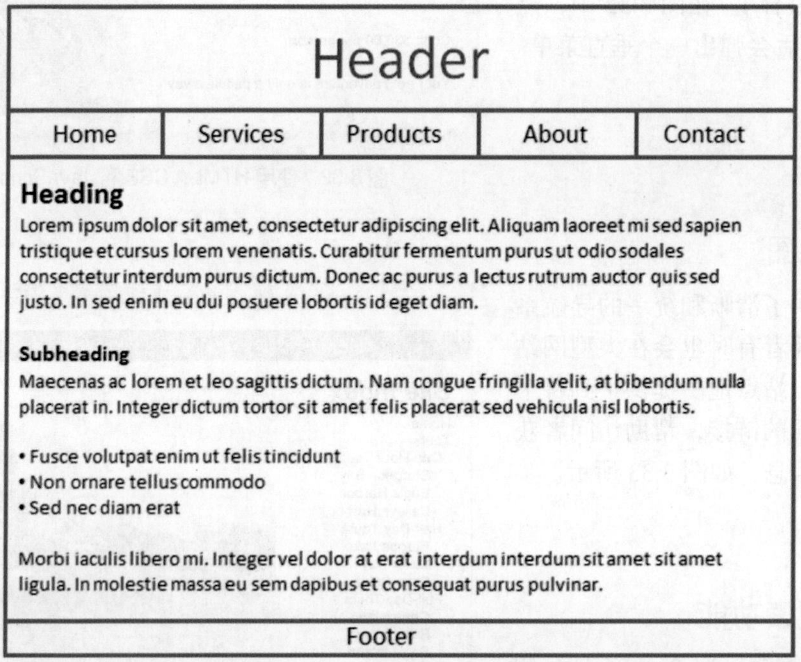

图 3.34 普通的页面布局

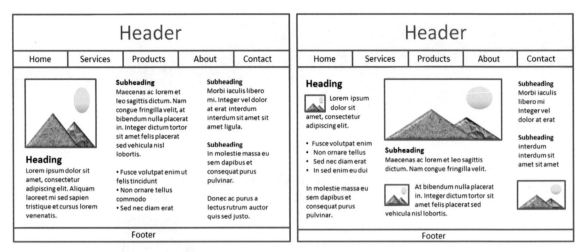

图 3.35　图片和分栏使网页更吸引人　　　　图 3.36　这个页面布局使用了图片和不同宽度的分栏

图 3.37 的网页包含标题 (header)、垂直导航区域、内容区域 (标题、小标题、图片、段落和无序列表) 和页脚区域。

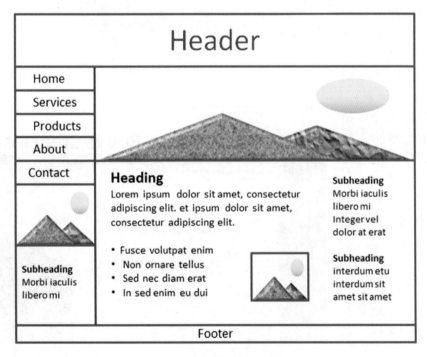

图 3.37　采用垂直导航的页面布局

主页往往采用和内容页不一样的页面布局。但即便如此，一致的标识、导航和颜色方案都有助于保证网站的协调统一。本书将指导你使用 CSS 和 HTML 配置颜色、文本和布局。下一节要探索两种常用的布局设计技术：固定布局和流动布局。

学会用线框图描绘页面布局后，接着探索用于实现线框图的两种常见设计技术：固定和流动布局。

固定布局

采用固定设计的网页以左边界为基准，宽度固定，如图 3.38 所示。

注意，图 3.38 浏览器视口右侧有不自然的留白。为避免这种让人感觉不舒服的外观，一个流行的技术是为内容区域配置固定宽度 (比如 960 像素)，但让它在浏览器视口居中，如图 3.39 所示。浏览器的大小改变时，左右边距会自动调整，确保内容区域始终居中显示。第 6 章将进一步介绍如何利用 CSS 配置宽度和使内容居中。

流动布局

网页采用流动设计，内容将始终占据固定百分比 (通常是 100%) 的浏览器视口宽度，无论屏幕分辨率是多大。如图 3.40 所示，内容会自行"流动"，以填满指定的显示空间。这种页面布局的一个缺点是高分辨率下的文本行被拉得很长，造成阅读上的困难。

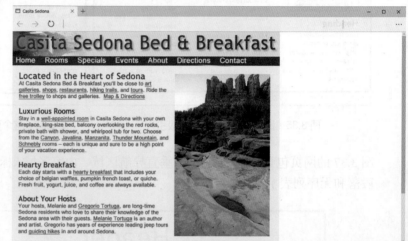

图 3.38　固定页面布局

图 3.39　固定宽度的内容区域居中显示

图 3.40　这个网页使用流动设计来自动调整内容，使之充满整个浏览器视口

图 3.41　该流动布局为居中的内容区域配置了最大宽度

图 3.41 是流动布局的一种变化形式。标题和导航区域占据 100% 宽度，内容区域则居中显示，占据 80% 宽度。和图 3.40 对比一下，居中内容区域会随浏览器视口大小的变化而自动增大或缩小。为了确保文本的可读性，可用 CSS 为该区域配置一个最大宽度。

采用固定和流动设计的网站在网上随处可见。固定宽度布局为网页开发人员提供了最多的页面控制，但造成页面在高分辨率时留下大量空白。而流动设计在高分辨率下可能造成阅读上的困难，因为页面宽度被拉伸超出设计者预期。

为文本内容区域配置最大宽度可缓解文本可读性问题。即使总体使用流动布局，其中的一部分设计也可以配置成固定宽度（比如图 3.40 和图 3.41 右侧的 Reservations 栏）。不管固定还是流动布局，在多种桌面屏幕分辨率下，内容区域居中显示都最令人赏心悦目。

3.14 为移动网络设计

将在第 8 章介绍如何配置可灵活响应的网页布局，以兼容桌面浏览器和移动设备。图 3.42 和图 3.43 演示了同一个网站的不同显示。图 3.42 是桌面浏览器上的显示，图 3.43 是小屏幕移动设备上的显示。下面探讨在移动设备上显示时一些设计上的考虑。

图 3.42　桌面浏览器中显示的网站

移动设备设计考虑

移动用户一般都很忙，需要快速获取信息，而且容易分心。为移动访问而优化的网页应尝试满足这些需求。以图 3.42 和图 3.43 为例，注意在设计移动网站时要考虑以下因素。

▶ 屏幕尺寸小。缩小标题区域来适应小屏幕显示。一般不要在移动设备上显示无关紧要的内容，比如侧边栏。

▶ 带宽小（连接速度低）。注意网页的移动版本使用了较小的图片。

▶ 字体、颜色和媒体问题。使用了常规字体。文本和背景的颜色具有更高对比度。

▶ 控制手段少，处理器性能和内存容量有限。移动版本使用单栏布局，方便触摸操作。网页以文本为主，移动浏览器可快速渲染。

▶ 功能。单栏布局的导航区域可用手指轻松选择。W3C 建议点击目标至少 44 × 22 像素大小。

下面深入讨论一下这些设计上的考虑。

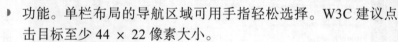

图 3.43　网站的移动版本

为移动优化布局

包含小的标题区域、关键导航链接、内容和页脚的单栏网页布局（图 3.44）特别适合移动设备显示。移动设备的屏幕分辨率变化多端，例如 320 × 480, 360 × 640, 375 × 667, 640 × 690 和 720 × 1280 等等。W3C 的建议包括：

▶ 限制朝一个方向滚动；

▶ 使用标题元素；

- 用列表组织信息 (比如无序列表、有序列表和描述列表)；
- 避免使用表格（第 9 章），因其在移动设备上一般会强制水平和垂直滚动；
- 为表单控件（第 10 章）提供标签；
- 避免在样式表中使用像素单位；
- 避免在样式表中使用绝对定位；
- 隐藏在移动场景中无关紧要的内容。

图 3.44　一个典型的单栏网页布局线框图

为移动优化导航

移动设备要求好用的导航体验。W3C 的建议包括：

- 在靠近网页顶部的位置提供最起码的导航功能；
- 提供一致的导航；
- 避免点击超链接后在新窗口或弹出窗口中打开文件；
- 平衡超链接数量和访问目标信息所需的链接级数 (要点多少下)。

为移动优化图片

图片对访问者来说有很大吸引力，但要注意 W3C 的以下建议：

- 避免显示超过屏幕宽度的图片；
- 配置小的、优化的替代背景图片；
- 有的移动浏览器会自动缩小所有图片，所以上面有字的图片可能不好分辨；
- 避免使用大图片；
- 指定图片大小；
- 为图片和其他非文本元素提供替代文本。

为移动优化文本

小屏幕可能不好阅读文本。遵循以下 W3C 建议来帮助你的移动访问者：

- 文本和背景色要有好的对比度；
- 使用常规字体；
- 用 em 或百分比单位来配置字号；
- 使用短的、让人一目了然的网页标题。

W3C 在 https://www.w3.org/TR/mobile-bp 发布了 "移动 Web 最佳实践 1.0"，列出了 60 项移动 Web 设计最佳实践。另外，可访问 https://www.w3.org/2007/02/mwbp_flip_cards.html，查看总结了移动 Web 最佳实践 1.0 文档的翻转卡。

3.15 灵活响应的网页设计

本章前面指出，调查表明现在有多种多样的屏幕分辨率。而在桌面浏览器、平板设备和智能手机上，网站都应该良好显示和工作。虽然可以开发单独的桌面和移动版本，但更科学的方式是让所有设备都访问同一个网站。W3C 的 One Web 倡议正是为了该目的而提出的。它的理念是提供单个资源，但配置成在各种类型的设备上都获得最优显示。

"灵活响应的网页设计"（Responsive web design）是网页开发人员 Ethan Marcotte 提出的一个概念 (http://www.alistapart.com/articles/responsive-web-design)，旨在使用编码技术 (包括流动布局、灵活图像和媒体查询) 为不同的浏览场景 (比如智能手机和平板设备) 渐进式增强网页显示。第 8 章将学习如何用 CSS 弹性框和网格布局系统来配置灵活响应的布局，如何配置灵活图像，以及如何编码 CSS 媒体查询（使网页在各种分辨率下都能正常显示）。

Media Queries 网站 (http://mediaqueri.es) 演示了灵活响应网页设计方法，提供网页在各种屏幕宽度下的截图：320px(智能手机)，768px(平板竖放)，1024px(笔记本和平板横放) 和 1600px(大屏桌面)。

图 3.45 到图 3.48 显示的是同一个网页，只是使用 CSS 媒体查询检测视口大小并进行不同的显示。图 3.45 是标准的桌面浏览器显示。

图 3.45 网页在桌面上的显示

图 3.46 是上网本和平板设备横放时的显示。图 3.47 是平板设备竖放时的显示。

图 3.48 是在智能手机上的显示。注意，logo 区域变小了，删除了图片，并突出显示了电话号码。

第 8 章将探索如何使用灵活响应编码技术配置网页。

图 3.46　上网本中显示的网页

图 3.47　平板设备竖放时显示的网页

图 3.48　智能手机显示的网页

3.16 网页设计最佳实践

表 3.1 是推荐的网页设计实践核对清单。以它为准,创建易于阅读、可用性强和无障碍的网页。

表 3.1　网页设计最佳实践核对清单

页面布局

☐ 1. 统一网站标题 / 标识 (header/logo)

☐ 2. 统一导航区域

☐ 3. 让人一目了然的网页标题 (title),包括公司 / 组织 / 网站的名称

☐ 4. 页脚区域——版权信息、上一次更新日期、联系人电邮

☐ 5. 良好运用基本设计原则:重复、对比、近似和对齐

☐ 6. 在 1024 × 768 或更高分辨率下显示时不需要水平滚动

☐ 7. 页面中的文本 / 图片 / 空白均匀分布

☐ 8. 在 1024 × 768 分辨率下,重复信息 (header/logo 和导航区) 占据的区域不超过浏览器窗口的 1/4 ～ 1/3

☐ 9. 在 1024 × 768 分辨率下,主页"第一屏"(向下滚动之前) 包含吸引人的、有趣的信息

☐ 10. 使用拨号连接时,主页在 10 秒钟之内下载完毕

☐ 11. 用视口 meta 标记增强智能手机上的显示

☐ 12. 通过媒体查询针对手机和平板配置灵活响应的网页、

导航

☐ 1. 主导航链接标签清晰且统一

☐ 2. 用无序列表建构导航

☐ 3. 如主导航区域使用图片和 / 或多媒体,应在页脚提供清晰的文本链接 (无障碍设计)

☐ 4. 提供导航协助,比如站点地图、"跳至内容"链接或面包屑路径

颜色和图片

☐ 1. 在页面背景 / 文本中使用最多三四种颜色

☐ 2. 颜色的使用要一致

☐ 3. 背景和文本颜色具有良好对比度

☐ 4. 不要单独靠颜色来表达意图 (无障碍设计)

☐ 5. 颜色和图片的使用能改善网站,而不是分散访问者的注意力

☐ 6. 图片要优化，不要明显拖慢下载速度

☐ 7. 使用的每张图片都有清楚的目的

☐ 8. img 标记用 alt 属性设置替代文本 (无障碍设计)

☐ 9. 动画不要使访问者分散注意力，要么不重复播放，要么只重复几次就可以了

多媒体

☐ 1. 使用的每个音频 / 视频 /Flash 文件都目的明确

☐ 2. 使用的音频 / 视频 /Flash 文件能改善网站，而不是分散访问者的注意力

☐ 3. 为每个音频或视频文件提供文字稿 / 字幕 (无障碍设计)

☐ 4. 标示音频或视频文件的下载时间

内容呈现

☐ 1. 使用常规字体，如 Arial 或 Times New Roman。中文使用宋体或微软雅黑

☐ 2. 合理运用 Web 写作技术，包括标题、小标题、项目列表、短段落和短句、空白等

☐ 3. 统一字体、字号和字体颜色

☐ 4. 网页内容提供有意义和有用的信息

☐ 5. 使用统一方式组织内容

☐ 6. 信息查找容易 (最少点击)

☐ 7. 要提示时间：上一次修订和 / 或版权日期要准确

☐ 8. 页面内容没有排版或语法错误

☐ 9. 添加超链接文本时，避免 "点击这里" / "点我" 这样的说法

☐ 10. 统一设置一套颜色来表明链接的已访问 / 未访问状态

☐ 11. 如果使用了图片和 / 或多媒体，同时提供对应的替代文本 (无障碍设计)

功能

☐ 1. 所有内部链接都正常工作

☐ 2. 所有外部链接都正常工作

☐ 3. 所有表单能像预期的那样工作

☐ 4. 网页不报错

其他无障碍设计

☐ 1. 在恰当的地方使用专为改善无障碍访问而提供的属性，例如 alt 和 title

☐ 2. 为了帮助屏幕朗读器，html 元素的 lang 属性要指明网页的朗读语言

浏览器兼容性

☐ 1. 在 Edge，Internet Explorer，Firefox，Safari，Chrome 和 Opera 的最新版本中正常显示

☐ 2. 在主流平板和智能手机上正常显示

注意：此网页设计最佳实践核对清单版权归 Terry Ann Morris 所有 (http://terrymorris.net/
bestpractices)。使用已获许可

复习和练习

复习题

选择题

1. 以下哪一个是指网页的草图或蓝图，它显示了基本网页元素的结构 (但不包括具体设计)？ ( )

    A. 绘图   B. HTML 代码

    C. 站点地图   D. 线框

2. 三种最常用的网站组织方式是什么？ ( )

    A. 水平、垂直和对角   B. 分级、线性和随机

    C. 无障碍、易读和易维护   D. 以上都不是

3. 以下哪一条不是推荐的网页设计最佳实践？ ( )

    A. 设计网站，使之易于导航   B. 向每个人都呈现色彩艳丽的网页

    C. 设计网页，使之能快速加载   D. 限制动画内容的使用

4. WCAG 的 4 原则是什么？ ( )

    A. 重复、对比、对齐、近似   B. 可感知、可操作、可理解、健壮

    C. 无障碍、易读、易维护、可靠   D. 分级、线性、随机、顺序

5. 以下哪一条不符合一致性网站设计要求？ ( )

    A. 每个内容页一个类似的导航区域

    B. 每个内容页使用相同字体

    C. 不同的页使用不同背景颜色

    D. 每个内容页上在相同位置使用相同的网站标识 (logo)

6. 创建能自动拉伸以填满整个浏览器窗口的设计技术称为 ( )。

    A. 固定   B. 流动   C. 线框   D. 精灵

7. 对于主导航栏使用了图片的网站，适合运用什么设计实践？ ( )

    A. 为图片提供替代文本   B. 在页面底部放置文本链接

    C. A 和 B 都对   D. 不需要特别注意

8. 以下哪些一条是移动网页设计最佳实践？ ( )

A. 配置单栏网页布局   B. 配置多栏网页布局

C. 避免用列表组织信息   D. 尽量在图片中嵌入文本

9. 创建文本超链接时应采取以下哪一个操作？ (　　)

A. 整个句子创建成超链接   B. 在文本中包括"点击此处"

C. 关键词作为超链接   D. 以上都不对

10. 以下哪种颜色方案由色轮上直线相对的两种颜色构成？ (　　)

A. 对比   B. 相似   C. 分散互补   D. 互补

动手练习

1. 网站设计评价。本章讨论了网页设计，包括导航设计技术以及重复、对比、对齐和近似等设计原则。本练习将检查和评估一个网站的设计。可能由老师提供要评估的网站的 URL。否则从以下 URL 中挑选一个。

http://www.arm.gov

http://www.telework.gov

http://www.dcmm.org

http://www.sedonalibrary.org

http://bostonglobe.com

http://www.alistapart.com

访问要评估的网站。写论文来包含以下内容：

a. 网站 URL

b. 网站名称

c. 目标受众

d. 主页屏幕截图

e. 导航栏类型 (可能有多种)

f. 具体说明重复、对比、对齐和近似原则是如何运用的。

g. 完成网页设计最佳实践核对清单 (参见表 3.1)。

h. 提出网站的三项改进措施

2. 灵活响应的网页设计。访问 Media Queries 网站 (http://mediaqueri.es)，这里演示了一组采用了灵活响应网页设计的站点。选择一个来深入研究。写论文来包含以下内容：

a. 网站 URL

b. 网站名称

c. 目标受众

d. 不同设备上的三张网站屏幕截图 (桌面，平板和智能手机)

e. 描述三张屏幕截图的相似性和差异

f. 描述针对智能手机在显示上的两处修改

g. 网站在全部三种设备上都满足了目标受众的需求吗？对回答进行说明

聚焦网页设计

选择性质或目标受众相近的两个网站，例如：

- http://amazon.com 和 http://bn.com
- http://chicagobears.com 和 http://greenbaypackers.com
- http://cnn.com 和 http://msnbc.com

  a. 描述两个网站如何运用重复、对比、对齐和近似设计原则。

  b. 描述两个网站如何运用网页设计最佳实践。你认为应该如何改进这些网站？为每个网站都提出三项改进措施。

网页项目案例学习

这个案例学习的目的是采用推荐的设计实践来设计一个网站。可以是关于兴趣爱好或者主题、自己的家庭、教堂或俱乐部、朋友公司、自己所在公司的一个网站。网站要包含一个主页和至少 6 个 (不超过 10 个) 内容页。"网页项目案例学习"为长度为整个学期的一个项目提供了大纲，你将在此过程中设计、创建和发布自己的原创网站。

项目里程碑

- 网页项目主题批准 (转向下一个里程碑之前必须获得批准)
- 网页项目计划分析表
- 网页项目站点地图
- 网页项目页面布局设计
- 网页项目更新 1
- 网页项目更新 2
- 发布和展示项目

1. 网页项目主题批准

网站主题必须得到老师的批准。写一页论文来讨论以下事项。

- 网站名称和用途是什么？
  列出网站名称以及创建它的原因。
- 网站要达到什么目标？

解释站点想要达到的目标，描述网站成功需要什么。

- 目标受众是谁？
  按照年龄、性别、社会阶层等描述目标受众。
- 网站面临哪些机遇或者想要解决什么问题？
  例如，你开发的站点可向别人提供有关某个主题的资料，或创建简单的企业网站。
- 网站包含什么类型的内容？
  描述网站需要什么类型的文本、图形和媒体。
- 列出网上至少两个相关或相似网站。

2. 网页项目计划分析表。写一页论文来讨论以下主题

- 网站目标
  列出网站名称，用一两句话说明网站目标。
- 想要看到什么结果？
  列出网站上每个网页的暂定标题。建议包含 7 到 11 个网页。
- 需要什么信息？
  为每个网页都列出内容 (事实、文本、图形、声音和视频) 的来源。文本内容应该自己创作，但可考虑无版权的图片和多媒体。仔细核实版权 (参见第 1 章)。

3. 网页项目站点地图

利用字处理软件的绘图功能、图形处理软件或纸笔来绘制网站的站点地图，展示出网页的层次结构和相互关系。除非老师有特殊规定，否则使用图 3.3 的站点地图样式。

4. 网页项目页面布局设计

利用字处理软件的绘图功能、图形处理软件或者纸笔来绘制主页和内容页的线框页面布局。除非老师有特殊规定，否则使用图 3.34 到图 3.37 的页面布局样式。指明 logo、导航、文本和图片的位置。不用关心具体的遣词造句或图片。

5. 项目更新会议 1

到这个时候，你至少应该完成了网站的 3 个网页。如果自己不会，请老师帮你将网页发布到网上 (参见第 12 章了解关于选择主机的问题)。除非另有安排，否则应该在上机时间进行 "项目更新会议"。准备好以下材料后和老师一起讨论：

- 网站 URL
- 网页和图片的源文件
- 站点地图 (根据需要进行修订)

6. 项目更新会议 2

到这个时候，你至少应该完成了网站的 6 个网页。它们应已发布到网上。除非另有安排，否则在上机时间进行"项目更新会议"。准备好以下材料后和老师一起讨论：

▶ 网站 URL
▶ 网页和图片的源文件
▶ 站点地图 (根据需要进行修订)

7. 发布和展示项目。

将项目完整发布到网上。准备好在班上展示网站，要解释项目的目标、目标受众、颜色的使用以及开发过程中面临的任何挑战 (同时说明你是如何解决它们的)。

第4章
CSS 基础

你已学会使用 HTML 配置网页结构和内容，下面探讨层叠样式表（Cascading Style Sheets，CSS）。网页设计师用 CSS 将网页的样式和内容区分开。用 CSS 配置文本、颜色和页面布局。

CSS 于 1996 年首次成为 W3C 推荐标准。1998 年发布了 CSS Level 2 推荐标准（CSS2），引入了定位网页元素所需的新属性。CSS Level 3(CSS3) 则新增了嵌入字体、圆角和透明等功能。CSS 规范划分为不同的模块，每个都有具体目标。这些模块将单独批准发布。W3C 还在不断地开发 CSS，许多类型的属性和功能目前处于草案阶段。本章通过在网页上配置颜色来探讨 CSS 的运用。

学习内容

▶ 了解 CSS 的作用

▶ 体会 CSS 的优点

▶ 用 CSS 在网页上配置颜色

▶ 配置内联样式

▶ 配置嵌入样式表

▶ 配置外部样式表

▶ 用 name，class，id 和后代选择符配置网页区域

▶ 理解 CSS 的优先顺序

▶ 校验 CSS 语法

4.1 CSS 概述

样式表 (style sheet) 在传统出版界已使用多年，作用是将排版样式和间距指令应用于出版物。CSS 为网页开发人员提供了这一功能 (以及其他更多功能)，允许网页开发人员将排版样式 (字体、字号等)、颜色和页面布局指令应用于网页。

CSS Zen Garden(http://www.csszengarden.com) 展示了 CSS 的强大功能和灵活性。访问该网站查看 CSS 的真实例子。注意，随着你选择不同的设计 (用 CSS 样式规则来配置)，网页内容的呈现方式也会发生显著变化。虽然 CSS Zen Garden 的设计是由 CSS 大师创建的，但从另一方面看，这些设计师和你一样，都是从 CSS 基础开始学起的！

CSS 是由 W3C 开发的一种灵活的、跨平台的、基于标准的语言。W3C 对 CSS 的描述请访问 http://www.w3.org/Style/。注意，虽然 CSS 已问世多年，但它仍被视为新兴技术，目前流行的浏览器仍然没有以完全一致的方式支持。本章重点讨论主流浏览器支持较好的那部分 CSS。

层叠样式表的优点

使用 CSS 有以下优点 (参见图 4.1)。

图 4.1　用一个 CSS 文件控制多个网页

▶ 更多排版和页面布局控制。可控制字号、行间距、字间距、缩进、边距以及定位。

▶ 样式和结构分离。页面中使用的文本格式和颜色可独立于网页主体 (body 部分) 进行配置和存储。

▸ 样式可以存储。CSS 允许将样式存储到单独的文档中并将其与网页关联。修改样式可以不用修改网页代码。也就是说，假如你的客户决定将背景颜色从红色改为白色，那么只需修改样式文件，而不必修改所有网页文档。

▸ 文档变得更小。由于格式从文档中剥离，因此实际文档变得更小。

▸ 网站维护更容易。还是一样，要修改样式，修改样式表就可以了。

配置 CSS 的方法

有 4 种不同的方法将 CSS 技术集成到网站：内联、嵌入、外部和导入。

▸ 内联样式。内联样式是指将代码直接写入网页的主体区域，作为 HTML 标记的属性。只适合提供了样式属性的特定元素。

▸ 嵌入样式。嵌入样式在网页的页头区域 (<head></head> 之间) 进行定义。应用于整个网页文档。

▸ 外部样式。外部样式用单独文件编码。网页在页头区域使用 link 元素链接到文件。

▸ 导入样式。导入样式与外部样式很相似，同样是将包含了样式定义的文本文件与网页文档链接。但是，是用 @import 指令将外部样式表导入嵌入样式，或导入另一个外部样式表。

层叠样式表的"层叠"

图 4.2 展示了"层叠"(优先级规则) 的含义。具体地说，样式按顺序应用，从最外层 (外部样式) 到最内层 (HTML 属性)。这样可以先设置全网站通用的样式，并允许被更具体的 (比如嵌入或内联样式) 覆盖。

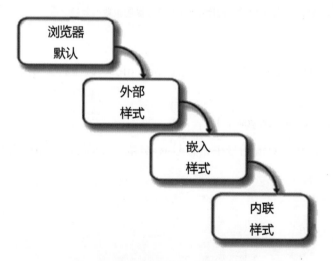

图 4.2 层叠样式表中的"层叠"的含义

本章要学习如何配置内联样式、嵌入样式和外部样式。

CSS 语法基础

样式表由规则构成，规则描述的是要应用的样式。每条规则都包含一个选择符和一个声明。

> ▶ **CSS 样式规则选择符**
>
>   选择符可以是 HTML 元素名称、类名或 id。本节讨论的是如何将样式应用于元素名称选择符。类和 id 选择符将在本章稍后讲解。
>
> ▶ **CSS 样式规则声明**
>
>   声明是指你要设置的 CSS 属性 (例如 color) 及其值。

例如，如图 4.3 所示的 CSS 规则将网页中使用的文本的颜色设为蓝色。选择符是 body 标记，声明则将 color 属性的值设为 blue。

图 4.3　使用 CSS 将文本颜色设置为蓝色

background-color 属性

配置元素背景颜色的 CSS 属性是 background-color。以下样式规则将网页背景色配置成黄色：

```
body { background-color: yellow }
```

注意，声明要包含在一对大括号中，冒号 (:) 分隔一个声明中的属性和值。

color 属性

用于配置元素的文本颜色的 CSS 属性是 color。以下 CSS 样式规则将网页上的文本的颜色配置成蓝色：

    body { color: blue }

配置背景色和文本色

一个选择符要配置多个属性，请用分号 (;) 分隔不同的声明。以下 CSS 样式规则将图 4.4 的网页配置成紫底白字：

    body { color: white; background-color: orchid; }

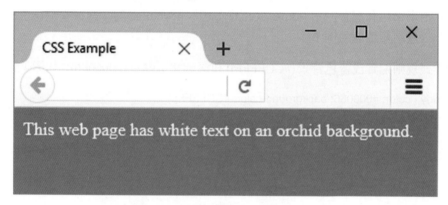

图 4.4　网页配置成紫底白字

你可能想知道，哪些属性和值是允许使用的呢？附录"CSS 速查表"详细列出了 CSS 属性。本章介绍用于配置颜色的 CSS 属性，如表 4.1 所示。

表 4.1　本章使用的 CSS 属性

属性名称	说明	属性值
background-color	元素的背景颜色	任何有效颜色值
color	元素的前景（文本）颜色	任何有效颜色值

4.3 CSS 颜色值语法

上一节使用 CSS 颜色名配置颜色。本书配套网站 (https://webdevbasics.net/color) 提供了一个颜色名和颜色值列表。但颜色名称毕竟有限，而且并非所有浏览器都支持所有名称。

要获得更好的灵活性和控制，需要使用数值颜色值，比如第 3 章介绍的十六进制颜色值。本书末尾和配套网站 (https://webdevbasics.net/color) 的"网页安全调色板"提供了十六进制颜色值的例子。

以下样式规则配置浅蓝色背景(#CCFFFF))和深蓝文本颜色(#000066))，如图 4.5 所示：

    body { color: #000066; background-color: #CCFFFF; }

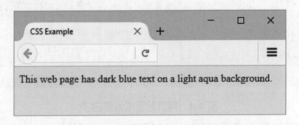

图 4.5 使用十六进制颜色值配置颜色

声明中的空格可有可无。结束分号 (;) 同样可选，但以后需要添加其他样式规则时就有用了。以下代码同样合法：

例 1

    body {color:#000066;background-color:#CCFFFF}

例 2

    body { background-color:#000066; color:#CCFFFF; }

例 3

    body {
    color: #000066;
    background-color: #CCFFFF;
    }

例 4

    body { color: #000066;
            background-color: #CCFFFF;
    }

CSS 语法允许通过多种方式配置颜色：

- ▶ 颜色名称；
- ▶ 十六进制颜色值；
- ▶ 十六进制短颜色值；
- ▶ 十进制颜色值 (RGB 三元组)。
- ▶ CSS3 新增的 HSL(Hue, Saturation, and Lightness，色调 / 饱和度 / 亮度) 颜色值，将在第 6 章介绍。

访问 http://meyerweb.com/eric/css/colors/ 查看使用不同方式配置颜色值的一个图表。
本书一般使用十六进制颜色值。表 4.2 展示了将段落配置成红色文本的 CSS 语法。

表 4.2　将段落文本颜色设为红色的 CSS 语法

CSS 语法	颜色类型
p { color: red }	颜色名称
p { color: #FF0000 }	十六进制颜色值
p {color: #F00 }	简化的十六进制 (每个字符代表一个十六进制对，只适合网页安全颜色)
p { color: rgb(255,0,0) }	十进制颜色值 (RGB 三元组)
p { color: hsl(0, 100%, 50%) }	HSL 颜色值

虽然大多数网页都用十六进制颜色，但 W3C 开发了一种新的颜色表示法，称为 HSL(Hue, Saturation, and Lightness，灰度 / 饱和度 / 亮度)。作为 CSS3 的一部分，HSL 提供了在网页上描述颜色的一种更直观的方式。灰度是实际颜色值，取值范围是 0 到 360(类似于圆周 360 度)。例如，红色用值 0 和 360 表示，绿色是 120，蓝色是 240。饱和度是百分比 (完全颜色饱和度 =100%，灰色 =0%)。亮度也用百分比表示 (正常颜色 =50%，白色 =100%，黑色 =0%)。表 4.2 列出了红色的 HSL 表示。深蓝色用 HSL 表示成 (240, 100%, 25%)。访问以下网址来使用颜色工具：http://www.colorhexa.com 和 http://www.workwithcolor.com/color-converter-01.htm。访问 http://www.w3.org/TR/css3-color/#hsl-color，进一步了解 HSL 颜色。

有没有使用 CSS 设置颜色的其他方式？
有的，CSS3 Color Module 不仅允许配置颜色，还允许配置颜色的透明度，这是使用 RGBA(Red, Green, Blue, Alpha) 实现的。CSS3 新增的还有 HSLA((Hue, Saturation, Lightness, Alpha) 颜色、opacity 属性以及 CSS 渐变背景，详情见第 6 章。

4.4 配置内联 CSS

前面说过，有 4 种方式配置 CSS：内联、嵌入、外部和导入。本节讨论内联 CSS。

style 属性

内联样式通过 HTML 标记的 style 属性实现。属性值是样式规则声明。记住，每个声明都由属性和值构成。属性和值以冒号分隔。以下代码将 <h1> 标题文本设为某种红色：

```
<h1 style="color:#cc0000"> 该标题显示成红色 </h1>
```

属性不止一个，就用分号 (;) 分隔。以下代码将标题文本设为红色，背景设为灰色：

```
<h1 style="color:#cc0000; background-color:#cccccc"> 该标题显示显示成灰底红字 </h1>
```

 动手实作 4.1 ——————————————————

这个动手实作将使用内联样式配置网页。

▶ 将全局 body 标记配置成白底绿字。该样式默认会被 body 中的其他元素继承。

```
<body style="background-color:#F5F5F5; color:#008080;">
```

▶ h1 元素配置成绿底白字。将覆盖 body 元素的全局样式。

```
<h1 style="background-color:#008080; color:#F5F5F5;">
```

图 4.6 展示了一个例子。启动文本编辑器并编辑模板文件 chapter1/template.html。

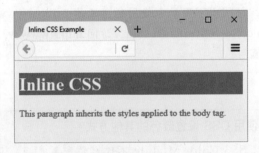

图 4.6　用内联样式配置的网页

修改 title 元素，在主体区域添加 h1 标记、段落、style 属性和文本，如以下加粗的代码所示：

```
<!DOCTYPE html>
<html lang="en">
<head>
<title>Inline CSS Example</title>
<meta charset="utf-8">
</head>
<body style="background-color:#F5F5F5;color:#008080;">
    <h1 style="background-color:#008080;color:#F5F5F5;">Inline CSS</h1>
    <p>This paragraph inherits the styles applied to the body tag.</p>
</body>
</html>
```

将文档另存为 inline.html，启动浏览器测试它，结果如图 4.6 所示。注意，应用于 body 的内联样式由网页上的其他元素（比如段落）继承，除非向该元素应用更具体的样式（比如向 h1 应用的样式）。将你的作品与 chapter4/4.1/inline.html 比较。

下面再添加一个段落，将文本配置成深灰色：

```
<p style="color:#333333"> This paragraph overrides the text color style applied to the body
tag.</p>
```

将文档另存为 inline2.html，结果如图 4.7 所示。将你的作业与 chapter4/4.1/inline2.html 比较。

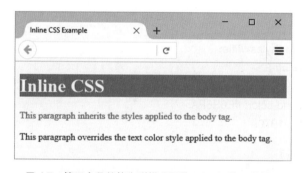

图 4.7　第二个段落的内联样式覆盖了 body 的全局样式

注意，第二段的内联样式覆盖了 body 的全局样式。有 10 个段落都需要以这种方式配置怎么办？为每个段落标记编码内联样式，会造成大量冗余代码。因此，内联样式不是使用 CSS 最高效的方式。下一节将学习如何配置应用于整个网页文档的嵌入样式。

> 内联样式不常用。效率不高，会为网页文档带来额外的代码，而且不便维护。但内联样式在某些情况下好用，比如通过内容管理系统或博客发表一篇文章，并需要对默认样式进行少许调整，从而更好地表达自己的想法。

style 元素

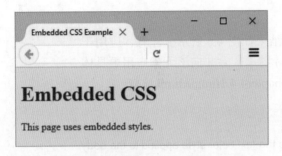

图 4.8　使用嵌入样式的网页

嵌入样式应用于整个网页文档，这种样式要放到网页 head 部分的 <style> 元素中。起始 <style> 标记开始定义嵌入样式，</style> 结束定义。使用 XHTML 语法时，<style> 标记要求定义一个 type 属性。要向该属性赋值 "text/css" 来指定 CSS MIME 类型。HTML5 语法不需要 type 属性。

图 4.8 所示的网页使用嵌入样式和 body 选择符来设置网页的文本颜色和背景颜色。请参考学生文件 chapter4/embed.html。

```
<!DOCTYPE html>
<html lang="en">
<head>
<title>Embedded Styles</title>
<meta charset="utf-8">
<style>
body { background-color: #E6E6FA;
       color: #191970;
}
</style>
</head>
<body>
  <h1>Embedded CSS</h1>
  <p>This page uses embedded styles.</p>
</body>
</html>
```

注意，在样式规则中，每个规则都单独占一行。并非必须，但和单独一行很长的文本相比，这样可读性更好，更易维护。在本例中，<style> 和 </style> 之间的样式将作用于整个网页文档，因为 body 选择符指定的样式是作用于整个 <body> 标记的。

动手实作 4.2 —————————————————————

启动文本编辑器并打开学生文件 chapter4\
starter.html。另存为 embedded.html,在浏览器
中测试,如图 4.9 所示。

这个动手实作将编码嵌入样式来配置背景和文
本颜色。将用 body 选择符配置默认背景颜色
(#F9F0FE) 和默认文本颜色 (#5B3256)。还要使
用 h1 和 h2 选择符为标题区域配置不同的背景
和文本颜色。

在文本编辑器中编辑网页,在网页 head 部分的
结束 </head> 标记之前添加以下代码。

```
<style>
body { background-color: #F9F0FE;
        color: #5B3256; }
h1 { background-color: #833B83;
        color: #F9F0FE; }
h2 { background-color: #AD77C3;
        color: #F9F0FE; }
</style>
```

保存文件并在浏览器中测试。图 4.10 显示了
网页及其色样。选择的是单色方案。通过重复
使用数量有限的几种颜色可以增强网页的吸引
力,并统一网页设计风格。

查看网页源代码,检查 CSS 和 HTML 代
码。这个网页的例子可以参考 chapter4/4.2/
embedded.html。注意所有样式都集中在网页的
一个位置,所以比内联样式更容易维护。还要
注意,只需要为 h2 选择符进行一次样式编码,
两个 <h2> 元素都会应用这个样式。这比在每
个 <h2> 元素那里进行相同的内联编码高效。

但很少有网站只有一个网页。在每个网页的
head 部分重复编码 CSS 同样无效率和难以维护。
下一节将采用终极方式,即配置外部样式表。

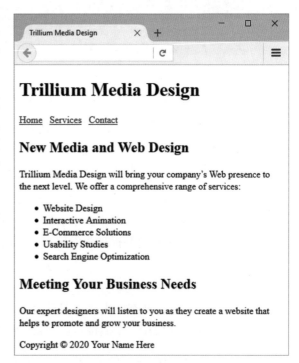

图 4.9　没有任何样式的网页

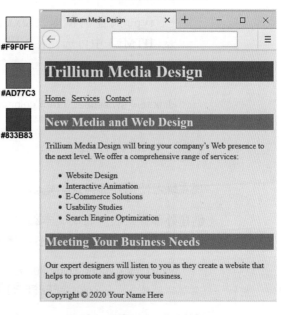

图 4.10　配置了嵌入样式的网页

4.6 配置外部 CSS

▶ 视频讲解：*External Style Sheets*

CSS 位于网页文档外部时，其灵活与强大才真正显露无遗。外部样式表是包含 CSS 样式规则的文本文件，使用 .css 扩展名。这种 .css 文件通过 link 元素与网页关联。因此，多个网页可关联同一个 .css 文件。.css 文件不含任何 HTML 标记，只含 CSS 样式规则。

外部 CSS 的优点是只需在一个文件中配置样式。这意味着以后需要修改样式时，修改一个文件就可以了，不必修改多个网页。在大型网站上，这可以为 Web 开发人员节省很多时间并提高开发效率。下面练习使用这种非常实用的技术。

link 元素

link 元素将外部样式表与网页关联。它位于网页的 head 部分，是独立标记(void 标记)。link 元素使用三个属性：rel，href 和 type。

▸ rel 属性的值是" stylesheet"。
▸ href 属性的值是 .css 文件名。
▸ type 属性的值是" text/css"，这是 CSS 的 MIME 类型。type 属性在 HTML5 中可选，在 XHTML 中必需。

例如，在网页的 head 部分添加以下代码，将网页和外部样式表 color.css 关联：

```
<link rel="stylesheet" href="color.css">
```

 动手实作4.3 ——————————————————————

现在练习使用外部样式。先创建外部样式表文件，再配置网页与之关联。

创建外部样式表。启动文本编辑器，输入样式规则将网页背景设为蓝色，文本设为白色。将文件另存为 color.css。代码如下：

```
body { background-color: #0000FF;
            color: #FFFFFF; }
```

图 4.11 展示了在记事本中打开的外部样式表文件 color.css。该文件不含任何 HTML 代码。样式表文件不编码 HTML 标记，只编码 CSS 规则 (选择符、属性和值)。

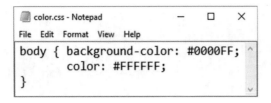

图 4.11 外部样式表 color.css

配置网页。为了创建如图 4.12 所示的网页，启动文本编辑器来编辑模板文件 chapter1/template.html。修改 title 元素，在 head 部分添加 link 标记，在 body 部分添加一个段落，如以下加粗的代码所示：

```
<!DOCTYPE html>
<html lang="en">
<head>
<title>External Styles</title>
<meta charset="utf-8">
<link rel="stylesheet" href="color.css">
</head>
<body>
<p>This web page uses an external style sheet.</p>
</body>
</html>
```

将文件另存为 external.html。启动浏览器来测试网页，如图 4.12 所示。可将自己的作业与学生文件 chapter4/4.3/external.html 进行比较。

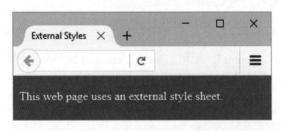

图 4.12 该网页和外部样式表关联

样式表 color.css 可与任意数量的网页关联。任何时候需要修改样式，只需要修改一个文件 (color.css)，不需要修改多个文件。如前所述，这一技术将提高大型网站的开发效率。这只是一个简单的例子，但"只需更新一个文件"的优势对于大型和小型网站都具有重要意义。

4.7 选择符 class、id 和后代

class 选择符

class 选择符配置某一类 CSS 规则，并将其应用于网页的一个或多个区域。配置一类样式时，要将选择符配置成类名。在类名前添加句点符号 (.)。类名必须以字母开头，可包含数字、连字号和下划线，不能有空格。以下代码配置名为 feature 的一类样式，将此类文本的颜色设为红色：

```
.feature { color: #FF0000; }
```

一类样式可应用于任何元素。这是使用 class 属性来做到的，例如 class="feature"。注意此时不要在类名前添加句点。以下代码将 feature 类的样式应用于一个 <li> 元素：

```
<li class="feature">Usability Studies</li>
```

id 选择符

用 id 选择符向网页上的单个区域应用独特的 CSS 规则。class 选择符可在网页上多次应用，而 id 在每个网页上只能应用一次。为某个 id 配置样式时，要在 id 名称前添加 # 符号。id 名称可包含字母、数字、连字号和下划线。id 名称不能有空格。以下代码在样式表中配置名为 content 的 id：

```
#content { color: #333333; }
```

使用 id 属性，即 id="content"，便可将 id 为 "content" 的样式应用于你希望的元素。以下代码将 id 为 content 的样式应用于一个 <div> 标记：

```
<div id="content">This sentence will be displayed using styles
configured in the content id.</div>
```

后代选择符

用后代选择符 (descendant selector) 在容器 (父) 元素的上下文中配置一个元素。它允许为网页上的特定区域配置 CSS，同时减少 class 和 id 的数量。首先列出容器选择符 (可以是元素选择符、class 或 id)，再列出要配置样式的选择符。例如，以下代码将 main 元素中的段落配置成绿色文本：

```
main p { color: #00ff00; }
```

动手实作 4.4

这个动手实作将修改 Trillium Media Design 网页，练习配置 class 和 id。启动文本编辑器并打开学生文件 chapter4/4.2/embedded.html。将文件另存为 classid.html。

配置 CSS。编码 CSS 来配置名为 feature 的类，再配置名为 new 的 id。

1. 创建名为 feature 的类来配置红色 (#B33939) 文本。在网页 head 部分添加以下代码来配置嵌入样式：

   .feature { color: #B33939; }

2. 创建名为 new 的 id 来配置中蓝色文本。在网页 head 部分添加以下代码来配置嵌入样式：

图 4.13　这个网页使用了 CSS 的 class 和 id 选择符

   #new { color: #227093; }

配置 HTML。为 HTML 元素关联刚才创建的 class 和 id。

1. 修改无序列表最后两个 <li> 标记。添加 class 属性，将 <li> 与 feature 类关联：

   ```
   <li class="feature">Usability Testing</li>
   <li class="feature">Search Engine Optimization</li>
   ```

2. 修改第二个起始段落标记。添加 id 属性为该段落分配 new 这个 id：

   ```
   <p id="new">
   ```

保存 classid.html 文件并在浏览器中测试。网页效果如图 4.13 所示。注意 class 和 id 所定义的样式是如何应用的。学生文件 chapter4/4.4/classid.html 提供了一个例子。

 为获得最大兼容性，请慎重选择类和 id 名称。总是以字母开头。千万不要使用空格。除此之外，数字、短划线和下划线可以随便使用。

4.8　span 元素

span 元素

<span> 元素在网页中定义一个上下不留空的内联区域。以 <span> 标记开头，以 </span> 结尾。适合格式化一个包含在其他区域 (比如 <p>，<blockquote> 或 <div>) 中的区域。

 动手实作 4.5

图 4.14　这个网页使用了 span 元素

5 这个动手实作练习在 Trillium Media Design 主页中使用 span 元素。启动文本编辑器，打开 chapter4/starter.html 文件，另存为 span.html 并在浏览器中测试，如图 4.9 所示。

在文本编辑器中打开 span.html 查看源代码。这个动手实作将编码嵌入样式以配置背景和文本颜色。还要添加 <span> 标记。图 4.14 是完成这个动手实作第一部分之后的效果。

第一部分

配置嵌入样式。编辑 span.html，在 head 部分的结束 </head> 标记前添加嵌入样式。将配置 body, h1, h2, nav 和 footer 元素的样式，还要配置名为 companyname 的一个 class。代码如下所示：

```
<style>
body  { background-color: #F7F7F7;
         color: #191970; }
h1    { background-color:#833B83;
        color: #F9F0FE; }
h2    { color: #AD77C3; }
nav   { background-color: #EAEAF2; }
footer { color: #666666; }
.companyname { color: #833B83; }
</style>
```

配置公司名称。如图 4.14 所示，第一个段落中的公司名称 (Trillium Media Design) 使用了不同的颜色。前面已在 CSS 中创建 companyname 类。现在将其应用于一个 span。找到第一段中的文本 "Trillium Medium Design"。用一个 span 元素包含这些文本。为该 span 分配 companyname 类，如下所示：

```
<p><span class="companyname">Trillium Media Design</span> will bring
```

保存文件并测试，结果如图 4.14 所示。学生文件 chapter4/4.5/span.html 是一个例子。

第二部分

查看图 4.14 的网页，注意 h1 元素和导航区域之间的空白。这是 h1 元素的默认底部边距。"边距" (margin) 是 CSS 框模型的重要组成部分，将在第 6 章全面学习。为指示浏览器缩小该区域，一个办法是配置元素的边距。在嵌入 CSS 中为 h1 元素选择符添加以下样式：

```
margin-bottom: 0;
```

保存文件并在浏览器中查看。网页现在应该如图 4.15 所示。注意，h1 和导航区域之间的空白消失了。学生文件 chapter4/4.5/rework.html 是一个例子。

图 4.15 导航区域和网站大标题之间的空白消失了

id、class 或后代选择符应该如何选择？

配置 CSS 最高效的方式就是使用 HTML 元素作为选择符。但有时要求更具体，这时就需要用到其他类型的选择符。class 用于配置网页中的某一"类"对象。可在一个网页中多处应用 class。id 和 class 相似，但只能应用于一处。所以，id 适合网页中独一无二的区域，比如导航区域。随着越来越熟悉 CSS，会逐渐体会到后代选择符的强大和高效，可用它配置特定上下文中的元素 (比如 footer 区域中的段落)，同时不需要在 HTML 代码中编码额外的 class 或 id。

4.9 练习使用 CSS

动手实作 4.6

这个动手实作将修改 Trillium Media Design 网站来使用外部样式表。将创建名为 trillium.css 的外部样式表文件，修改主页 (index.html) 来使用外部样式表而不是嵌入样式，并将第二个网页与 trillium.css 样式表关联。

以动手实作 4.5 的 span.html 为起点（图 4.14）。在文本编辑器中打开 chapter4/4.5 中的 span.html，另存到 trillium 文件夹，重命名为 index.html。

将嵌入 CSS 转换为外部 CSS

编辑 index.html 文件，选择 CSS 规则 (<style> 和 </style> 之间的所有行)。按 Ctrl+C 复制这些代码。接着要将这些 CSS 粘贴到一个新文件中。在文本编辑器中新建一个文件，按快捷 Ctrl+V 将 CSS 规则粘贴到其中。将新文件保存到 trillium 文件夹，命名为 trillium.css。图 4.16 展示了新的 trillium.css 文件在记事本中的样子。注意，没有任何 HTML 元素甚至 <style> 元素都没有。只有 CSS 规则。

图 4.16 外部样式表文件 trillium.css

将网页与外部 CSS 文件关联

接着在文本编辑器中编辑 index.html 文件。删除刚才复制的 CSS 代码。删除结束标记 </style>。将起始标记 <style> 替换成 <link> 元素来关联样式表文件 trillium.css。以下是 <link> 元素的代码：

`<link href="trillium.css" rel="stylesheet">`

保存文件并在浏览器中测试。网页应该和图 4.14 一样。虽然看起来没有变化，但代码已经不同了。现在是用外部 CSS 而非嵌入 CSS。

接下来要做的就有点儿意思了，要将另一个网页与样式表关联。学生文件包含一个 chapter4/ services.html 网页。图 4.17 展示了它在浏览器中的效果。注意，虽然网页结构和主页相似，但文

图 4.17 还没有和样式表文件关联的 services.html 网页

本和颜色的样式都没有设置好。

启动文本编辑器来编辑 services.html 文件。编码 <link> 元素将网页与 trillium.css 关联。在 head 部分添加以下代码 (放到结束标记 </head> 之前)：

<link href="trillium.css" rel="stylesheet">

将文件保存到 trillium 文件夹，并在浏览器中测试。此时网页会变得如图 4.18 所示。注意已应用了 CSS 规则！

可以点击 Home 和 Services 链接，在 index.html 和 services.html 之间切换。chapter4/4.6 文件夹包含了示例解决方案。

外部样式表的好处是以后需要修改样式规则时，通常只需要修改一个样式表文件。这样可以更高效地开发包含大量网

图 4.18　已经和样式表文件 trillium.css 关联的 services.html 网页

页的站点。例如，需要修改一处颜色或字体时，只需要修改一个 CSS 文件，而不是修改几百个文件。熟练掌握 CSS，有助于增强专业水准，提升开发效率。

CSS 不起作用怎么办?

　　CSS 编码要细心。一些常见错误会造成浏览器无法向网页正确应用 CSS。根据以下几点检查代码，使 CSS 能够正常工作。

▶ 冒号 (:) 要和分号 (;) 用在正确的地方，它们很容易混淆。冒号分隔属性及其值；而每一对"属性：值"用分号分隔。

▶ 确认属性及其值之间使用的是冒号 (:) 而不是等号 (=)。

▶ 确认每个选择符的样式规则都在一对 {} 之间。

▶ 检查选择符语法、它们的属性以及属性的值都正确使用。

▶ 如果部分 CSS 能正常工作，部分不能，就从头检查 CSS，找到没有正确应用的第一个值。一般是没有正常工作的规则上方的那个规则存在错误。

▶ 用程序检查 CSS 代码。W3C 的 CSS validator(http://jigsaw.w3.org/css-validator) 可以帮助你找语法错误。稍后将描述如何用该工具校验 CSS。

4.10　层叠

图 4.19 展示了"层叠"(优先级规则)的含义。具体地说,样式按顺序应用,从最外层(外部样式)到最内层(HTML 属性)。这样可以先设置全站通用的样式,并允许被更具体的(比如嵌入或内联样式)覆盖。

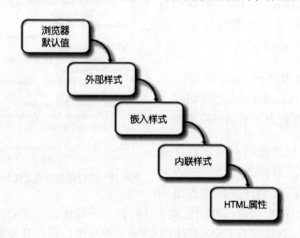

图 4.19　"层叠"(优先级规则)

外部样式可应用于多个网页。样式在网页中的编码顺序很重要。如同时使用了外部和嵌入样式,通常要先编码 link 元素(用于外部样式),再编码 style 元素(用于嵌入样式)。这样一来,如果网页既包含外部样式表链接,也包含嵌入样式,那么会先应用外部样式,再应用嵌入样式。这样就可在特定网页上覆盖全局外部样式。

如网页还包含内联样式,那么会像刚才说的那样先应用外部和嵌入样式,再应用内联样式。这样一来,特定的 HTML 标记或类就可以覆盖应用于整个网页的样式。

注意,某些 HTML 标记或属性会覆盖样式设定。例如,<strong> 标记会覆盖为元素配置的字体相关样式。如元素没有指定任何属性或样式,浏览器就应用它的默认样式。不过,浏览器的默认设置各不相同,结果可能令你失望。要尽量用 CSS 配置文本和网页元素的属性,不要依赖浏览器的默认值。

除了之前描述的常规 CSS 类型层叠,样式规则本身也有一套优先权。较局部的元素(比如段落)的样式规则优先于较全局的元素(比如段落所在的 <div>)。

下面来看看如图 4.20 所示的网页的代码 (学生文件 chapter4/cascade1.html)。以下
CSS 代码：

```
.special { color: red; }
p { color: blue; }
```

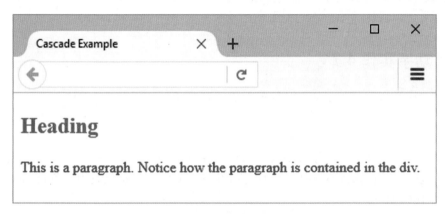

图 4.20　理解继承

包含两个样式规则，一个创建 special 类来配置红色文本，另一个配置所有段落都使
用蓝色文本。网页 HTML 代码有一个 <div> 包含了多个元素，包括标题和段落，如
下所示：

```
<div class="special">
  <h2>Heading</h2>
  <p>This is a paragraph. Notice how the paragraph is contained in the div.</p>
</div>
```

浏览器像下面这样渲染页面。

1. 标题文本用红色显示，因为它是属于 special 类的那个 <div> 的一部分。它
从容器类或父类 (<div>) 继承了属性。这是继承的一个例子。嵌套在容器元
素 (比如 <div> 或 <body>) 中的元素将继承所有未专门设定的 CSS 属性。

2. 段落文本用蓝色显示，因为最局部的元素 (段落) 的样式最优先，即使该段
落包含在 special 类中。

暂时不理解 CSS 和优先顺序也不用担心。CSS 越用越熟练。下个动手实作将练习
"层叠"。

4.11　练习使用层叠

　动手实作 4.7 ————————————————————————————

这个动手实作将通过一个使用了外部、嵌入和内联样式的网页练习层叠。

1. 新建文件夹 mycascade。

2. 在文本编辑器中新建 site.css 文件，保存到 mycascade 文件夹。该外部样式表文件将网页背景颜色设为黄色 (#FFFFCC)，文本颜色设为黑色 (#000000)。代码如下：

   body { background-color: #FFFFCC; color: #000000; }

   保存并关闭 site.css 文件。

3. 在文本编辑器中新建 index.html 文件，保存到 mycascade 文件夹。该网页将和外部样式文件 site.css 关联，用嵌入样式将全局文本颜色设为蓝色 (#0000FF)，用内联样式配置第二段的文本颜色。index.html 包含的两个段落如下所示：

```
<!DOCTYPE html>
<html lang="en">
<head>
    <title>The Cascade in Action</title>
    <meta charset="utf-8">
    <link rel="stylesheet" href="site.css">
    <style>
        body { color: #0000FF; }
    </style>
</head>
<body>
    <p>This paragraph applies the external and embedded styles &mdash;
note how the blue text color that is configured in the embedded
styles takes precedence over the black text color configured in
```

the external stylesheet.</p>
      <p style="color: #FF0000">Inline styles configure this paragraph
to have red text and take precedence over the embedded and external
styles.</p>
</body>
</html>

4. 保存 index.html 并在浏览器中测试，如图 4.21 所示。学生文件 chapter4/4.7/
index.html 是示例解决方案。

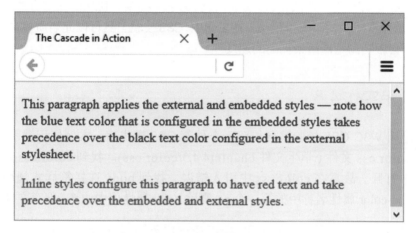

图 4.21　层叠实践

花些时间检查 index.html 网页并和源代码比较。网页从外部样式表获取黄色背景。
嵌入样式将文本配置成蓝色，这覆盖了外部样式表中的黑色文本颜色。网页第一段
不包含任何内联样式，所以从外部和嵌入样式表继承样式规则。第二段用内联样式
设置红色文本，覆盖了对应的外部和嵌入样式。

?FAQ **外部 CSS 肯定是最好的吗？**
　　不一定。如果创建的是独立网页（比如本章的练习网页），更好的做法是创建单
一网页文件，在 head 部分编码嵌入 CSS，而不是非要创建两个文件（网页和 CSS 文件）。但
如果创建的是完整网站，最佳做法是将所有 CSS 放到外部 CSS 文件。以后需要修改样式时，
只需要编辑 CSS 文件。

4.12　CSS 语法校验

▶ 视频讲解：*CSS Validation*

W3C 提供了免费的"标记校验服务"(http://jigsaw.w3.org/css-validator/)，它能校验 CSS 代码，检查其中的语法错误。CSS 校验为学生提供了快速的自测方法，可以证明自己写的代码使用了正确的语法。在工作中，CSS 校验工具可以充当质检员的角色。无效代码会影响浏览器渲染页面的速度。

 动手实作 4.8 ————————————————————————————

下面试验用 W3C CSS 校验服务校验一个外部 CSS 样式表。本例使用动手实作 4.3 完成的 color.css 文件 (学生文件 chapter4/4.3/color.css)。找到 color.css 并在文本编辑器中打开。故意在 color.css 中引入错误。找到 body 选择符样式规则，删除 background-color 属性名称中的第一个 r。删除 color 属性值中的 #。保存文件。

现在校验 color.css 文件。访问 W3C CSS 校验服务网页 (http://jigsaw.w3.org/css-validator/)，选"通过文件上传"。单击"选择文件"按钮，在自己的计算机中选择 color.css 文件。单击 Check 按钮。随后会出现图 4.22 所示的结果。注意，总共发现了两个错误。在每个错误中，都是先列出选择符，再列出错误原因。

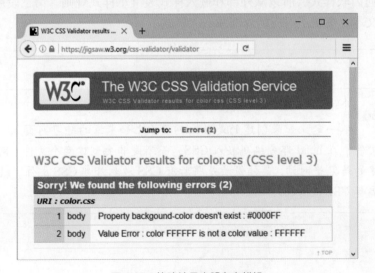

图 4.22　校验结果表明存在错误

注意，图 4.22 的第一条消息指出 backgound-color 属性不存在。这就提醒你检查属性名称的拼写。编辑 color.css 文件，添加遗失的 r 来纠正错误。保存文件并重新校验。现在浏览器会显示图 4.23 所示的结果，只剩一个错误。

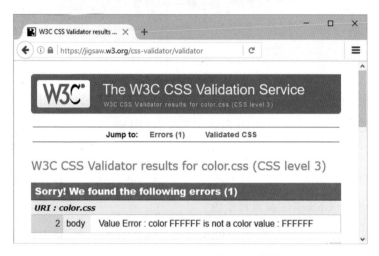

图 4.23　错误（和警告）下方列出了已通过校验的 CSS

错误消息提醒你 FFFFFF 不是一个颜色值，这提醒你在这个值之前添加 # 字符来构成有效颜色值，即 #FFFFFF。注意，错误消息下方显示了目前已通过校验的有效 CSS 规则。请纠正颜色值的错误，保存文件，并再次测试。

此时应显示图 4.24 所示的结果。这一次没有任何错误了。这意味着已通过了 CSS 校验。恭喜，你的 color.css 文件现在使用的是有效的 CSS 语法！对 CSS 样式规则进行校验是一个很好的习惯。CSS 校验器帮助快速找出需纠正的代码，并判断哪些样式规则会被浏览器认为有效。校验 CSS 是网页开发人员提高开发效率的众多技术之一。

图 4.24　CSS 有效！

复习和练习

复习题

1. 在网页主体中，什么类型的 CSS 是作为 HTML 标记的属性进行编码？（　　）

    A. 嵌入　　　　　　B. 内联　　　　　　C. 外部　　　　　　D. 导入

2. 以下哪个可以成为 CSS 选择符？（　　）

    A. HTML 元素　　　　B. 类名　　　　　C. id 名称　　　　D. 以上都对

3. 以下哪个 CSS 属性设置背景色？（　　）

    A. bgcolor　　　　　B. color　　　　　C. bcolor　　　　D. background-color

4. CSS 规则的两个组成部分是什么？（　　）

    A. 选择符和声明　　　　　　　　　B. 属性和声明

    C. 选择符和属性　　　　　　　　　D. 以上都不对

5. 以下什么代码将网页同外部样式表关联？（　　）

    A. `<style rel="external" href="style.css">`

    B. `<style src="style.css">`

    C. `<link rel="stylesheet" href="style.css">`

    D. `<link rel="stylesheet" src="style.css">`

6. 以下什么代码使用 CSS 配置一个名为 news 的类，将文本颜色设为红色 (#FF0000)，背景颜色设为浅灰色 (#EAEAEA)？（　　）

    A. `news { color: #FF0000; background-color: #EAEAEA; }`

    B. `.news { color: #FF0000; background-color: #EAEAEA; }`

    C. `.news { text: #FF0000; background-color: #EAEAEA; }`

    D. `#news { color: #FF0000; background-color: #EAEAEA; }`

7. 外部样式表使用的文件扩展名是什么？（　　）

    A. ess　　　　　B. css　　　　　C. htm　　　　　D. 不需要扩展名

8. 在什么地方添加代码将网页与外部样式表关联？（　　）

    A. 在外部样式表中　　　　B. 在网页的 DOCTYPE 中

    C. 在网页的 body 区域　　　D. 在网页的 head 部分

9. 以下什么代码使用 CSS 将网页背景色配置成 #FFF8DC ？（   ）

A. body { background-color: #FFF8DC; }

B. document { background: #FFF8DC; }

C. body {bgcolor: #FFF8DC; }

D. body { color: #FFF8DC; }

10. 以下哪个配置应用于网页多个区域的样式？(   )

A. id   B. class   C. group   D. link

动手练习

练习使用外部样式表。这个练习将创建两个外部样式表文件和一个网页。将网页链接到外部样式表，并观察网页显示所发生的变化。

A. 创建外部样式表文件 format1.css，设置以下格式：文档背景颜色为白色；文本颜色为 #000099。

B. 创建外部样式表文件 format2.css，设置以下格式：文档背景颜色为黄色；文本颜色为绿色，

C. 创建网页来介绍你喜爱的一部电影，用 <h1> 标记显示电影名称，用一个段落显示电影简介，用一个无序列表 (项目列表) 列出主演。网页还要显示一个超链接来指向和这部电影有关的网站。将自己的电子邮件链接放在网页上。该网页应该和 format1.css 文件关联。将网页另存为 moviecss1.html。在多种浏览器中测试。

D. 修改 moviecss1.html 网页，这一次和 format2.css 关联。另存为 moviecss2.html。在浏览器中测试。注意网页显示大变样！

聚焦网页设计

本章学习了如何使用 CSS 配置颜色。下面将设计一套颜色方案，编写外部 CSS 文件来配置颜色方案，并编写一个示例网页来应用配置好的样式。参考以下网站以获得配色和网页设计的一些思路：

颜色心理学

-   http://www.infoplease.com/spot/colors1.html
-   http://www.empower-yourself-with-color-psychology.com/meaning-of-colors.html
-   http://www.designzzz.com/infographic-psychology-color-web-designers

颜色方案生成器

-   http://meyerweb.com/eric/tools/color-blend/

- http://www.colr.org
- http://colorsontheweb.com/colorwizard.asp
- https://color.adobe.com/create/color-wheel
- http://paletton.com

你的任务如下。

A. 设计颜色方案。列出在设计中，除了白色 (#FFFFFF) 和黑色 (#000000) 之外的其他三个十六进制颜色值。

B. 说明选择颜色的过程。解释为什么选择这些颜色，它们适合什么类型的网站。列出你用过的任何资源的 URL。

C. 创建外部 CSS 文件 color1.css，使用你确定的颜色方案，为文档、h1 选择符、p 选择符和 footer 选择符配置文本颜色和背景颜色。

D. 创建名为 color1.html 的网页，演示 CSS 样式规则的实际应用。

案例学习：度假村 Pacific Trails Resort

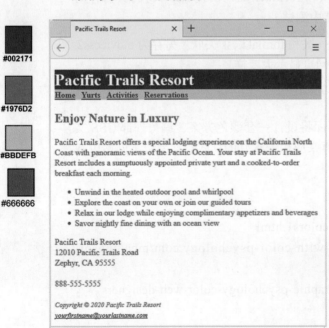

#002171

#1976D2

#BBDEFB

#666666

图 4.25　新的 Pacific Trails Resort 主页（附色样）

这个案例学习以第 2 章创建的 Pacific Trails 网站为基础。将创建网站的一个新版本，使用外部样式表配置颜色，如图 4.25 所示。

这个案例学习包括以下几个任务。

1. 新建文件夹来容纳 Pacific Trails Resort 网站。

2. 创建 pacific.css 外部样式表。

3. 更新主页 index.html。

4. 更新 Yurts 页 yurts.html。

5. 更新 pacific.css 样式表。

任务 1：创建名为 ch4pacific 的文件夹来包含你的 Pacific Trails Resort 网站

文件。将第 2 章案例学习创建的 pacific 文件夹中的 index. html 和 yurts.html 文件复制到这里。

任务 2：外部样式表。启动文本编辑器创建名为 pacific.css 的外部样式表。图 4.26 展示了一个示例线框图。

编码 CSS 来配置以下项目。

图 4.26　Pacific Trails Resort 主页线框图

- 配置文档全局样式 (使用 body 元素选择符)，将背景颜色设为白色 (#FFFFFF)，文本颜色设为深灰色 (#666666)。
- 配置 header 元素选择符的样式，将背景颜色设为 #002171，文本颜色设为 #FFFFFF。
- 配置 nav 元素选择符的样式，将背景颜色设为天蓝色 (#BBDEFB)。
- 配置 h2 元素选择符的样式，将文本颜色设为中蓝色 (#1976D2)。
- 配置 dt 元素选择符的样式，将文本颜色设为深蓝色 (#002171)。
- 配置 resort 类的样式，将文本颜色设为中蓝色 (#1976D2)。

将文件保存到 ch4pacific 文件夹，命名为 pacific.css。用 CSS 校验器 (http://jigsaw. w3.org/css-validator) 检查语法。如有必要，改正错误并重新测试。

任务 3：主页。启动文本编辑器打开主页文件 index.html。

A. 关联 pacific.css 外部样式表。在 head 部分添加 <link> 元素，将网页与外部样式表 pacific.css 关联。

B. 在 h2 元素下方第一段中找到公司名称 (Pacific Trails Resort)。配置一个 span 来包含该文本。为该 span 分配 resort 类。

C. 找到街道地址上方的公司名 (Pacific Trails Resort)。配置一个 span 来包含该文本。为该 span 分配 resort 类。

D. 配置包含地址和电话号码的 div，为其分配 id 名称 contact。将在以后的案例学习中配置它。

保存并测试 index.html，结果如图 4.27 所示。注意，已经应用了外部 CSS 文件配置的样式。

图 4.27　新的 index.html 的第一个版本

任务 4：Yurts 页。启动文本编辑器打开 yurts.html 文件。在 head 部分添加 <link> 元素，将网页与 pacific.css 外部样式表文件关联。保存并测试新的 yurts.html 网页，如图 4.28 所示。

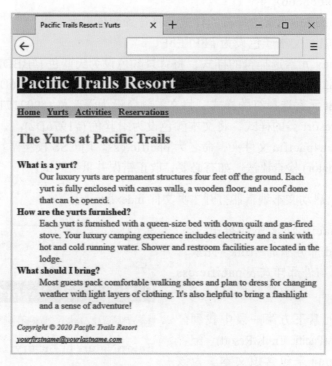

图 4.28　新的 yurts.html 网页的第一个版本

任务 5：更新 CSS。你也许注意到了标题和导航区域之间的空白。这是 h1 元素的默认底部边距。在动手实作 4.5 第二部分说过，为了让浏览器收缩这个区域，一个办法是对边距进行配置。为了将 h1 元素的底部边距设为 0，请打开 pacific.css 文件，在 h1 元素选择符中添加以下样式：

```
margin-bottom: 0;
```

保存 pacific.css 文件。启动浏览器来测试 index.html 和 yurts.html 网页。h1 元素和导航区域之间的空白会消失。现在的主页应该如图 4.25 所示。点击导航链接来显示 yurts.html 网页，它现在会应用外部样式表 pacific.css 中的新样式。

这个案例学习演示了 CSS 的强大功能。几行代码就让网页在浏览器中的显示大变样。

案例学习：瑜珈馆 Path of Light Yoga Studio

这个案例学习以第 2 章创建的 Path of Light Yoga Studio 网站为基础。将创建网站的一个新版本，使用外部样式表配置颜色，如图 4.29 所示。

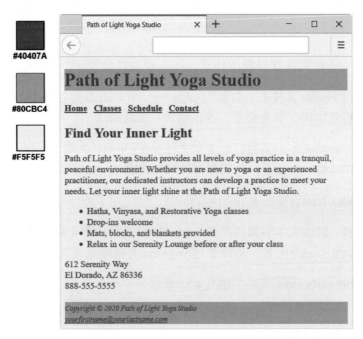

图 4.29 新的 Path of Light Yoga Studio 主页 (附色样)

这个案例学习包括以下几个任务。

1. 新建文件夹来容纳 Path of Light Yoga Studio 网站。

2. 创建外部样式表：yoga.css。

3. 更新主页：index.html。

4. 更新课程页：classes.html。

任务 1：创建名为 ch4yoga 的文件夹来包含 Path of Light Yoga Studio 网站文件。将第 2 章案例学习创建的 yoga 文件夹中的 index.html 和 classes.html 文件复制到这里。

任务 2：外部样式表。启动文本编辑器创建名为 yoga.css 的外部样式表。图 4.30 展示了示例线框图。

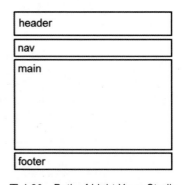

图 4.30 Path of Light Yoga Studio 主页线框图

编码 CSS 来配置以下项目。

- 配置文档全局样式 (使用 body 元素选择符)，将背景颜色设为灰白色 ((#F5F5F5)，文本颜色设为紫色 (#40407A)。
- 配置 header 元素选择符的样式，将背景颜色设为 #80CBC4。

▶ 配置 footer 元素选择符的样式，将背景颜色设为 #80CBC4。

将文件保存到 ch4yoga 文件夹，命名为 yoga.css。用 CSS 校验器 (http://jigsaw.w3.org/css-validator) 检查语法。如有必要，改正错误并重新测试。

任务 3：主页。 启动文本编辑器打开主页文件 index.html。关联 yoga.css 外部样式表。在 head 部分添加 <link> 元素，将网页与外部样式表 yoga.css 关联。

保存并测试 index.html，如图 4.29 所示。注意，已应用了外部 CSS 文件配置的样式。

任务 4：课程页。 启动文本编辑器打开 classes.html 文件。图 4.31 展示了新版本网页。在 head 部分添加 <link> 元素，将网页与 yoga.css 外部样式表文件关联。

保存并测试新的 yurts.html 网页，如图 4.31 所示。

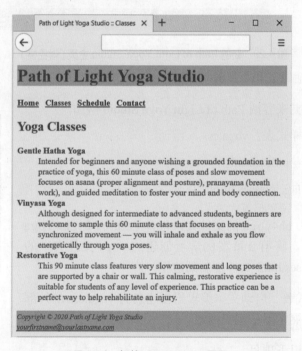

图 4.31 新的 classes.html 网页

这个案例学习演示了 CSS 的强大功能。几行代码就可以使网页在浏览器中的显示效果大变样。

第5章
图形和文本样式基础

网站要引人入胜，一个要素就是使用有趣和恰当的图片。本章教你处理网页上的视觉元素，同时用 CSS 配置文本。记住并非所有人都能看到网站图片。有的人可能存在视觉障碍，需要像屏幕朗读器这样的辅助技术。另外，搜索引擎派遣蜘蛛和机器人访问 Web，将网页编录到它们的索引和数据库中。这些程序通常不检索图片。最后，使用移动设备上网的人可能不显示你的图片。设计人员虽应善用图形元素为网页增光添彩，但也要保证网站没这些图片也能用。

学习内容

▶ 了解 Web 使用的图片类型

▶ 用 img 元素在网页中添加图片

▶ 配置图片作为网页背景

▶ 配置图片作为超链接

▶ 配置图像映射

▶ 配置图片作为无序列表符号

▶ 用 CSS3 配置多张背景图片

▶ 用 CSS 配置字体、字号、浓淡和样式

▶ 用 CSS 对齐和缩进文本

5.1　图片

图片使网页更吸引人。本节讨论网页上使用的图片文件类型 (GIF、JPEG 和 PNG) 及其特点。表 5.1 总结了它们。

表 5.1　图片文件类型

图片类型	扩展名	压缩	透明	动画	颜色
GIF	.gif	无损	支持	支持	256
JPEG	.jpg 或 .jpeg	有损	不支持	不支持	1000 万以上
PNG	.png	无损	支持	不支持	1000 万以上

GIF 图片

图 5.1　GIF 格式的 logo 图

"可交换图形文件格式" (Graphic Interchange Format，GIF) 最适合存储纯色和简单几何形状 (比如美工图案)。GIF 图片最多支持 256 色，.gif 扩展名。图 5.1 是用 GIF 格式创建的一张 logo 图片。GIF 保存时采用无损压缩。这意味着在浏览器中渲染时，图片将包含与原始图片一样多的像素，不会丢失任何细节。动画 GIF 包含多张图片 (或者称为"帧")，每张图片会有少许差别。这些帧在屏幕上按顺序显示的时候，图中的内容就会"动"起来。

GIF 图片使用的 GIF89A 格式支持透明功能。在图形处理软件 (比如开源软件 GIMP) 中，可将图片的一种颜色 (通常是背景色) 设为"透明"。这样就能透过图片的"透明"区域看见底下的网页。图 5.2 显示了蓝色纹理背景上的两张 GIF 图片，图 5.2 展示了蓝色纹理背景上的两张 GIF。左边透明，右边不透明。

图 5.2　比较透明和不透明 GIF

为避免网页下载速度过慢，图片文件应针对 Web 优化。图片优化是指用最小的文件保证图片的高质量显示。也就是说，要在图片质量和文件大小之间做出平衡。一般使用 Adobe Photoshop 等图形处理软件减少图片颜色数量对 GIF 图片进行优化。

JPEG 图片

"联合照片专家组" (Joint Photographic Experts Group，JPEG) 格式最适合存储照片。和 GIF 图片相反，JPEG 图片可以包含 1670 万种颜色。但 JPEG 图片不能设置透明，也不支持动画。JPEG 图片的文件扩展名通常是 .jpg 或 .jpeg。JPEG 图片以有损压缩

方式保存。这意味着原图中的某些像素在压缩后会丢失或被删除。浏览器渲染压缩图片时，显示的是与原图

相似而非完全一致的图片。

图片质量和压缩率要进行平衡。压缩率小的图片质量更高，但会造成文件较大；压缩率较大的图片质量较差，但文件较小。

用数码相机拍照时，生成的文件如果直接在网页上显示就太大了。图 5.3 显示了一张照片的优化版本，原始文件大小为 250 KB。用图形软件优化为 80% 质量之后，文件减小为 55 KB，在网页上仍然能很好地显示。

图 5.4 选择 20% 质量，文件变成 19 KB，但质量让人无法恭维。图片质量随文件大小减小而下降，图 5.4 出现了一些小方块，这称为像素化(pixelation)，应避免这种情况。

常用 Adobe Photoshop 和 Adobe Fireworks 优化图片。GIMP(http://www.gimp.org) 一款是流行的、支持多平台的开源图像编辑器。Pixlr 提供了一款免费的、易于使用的联机照片编辑器 (http://pixlr.com/editor)。

另外一个优化图片的方法是使用图片的缩小版本，称为缩略图 (thumbnail)。一般将缩略图配置成图片链接，点击显示大图。图 5.5 展示了一张缩略图。

图 5.3　55KB(80% 质量)　　　图 5.4　19KB(20% 质量)　　　图 5.5　缩略图 5KB

PNG 图片

PNG(音同 ping) 是指 "可移植网络图形" (Portable Network Graphic，PNG)。它结合 GIF 和 JPEG 图片的优势，是 GIF 格式的很好替代品。PNG 图片支持数百万种颜色和多个透明级别，并使用无损压缩。

新的 WebP 图像格式

Google 新的 WebP 图像格式提供了增强的压缩比和更小的文件尺寸，但目前还没有准备好在商业网站使用。WebP(音同 weppy) 目前仅有 Google Chrome 浏览器支持。详情参见 http://developers.google.com/speed/webp。

5.2 img 元素

img(音同 image) 元素在网页上配置图片。图片可以是照片、网站横幅、公司 logo、导航按钮以及你能想到的任何东西。img 是 void 元素，不成对使用 (不需要成对使用起始和结束标记)。下例配置名为 logo.gif 的图片，它和网页在同一目录：

```
<img src="logo.gif" height="200" width="500" alt="My Company Name">
```

src 属性指定图片文件名。alt 属性为图片提供文字替代，通常是对图片的一段文字说明。如指定了 height 和 width 这两个属性，浏览器会提前保留指定大小的空间。表 5.2 列出了 img 元素的属性及其值。常用属性加粗显示。

表 5.2 img 元素的属性

属性名称	属性值
align	right、left(默认)、top、middle、bottom(已废弃)
alt	描述图片的文本
height	以像素为单位的图片高度
hspace	以像素为单位的图片左右两侧空白间距 (已废弃)
id	文本名称，由字母和数字构成，以字母开头，不能含有空格——这个值必须唯一，不能和同一个网页文档的其他 id 值重复
name	文本名称，由字母或数字构成，以字母开头，不能含有空格——该属性用于为图片命名，以便 JavaScript 等客户端脚本语言访问它 (已废弃)
src	图片的 URL 或文件名
title	包含图片信息的文本——通常比 alt 文本更具描述性
vspace	以像素为单位的图片上下两边的空白间距 (已废弃)
width	以像素为单位的图片宽度

表 5.2 列出了几个 "已废弃" 的属性。虽然在 HTML5 中废弃不用，但在 XHTML 中仍可使用，以保持与现有网页的兼容。本书以后会解释如何用 CSS 实现这些废弃属性的功能。

 动手实作 5.1 ——————————————————————————

这个动手实作要在网页上添加一张 logo 图片。新建名为 kayakch5 的文件夹。要用到的图片存储在学生文件的 chapter5/starters 文件夹。将其中的 kayakdc.gif 和 hero.jpg 文件复制到 kayakch5 文件夹。KayakDoorCounty.net 主页的一个初始版本已经在学生文件中了。将 chapter5/starter.html 复制到 kayakch5 文件夹。这个动手实作结束后的网页效果如图 5.6 所示，注意，用了两张图。

启动文本编辑器并打开 starter.html 文件。

1. 删除 <h1> 起始和结束标记之间的文本。编码一个 <img> 元素，在这个区域显示 kayakdc.gif。记得要包括 src，alt，height 和 width 这几个属性。示例代码如下：

   ```
   <img src="kayakdc.gif"
       alt="KayakDoorCounty.net"
   width="500" height="60">
   ```

2. 编码 <img> 标记在 h2 元素下方显示 hero.jpg。图片 500 像素宽，350 像素高。配置 alt 文本。

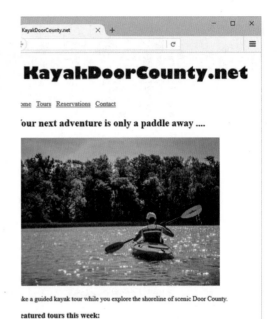

图 5.6 包含了图片的网页

3. 文件另存为 kayakch5 文件夹中的 index.html。启动浏览器并测试。现在看起来应该和图 5.6 相似。

注意，如网页上没有显示图片，请检查是否已将文件存储到 kayakch5 文件夹，而且 <img> 标记中的文件名是否拼写正确。学生文件的 chapter5/5.1 文件夹包含示例解决方案。区区几张图片即为网页增色不少，是不是很有趣？

用 alt 属性提供无障碍访问

第 1 章讲过，对《联邦康复法案》进行增补的 Section 508 条款规定：所有由美国联邦政府开发、取得、维持或使用的电子和信息技术 (包括网站) 都必须提供无障碍访问。alt 属性可以用于设置图片的描述文本，浏览器以两种方式使用 alt 文本。在图片下载和显示之前，浏览器会先将 alt 文本显示在图片区域。当访问者将鼠标移动到图片区域的时候，浏览器也会将 alt 文本以"工具提示"的形式显示出来。

标准浏览器 (比如 Microsoft Edge 和 Mozilla Firefox) 并不是访问你的网站的唯一工具或用户代理。大部分搜索引擎会运行一些被称为蜘蛛或机器人的程序，它们也会访问网站；这些程序对网站进行分类和索引。它们通常无法处理图片，但能处理 img 元素的 alt 属性值。屏幕朗读器等软件会将 alt 属性中的文本读出。移动浏览器可能显示 alt 文本而不显示图片。

5.3 图片链接

使图片作为超链接的代码很简单，在 <img> 标记两边加上锚标记就可以了。例如，以下代码将图片 home.gif 设为超链接：

```
<a href="index.html"><img src="home.gif" height="19" width="85" alt="Home"></a>
```

缩略图链接是将一张小图片配置成链接，点击它显示由 href 属性指定的大图（而不是网页）。例如：

```
<a href="sunset.jpg"><img src="thumb.jpg" height="100" width="100"
alt=" 看大图 "></a>
```

学生文件 chapter5/thumb.html 展示了一个例子。

 动手实作 5.2 ————————————————————

这个动手实作将为 KayakDoorCounty.net 主页添加图片链接。kayakch5 文件夹应包含 index.html，kayakdc.gif 和 hero.jpg 文件。要使用的新图片存储在 chapter5/starters 文件夹中。将 home.gif，tours.gif，reservations.gif 和 contact.gif 文件复制到 kayakch5 文件夹。动手实作结束后的主页效果如图 5.7 显示。

现在开始编辑。启动文本编辑器来打开 index.html。注意锚标记已编码好了，只需将文本链接转变成图片链接！

1. 如果主导航区包含媒体内容（比如图片），或许就有一部分人看不到它们，也可能是因为浏览器关闭了图片显示。为了使所有人都能无障碍地访问导航区的内容，请在页脚区域配置一组纯文本导航链接。具体做法是将包含导航区的 <nav> 元素复制到网页靠近底部的地方。粘贴到 footer 元素中，位于版本这一行之上。

2. 找到 head 区域的 style 标记，编码以下样式规则为 bar 这个 id 配置绿色背景：

```
#bar { background-color: #152420; }
```

3. 现在将重点放回顶部导航区。在起始 nav 标记中编码 id="bar"。然后将每一对锚标记之间的文本替换成 img 元素。使 home.gif 链接到 index.html，tours.gif 链接到 tours.html，reservations.gif 链接到 reservations.html，contact.gif 链接到 contact.html。注意，img 和起始/结束锚标记之间不要留出多余的空格。例如：

```
<a href="index.html"><img src="home.gif"
alt="Home" width="90" height="35"></a>
```

编码 img 标记时，要注意每张图片的宽度：home.jpg(90 像素)，tours.jpg(90 像素)，reservations.jpg(190 像素) 和 contact.jpg (130 像素)。

4. 保存编辑过的 index.html。启动浏览器并测试。它现在的效果应该如图 5.7 所示。

学生文件包含示例解决方案，访问 chapter5/5.2 文件夹查看。

图 5.7　新主页使用图片链接来导航

无障碍访问和图片链接

使用图片作为主导航链接时，有以下两个方法提供无障碍访问。

1. 在页脚区域添加一行纯文本导航链接。虽然大多数人都可能用不上，但使用屏幕朗读器的人可通过它访问你的网页。

2. 配置每张图片的 alt 属性，提供和图片一样的描述文本。例如为 Home 按钮的 <img> 标记编码 alt="Home"。

 图片不显示怎么办？

网页图片不显示的常见原因包括如下。

▶ 图片是否真的存在于网站文件夹中？可用 Windows 资源管理器或者 Mac Finder 仔细检查。

▶ 编写的 HTML 和 CSS 代码是否正确？用 W3C CSS 和 HTML 校验器查找妨碍图片正确显示的语法错误。

▶ 图片文件名是否和 HTML 或 CSS 代码指定的一致？细节决定成败。习惯也很重要。

5.4 配置背景图片

第 4 章学习了用 CSS background-color 属性配置背景颜色。除了背景颜色，还可选择图片作为元素的背景。

background-image 属性

使用 CSS background-image 属性配置背景图片。例如，以下 CSS 代码为 HTML 的 body 选择符配置背景图片 texture1.png，该图片和网页文档在同一个文件夹中：

```
body { background-image: url(texture1.png); }
```

同时使用背景颜色和背景图片

可同时配置背景颜色和背景图片。首先显示背景颜色 (用 background-color 属性指定)，然后加载并显示背景图片。

同时指定背景颜色和背景图片，能为访问者提供更愉悦的视觉体验。即使由于某种原因背景图片无法载入，网页背景仍能提供与文本颜色的良好对比度。如背景图片比浏览器窗口小，而且网页用 CSS 配置成不自动平铺 (重复)，没有被背景图片覆盖到的地方将显示背景颜色。同时指定背景颜色和背景图片的 CSS 代码如下：

```
body {  background-color: #99cccc;
        background-image: url(background.jpg); }
```

浏览器如何显示背景图片

网页背景图片不一定要和浏览器视口大小相当。事实上，背景图片通常比一般的浏览器视口小得多。背景图片的形状要么是又细又长的矩形，要么是小的矩形块。除非在样式规则中专门指定，否则浏览器会重复 (或称为平铺) 这些图片以覆盖整个网页背景，如图 5.8 和图 5.9 所示。图片文件应该比较小，以便快速下载。

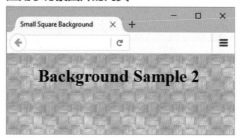

图 5.8　细长的背景图片在网页上平铺　　　　图 5.9　小的矩形图片重复填满整个网页背景

background-attachment 属性

使用 background-attachment 属性配置背景图片是在网页中滚动，还是将其固定。对应的值分别是 scroll(默认) 和 fixed。

? FAQ　如果图片存储在它们自己的文件夹中怎么办?

组织网站时，将所有图片保存在与网页文件不同的文件夹中是一种很好的做法。注意，图 5.10 显示的 CircleSoft 网站有一个名为 images 的文件夹，里面包括了一些 gif 文件。要在代码中引用这些文件，还应该引用 images 文件夹，例如:

▶ 以下 CSS 代码将 images 文件夹中的 background.gif 文件设置为网页背景:

body { background-image :
    url(images/background.gif); }

▶ 以下代码将 images 文件夹的 logo.jpg 文件插入网页:

<img src="images/logo.jpg" alt="CircleSoft" width="588" height="120"/>

图 5.10　images 文件夹

5.5 定位背景图片

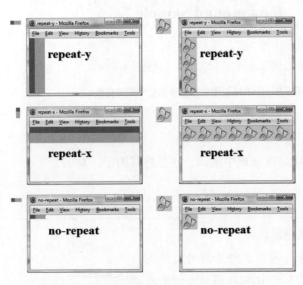

图 5.11 CSS background-repeat 属性的例子

▶ 视频讲解：*Background Images*

background-repeat 属性

浏览器的默认行为是重复(平铺)背景图片，使之充满容器元素的整个背景。图 5.8 和图 5.9 展示了针对整个网页的平铺行为。除了 body 元素，这种行为还适合其他容器元素，比如标题、段落等。可用 CSS 的 background-repeat 属性更改这种平铺行为。属性值包括 repeat(默认)、repeat-y(垂直重复)、repeat-x(水平重复)和 no-repeat(不重复)。例如，background-repeat:no-repeat; 配置背景图片只显示一次。图 5.11 展示了实际的背景图片以及各种 background-repeat 属性值的结果。

CSS3 还支持下面两个 background-repeat 属性值：

- ▶ background-repeat: space; 在背景重复显示图片，通过调整图片四周空白防止裁掉图片。
- ▶ background-repeat: round; 在背景重复显示图片，通过缩放图片防止局部裁掉局部图片。

定位背景图片

可用 background-position 属性指定背景图片的位置(默认左上角)。有效属性值包括百分比值；像素值；或者 left，top，center，bottom 和 right。第一个值指定水平位置，第二个指定垂直位置。如果只提供一个值，第二个值默认为 center。如图 5.12 所示，可以使用以下样式规则将背景图片放到元素的右侧。

```
h2 { background-image: url(flower.gif);
     background-position: right;
     background-repeat: no-repeat; }
```

图 5.12 花的背景图片用 CSS 配置之后，将在右侧显示

 动手实作 5.3 ——————————————————————

现在练习使用一张背景图片。将更新动手实作 5.2 的 index.html 文件 (参考图 5.7)，为 main 选择符配置一张不重复的背景图片。请将学生文件的 chapter5/starters 文件夹中的 heroback.jpg 复制到 kayakch5 文件夹。图 5.13 展示了这个动手实作完成之后的主页效果。启动文本编辑器并打开 index.html。

1. 找到 head 区域的 style 标记，为 main 元素新建样式规则来配置 background-image 和 background-repeat 属性。将背景图片设为 heroback.jpg。将背景设为不重复。完成后的 main 样式规则如下 :

```
main {    background-image: url(heroback.jpg);
          background-repeat: no-repeat; }
```

2. 从网页主体删除显示 hero.jpg 的 img 标记。

3. 保存 index.html，启动浏览器来测试它。会注意到 main 元素中的文本目前是叠加在背景图片上显示的。段落不要跑到背景图片上会更美观。用文本编辑器打开 index.html，在单词 explore 前编码一个换行标记。

4. 再次保存并测试网页，结果如图 5.13 所示。示例解决方案参考 chapter5/5.3 文件夹。本书写作时 Internet Explorer 还不支持 HTML5 main 元素的默认样式。要为 main 元素的样式规则添加 display: block; 声明 (参见第 7 章)。示例解决方案参见 chapter5/5.3/iefix.html。

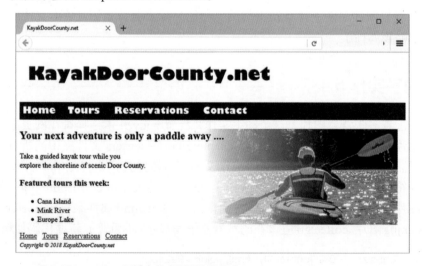

图 5.13 <main> 区域中的背景图片配置成 background-repeat: no-repeat

熟悉背景图片后，接着探索如何向网页应用多张背景图片。图 5.14 展示了包含两张背景图片的网页，这些图片是针对 body 选择符配置的。桌上的一个大咖啡杯照片占据网页大部分空间，左下角则是一个小的咖啡杯图标。

图 5.14　使用多张背景图片

多张背景图片用 CSS3 background 属性配置。每个图片声明都以逗号分隔。可选择添加属性值来指定图片位置以及图片是否重复。background 属性采用的是一种速记表示法，只列出和 background-position 和 background-repeat 等属性对应的值。

使用多张背景图片时应进行渐进式增强。换言之，要先单独配置 background-image 属性来指定单一背景图片，使不支持多张背景图片的浏览器也能正常显示背景图片。再配置 background 属性来指定多张背景图片，使支持新技术的浏览器能显示多张背景图片 (不支持的浏览器会自动忽略该属性)。

动手实作 5.4

下面练习配置多张背景图片。这个动手实作将配置 body 元素选择符在网页上显示多张背景图片。新建 coffee5 文件夹。将 chapter5/coffeestarters 文件夹中的所有文件复制到这里。将更新 index.html 文件。启动文本编辑器并打开 coffee.html。修改 body 元素选择符的样式规则。配置 background-image 属性来显示 coffeepour.jpg。不支持多背景图片的浏览器会采用这个规则。再配置 background 属性来显示 coffee.gif 和 coffeepour.jpg 图片。coffee.gif 应该在浏览器左下角显示 (不重复)。新增代码加粗显示:

```
body { font-size: 150%; font-family: Arial; color: #992435;
    background-image: url(coffeepour.jpg);
```

```
        background-repeat: no-repeat;
        background: url(coffee.gif) no-repeat left bottom,
        url(coffeepour.jpg) no-repeat;}
```

保存 index.html 并启动浏览器来
测试，如图 5.14 所示。如浏览器
不支持多张背景图片，将只显示
大图片。chapter5/5.4 文件夹包含
示例解决方案。

动图 (cinemagraph) 是动画 GIF 的
一种，一般通过画面有小幅变化
的视频或一组照片制作 (比如咖
啡倒入杯子，或头发在风中飘动)。
动图使用 Adobe Photoshop 这样
的图片编辑软件来制作，结果导
出为动画 GIF 或 PNG。图 5.15
的网页使用了三张背景图片：一

图 5.15　多张背景图

个大咖啡杯动图 GIF、一个纯色矩形以及一个小咖啡杯图标。

 动手实作 5.5

将修改动手实作 5.4 的例子，在网页上将一张动图作为背景图片之一来显示。在文
本编辑器中打开 chapter5/5.4 文件夹中的 index.html。将修改 body 元素选择符的样式
规则，显示 coffeepour.gif 动图而不是 coffeepour.jpg 静态照片。编辑 background 属性值，
在 coffeepour.gif 之上、coffeelogo.gif 之下显示第三张图片 (coffeeback.gif)。改动的
代码加粗显示：

```
body { font-size: 150%; font-family: Arial; color: #992435;
        background-image: url(coffeepour.gif);
        background-repeat: no-repeat;
        background: url(coffee.gif) no-repeat left bottom,
        url(coffeeback.gif) no-repeat;
        url(coffeepour.gif) no-repeat; }
```

将网页另存为 coffepour.html。启动浏览器测试网页，结果应该和图 5.15 相似。不支
持多背景图的浏览器只显示大咖啡杯。示例解决方案请参考 chapter5/5.5 文件夹。

5.7 用 CSS 配置字体

font-family 属性

font-family 属性配置字体家族或者说"字型"(font typeface),一个 font-family 通常包含多种字体。浏览器使用计算机上已安装的字体显示文本。如某种字体在访问者的电脑上没有安装,就用默认字体替换。Times New Roman 是大多数浏览器的默认字体。图 5.16 总结了字体家族以及其中的一些常用字体。

font-family	说明	常用字体
serif(有衬线)	所有 serif 字体在笔画末端都有小的衬线,常用于显示标题	Times New Roman, Georgia, Palatino
sans-serif(无衬线)	sans 是"无"的意思,sans-serif 就是无衬线,常用于显示网页文本	Arial, Verdana, Geneva
monospace(等宽)	宽度固定的字体,常用于显示代码	Courier New, Lucida Console
cursive(草书、手写体)	使用需谨慎,可能在网页上难以阅读	Comic Sans MS
fantasy(异体)	风格很夸张,有时用于显示标题。使用需谨慎,可能在网页上难以阅读	*Jokerman*, *Curlz MT*

图 5.16　常用字体

Verdana,Tahoma 和 Georgia 字体为计算机显示器进行了优化。惯例是标题使用某种衬线字体 (比如 Georgia 或 Times New Roman),正文使用某种无衬线字体 (比如 Verdana 或 Arial)。并不是每台计算机都安装了相同的字体,请访问 http://www.ampsoft.net/ webdesign-l/WindowsMacFonts.html 查看可在网页中安全使用的字体列表。可在 font-family 属性值中列出多个字体和类别。浏览器会按顺序尝试使用字体。例如,以下 CSS 配置 p 元素用 Verdana 字体或 Arial 字体显示段落文本。如果两者都没有安装,就使用已安装的默认无衬线字体:

p { font-family: Verdana, Arial, sans-serif; }

 动手实作 5.6

这个动手实作将配置 font-family 属性。将以动手实作 5.3 的文件为基础 (学生文件 chapter5/5.3)。启动浏览器来显示 index.html。注意,显示的是浏览器的默认字体 (通常是 Times New Roman)。这个动手实作结束后的网页效果如图 5.17 所示。

启动文本编辑器并打开 index.html 文件。像下面这样配置嵌入 CSS。

1. 配置 body 元素选择符，设置全局样式来使用无衬线字体，比如 Verdana 或 Arial。下面是一个例子：

> body { font-family: Verdana, Arial, sans-serif; }

2. 配置 h2 和 h3 元素来使用某种衬线字体，比如 Georgia 或 Times New Roman。一个样式规则可配置多个选择符，每个以逗号分隔。Times New Roman 必须用引号包含，因为字体名称由多个单词构成。编码以下样式规则：

> h2, h3 { font-family: Georgia, "Times New Roman", serif; }

将 index.html 保存到 kayakch5 文件夹。启动浏览器来测试网页。结果如图 5.17 所示。示例解决方案请参考 chapter5/5.6 文件夹。

图 5.17　新主页

网页设计师多年来一直头疼于只能为网页上显示的文本使用有限的一套字体。CSS3 引入了 @font-face 在网页中嵌入字体，但要求提供字体位置以便浏览器下载。例如，假定你有权自由分发名为 MyAwesomeFont 的字体，字体文件是 myawesomefont.woff，存储在和网页相同的文件夹中，就可用以下 CSS 在网页中嵌入字体：

> @font-face {font-family: MyAwesomeFont;
> 　　　　　src: url(myawesomefont.woff) format("woff"); }

编码好 @font-face 规则后，就可以和平常一样将字体应用于某个选择符。下例将字体应用于 h1 元素选择符：

> h1 { font-family: MyAwesomeFont, Georgia, serif; }

最新的浏览器都支持 @font-face，但要注意版权问题。即使你购买了一款字体，也要检查许可协议，看看是否有权自由分发该字体。访问 http://www.fontsquirrel.com 了解可供免费使用的商用字体。

Google Web Fonts 也提供了一套可供免费使用的字体。详细信息请访问 http://www.google.com/webfonts。选好字体后，只需要完成以下两个步骤。

1. 将谷歌提供的 link 标记复制和粘贴到自己的网页文档中。(link 标记将你的网页和包含适当 @font-face 规则的一个 CSS 文件关联。)

2. 配置自己的 CSS font-family 属性，使用 Google Web 字体名称。

更多信息请访问 https://developers.google.com/webfonts/docs/getting_started 的入门指引。网上使用字体需谨慎，要节省带宽，避免一个网页使用多种字体。一个网页除了使用标准字体，通常只使用一种特殊字体。可以在网页标题和 / 或导航区域使用特殊网页字体，免得为这些区域创建专门的图片。

第 5 章　**157**

5.8　CSS 文本属性

CSS 为网页文本的配置提供了大量选项。本节探索 font-size，font-weight，font-style，line-height，text-align，text-decoration，text-indent，text-transform 和 letter-spacing 这几个属性。

font-size 属性

font-size 属性设置字号。表 5.3 列出了字号值、特点和推荐用法。

<p align="center">表 5.3　配置字号</p>

	值	说　明
文本值	xx-small，x-small，small，medium(默认)，large，x-large，xx-large	在浏览器中改变文本大小时，能很好地缩放。字号选项有限
像素单位 (Pixel Unit，px)	带单位的数值，比如 10px	基于屏幕分辨率显示。在浏览器中改变文本大小时，也许不能很好地缩放
磅单位 (Point Unit，pt)	带单位的数值，比如 10pt	用于配置网页的打印版本 (参见第 8 章)。在浏览器中改变文本大小时，也许不能很好地缩放
Em 单位 (em)	带单位的数值，比如 .75em	W3C 推荐。在浏览器中改变文本大小时，能很好地缩放。字号选项很多
百分比单位	百分比数值，比如 75%	W3C 推荐。在浏览器中改变文本大小时，能很好地缩放。字号选项很多

em 是相对单位，源于印刷工业。以前的印刷机常用字符块来设置字体，一个 em 单位就是特定字体的一个印刷字体方块 (通常是大写字母 M) 的宽度。在网页中，em 相对于父元素 (通常是网页的 body 元素) 所用的字体和字号。也就是说，em 的大小相对于浏览器默认字体和字号。百分比值的道理和 em 单位一样。例如，font-size: 100% 和 font-size: 1em 在浏览器中应显示成一样大。学生文件 chapter5/fonts.html 帮助你比较各种字号。

font-weight 属性

font-weight 属性配置文本的浓淡 (粗细)。CSS font-wight: bold; 声明具有与 HTML 元素 <strong> 或 <b> 相似的效果。以下 CSS 配置 nav 中的文本加粗：

```
nav { font-weight: bold; }
```

font-style 属性

font-style 属性一般用于配置倾斜显示的文本。有效值包括 normal(默认)，italic 和 oblique。CSS 声明 font-style: italic; 具有与 HTML 元素 <i> 或 <em> 相同的视觉效果。以下 CSS 配置 footer 中的文本倾斜：

```
footer { font-style: italic; }
```

line-height 属性

line-height 属性修改文本行的空白间距 (行高)，通常配置成百分比值。以下 CSS 配置段落双倍行距：

```
p { line-height: 200%; }
```

text-align 属性

HTML 元素默认左对齐 (从左页边开始)。CSS text-align 属性配置文本和内联元素在块元素 (标题、段落和 div 等) 中的对齐方式。有效值包括 left(默认)、center、right 和 justify。以下 CSS 配置 h1 元素文本居中显示：

```
h1 { text-align: center; }
```

text-decoration 属性

CSS text-decoration 属性修改文本的显示。常用值包括 none、underline、overline 和 line-through。虽然超链接默认加下划线，但可以用 text-decoration 属性移除。以下 CSS 移除超链接的下划线：

```
a { text-decoration: none; }
```

text-indent 属性

CSS text-indent 属性配置元素中第一行文本的缩进。值可以是数值 (带有 px，pt 或 em 单位)，也可以是百分比。以下 CSS 代码配置所有段落的首行缩进 5 em：

```
p { text-indent: 5em; }
```

text-transform 属性

text-transform 属性配置文本的大小写。有效值包括 none(默认)，capitalize(首字母大写)，uppercase(大写) 和 lowercase(小写)。以下 CSS 配置 h3 元素的文本大写：

```
h3 { text-transform: uppercase; }
```

letter-spacing 属性

letter-spacing 属性配置字间距。有效值包括 normal(默认) 和数值 (pt 或 em 单位)。以下 CSS 为 h3 元素中的文本配置额外的字间距：

```
h3 { letter-spacing: 3px; }
```

下一节练习使用这些新属性。

5.9 练习配置图形和文本

 动手实作 5.7 ───────────────────────────────

图 5.18 新主页

这个动手实作将创建如图 5.18 所示的网页，练习用新技术配置图片和文本。新建文件夹 ch5practice，将学生文件 chapter5 文件夹中的 starter.html 文件复制到这里。

将以下文件从 chapter5/starters 文件夹复制到 ch5practice 文件夹：hero.jpg，background.jpg 和 headerbackblue.jpg。在文本编辑器中打开 starter.html 并另存为 index.html。像下面这样编辑代码。

1. 在 head 区域找到 style 标记，编码嵌入 CSS。

a. 配置 body 元素选择符将 backound.jpg 设为背景，设置全局字体为 Verdana，Arial 或默认 sans-serif。

```
body { background-image:
          url(background.jpg);
       font-family: Verdana,
       Arial, sans-serif; }
```

b. 为 header 元素选择符配置背景色 #000033，并在背景显示 headerbackblue.jpg。配置该图片在右侧显示而且不重复。再配置文本颜色 #FFFF99，行高 400% 和 1em 的文本缩进。

```
header { background-color: #000033;
         background-image: url(headerbackblue.jpg);
         background-position: right;
         background-repeat: no-repeat;
         color: #FFFF99;
         line-height: 400%;
         text-indent: 1em; }
```

c. 为 h1，h2 和 h3 元素选择符配置 Georgia，Times New Roman 或默认 serif 字体。

```
h1, h2, h3 { font-family: Georgia, "Times New Roman", serif; }
```

d. 为 nav 元素选择符配置加粗和 1.5em 的字号。

```
nav { font-weight: bold;
      font-size: 1.5em; }
```

e. 配置导航条中的锚元素不显示下划线，注意这需要使用后代选择符。

```
nav a { text-decoration: none; }
```

f. 配置段落元素缩进 2em。

```
p { text-indent: 2em; }
```

g. 配置 footer 居中，文本倾斜，字号 .80em。

```
footer { text-align: center;
         font-style: italic;
         font-size: .80em; }
```

2. 删除页脚区域的 small 和 i 标记。

3. 在 h2 元素后代码 img 元素来显示 hero.jpg。恰当地设置 alt，width 和 height 属性。

```
<img src="hero.jpg" alt="tour guide paddling a kayak" width="500" height="350">
```

保存 index.html。启动浏览器并测试，效果如图 5.18 所示。示例解决方案参见 chapter5/5.7 文件夹。

> **Quick TIP** 这个动手实作使用 line-height 和 text-indent 属性配置空白间距。但还有其他更合适的 CSS 属性。第 6 章将探索框模型，学习如何用 margin 和 padding 属性配置边距和填充。

> **FAQ 可不可以在 CSS 中添加注释？**
> 可以。注释会被浏览器忽略，但有利于注明代码的作用。为 CSS 添加注释的简单方法是输入 "/*" 开始注释，输入 "*/" 结束注释。例如：
>
> ```
> /* 配置页脚 */
> footer { font-size: .80em; font-style: italic; text-align: center; }
> ```

5.10　用 CSS 配置列表符号

无序列表默认在每个列表项前面显示一个圆点符号 (称为 bullet 或项目符号)。有序列表默认在每个列表项前面显示阿拉伯数字。可用 list-style-type 属性配置所有这些列表使用的符号。表 5.4 总结了常用属性值。

表 5.4　用 CSS 属性指定有序和无序列表符号

属性名称	说明	值	列表符号
list-style-type	配置列表符号样式	none	不显示列表符号
		disc	圆点
		circle	圆环
		square	方块
		decimal	阿拉伯数字
		upper-alpha	大写字母
		lower-alpha	小写字母
		lower-roman	小写罗马数字
list-style-image	指定用于替代列表符号的图片	url 关键字，并在一对圆括号中指定图片的文件名或路径	在每个列表项前显示指定图片
list-style-position	配置列表符号的位置	inside	符号缩进，文本对齐符号
		outside(默认)	符号按默认方式定位，文本不对齐符号

list-style-type: none 告诉浏览器不显示列表符号 (第 7 章配置导航链接时会用到这个技术)。以下 CSS 配置图 5.19 的无序列表使用方块符号：

```
ul { list-style-type: square; }
```

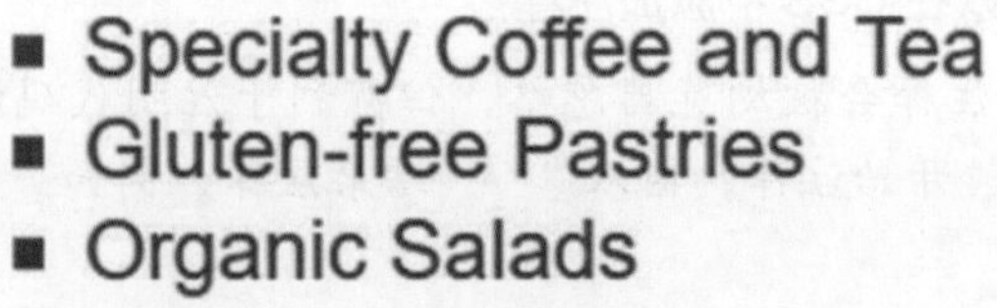

- **Specialty Coffee and Tea**
- **Gluten-free Pastries**
- **Organic Salads**

图 5.19　配置无序列表使用方块符号

以下 CSS 配置图 5.20 的有序列表使用大写字母编号：

ol { list-style-type: upper-alpha; }

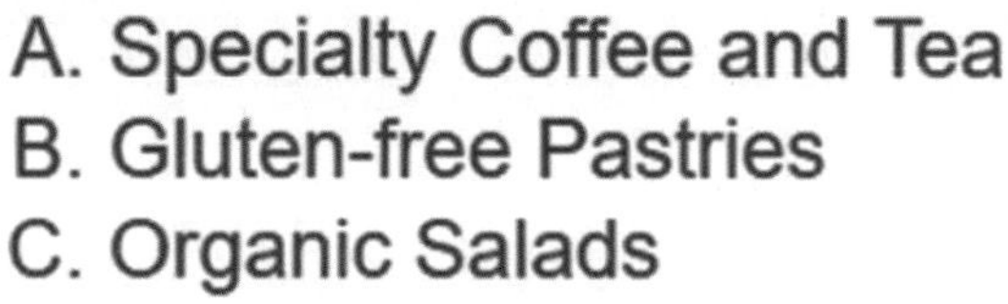

A. Specialty Coffee and Tea
B. Gluten-free Pastries
C. Organic Salads

图 5.20　配置有序列表使用大写字母编号

图片作为列表符号

可用 list-style-image 属性将图片配置成有序或无序列表的列表符号。在图 5.21 中，以下 CSS 将图片 marker.gif 配置成列表符号：

ul {list-style-image: url(marker.gif); }

 Specialty Coffee and Tea
 Gluten-free Pastries
 Organic Salads

图 5.21　用图片代替列表符号

 动手实作 5.8 ────────────────────

这个动手实作用一张名为 marker.gif 的图片代替网页上的列表符号。下面将以动手实作 5.4 的文件为基础 (chapter5/5.4 文件夹)。

1. 启动文本编辑器并打开 index.html。在网页的 head 区域添加嵌入 CSS 样式规则，为 ul 元素选择符配置 list-style-image 属性：

   ul { list-style-image: url(marker.gif); }

2. 保存 index.html。启动浏览器并测试。如图 5.21 所示，每个列表项前面都应显示一个小的咖啡杯图标。示例解决方案请参考 chapter5/5.8 文件夹。

5.11　收藏图标

有没有想过地址栏或网页标签上的小图标是怎么来的？这称为收藏图标(favorites icon，简称 favicon)，通常是和网页关联的一张小方形图片，大小为 16×16 像素或者 32×32 像素。如图 5.22 所示的收藏图标会在浏览器地址栏、标签或书签/收藏列表中显示。

图 5.22　收藏图标在网页标签上显示

配置收藏图标

第 4 章曾经在网页 head 区域使用 <link> 标记将网页和外部样式表关联。还可用该标记将网页和收藏图标关联。为此要使用三个属性：rel，href 和 type。rel 属性的值是 icon，href 属性的值是图标文件名。第 1 章说过，要用 MIME 类型指定媒体文件中的数据格式。type 属性的值就是图标文件的 MIME 类型，.ico 图标文件的 MIME 类型默认是 image/x-icon。以下代码将收藏图标 favicon.ico 和网页关联：

```
<link rel="icon" href="favicon.ico" type="image/x-icon">
```

Microsoft Edge 和 Internet Explorer 要求将文件发布到 Web(参见第 12 章) 才能正常显示收藏图标。其他浏览器 (比如 Firefox) 在显示收藏图标时更可靠，而且支持 GIF，JPG 和 PNG 图片格式。注意，如果收藏图标是 .gif，.png 或 .jpg 文件，则 MIME 类型为 image/ico。例如：

```
<link rel="icon" href="favicon.gif" type="image/ico">
```

动手实作 5.9 ————————————————————————————————

下面练习使用收藏图标。将以动手实作 5.3 的文件为基础 (chapter5/5.3 文件夹)，将 favico.ico 文件配置成收藏图标。请复制 chapter5/starters 文件夹中的 favicon.ico 文件，把它和你的文件放到一起。

1. 启动文本编辑器并打开 index.html。在网页 head 区域添加以下 link 标记:

```
<link rel="icon" href="favicon.ico" type="image/x-icon">
```

2. 保存 index.html。启动浏览器来测试网页。注意标签上显示了一个小的皮艇图标，如图 5.23 所示。示例解决方案请参考 chapter5/5.9 文件夹。

图 5.23 浏览器标签上显示了收藏图标

 怎样创建自己的收藏图标?

使用图片编辑软件 (比如 Adobe Fireworks) 或者以下某个联机工具:

- ▶ http://favicon.cc
- ▶ https://www.favicongenerator.com
- ▶ http://www.freefavicon.com
- ▶ http://www.xiconeditor.com

5.12　图像映射

图像映射 (image map) 是指为图片配置多个可点击或可选择区域，它们链接到其他网页或网站。这些可点击区域称为"热点"(hotspot)，支持三种形状：矩形、圆形和多边形。配置图像映射要用到 img、map 以及一个或多个 arca 元素。

map 元素

map 元素是容器标记，指定图像映射的开始与结束。在 <map> 标记中，用 name 属性设置图片名称。id 属性的值必须和 name 属性相同。用 <img> 标记配置图片时，用 usemap 属性将图片和 map 元素关联。

area 元素

area 元素定义可点击区域的坐标或边界，这是一个 void 标记，可以使用 href, alt, title, shape 和 coords 这几个属性。其中，href 属性指定点击某个区域后显示的网页。alt 属性为屏幕朗读程序提供文本说明。title 属性指定鼠标停在区域上方时显示的提示信息。coords 属性指定可点击区域的坐标。表 5.5 总结了与各种 shape 属性值对应的坐标格式。

表 5.5　和各种 shape 值对应的坐标格式

形状	坐标	说明
rect	"x1,y1,x2,y2"	(x1,y1) 指定矩形左上角位置，(x2,y2) 指定右下角
circle	"x,y,r"	(x,y) 指定圆心位置，r 值指定像素单位的半径
polygon	"x1,y1,x2,y2,x3,y3" 等	每一对 (x,y) 代表多边形一个角顶点的坐标

探索矩形图像映射

下面以矩形图像映射为例。矩形图像映射要求将 shape 属性的值设为 rect，坐标值按以下顺序指定：左上角到图片左侧的距离、左上角到图片顶部的距离、右下角到图片左侧的距离、右下角到图片顶部的距离。

图 5.24 显示了一艘渔船 (学生文件 chapter5/map.html)。渔船周围的虚线矩形就是热点区域。显示的坐标 (24, 188) 表示矩形左上角距离图片左侧 24 像素，距离顶部 188 像素。右下角坐标 (339,283) 表示它距离图片左侧 339 像素，距离顶部 283 像素。

图 5.24　示例图像映射

创建这一映射的 HTML 代码如下：

```
<map name="boat" id="boat">
<area href="http://www.fishingdoorcounty.com"
    shape="rect" coords="24,188,339,283"
    alt="Door County Fishing Charter"
    title="Door County Fishing Charter">
</map>
<img src="fishingboat.jpg" usemap="#boat"
    alt="Door County" width="416" height="350">
```

注意，area 元素配置了 alt 属性。为图像映射的每个 area 元素都配置描述性文字，这有利于无障碍访问。

大多数网页设计人员并不亲自编码图像映射。一般利用 Adobe Dreamweaver 等网页创作工具生成图像映射。还可以利用一些免费的联机图像映射生成工具，例如：

- ▶ http://www.maschek.hu/imagemap/imgmap
- ▶ http://image-maps.com
- ▶ http://mobilefish.com/services/image_map/image_map.php

5.13 figure 元素和 figcaption 元素

HTML5 引入了许多从语义上描述内容的元素。虽然可用常规 div 元素配置一个区域来包含图和图题，但 figure 和 figcaption 元素使人更一目了然。div 元素虽然能获得同样的效果，但本质上过于泛泛。而使用 figure 和 figcaption 元素，内容结构就得到了良好定义。

figure 元素

figure 是块显示元素，由内容单元 (比如一张图片) 和可选的 figcaption 元素构成。

figcaption 元素

figcaption 是块显示元素，用于为 figure 的内容提供图题。

 动手实作 5.10

这个动手实作将用 HTML5 的 figure 元素，和 figcaption 元素配置网页上包含图片的一个区域。新建文件夹 figure，从 chapter5/starters 文件夹复制 myisland.jpg 文件。

图 5.25 网页上显示的图片

1. 启动文本编辑器并打开模板文件 chapter1/template.html。修改 title 元素。在 body 区域添加 img 标记来显示 myisland.jpg，如下所示：

```
<img src="myisland.jpg"
alt="Tropical Island" height=
"480" width="640">
```

将文件另存为 figure 文件夹中的 index.html。启动浏览器来测试网页，如图 5.25 所示。

2. 为图片配置图题。启动文本编辑器并打开文件文件。在 head 区域添加嵌入 CSS 来配置 figcaption 元素选择符，用 Papyrus 字体 (或默认 fantasy 字体家族) 显示加粗文本和倾斜文本。字号设为 1.5em。代码如下所示：

```
<style>
    figcaption { font-weight: bold;
        font-style: italic
        font-family: Papyrus, fantasy;
        font-size: 1.5em;
    }
</style>
```

3. 编辑 body 区域。在图片下方添加 figcaption 元素来显示以下文本："Tropical Island Getaway"。配置 figure 元素来同时包含包含 img 元素和 figcaptionf 元素。代码如下所示：

```
<figure>
    <img src="myisland.jpg" width="640" height="480" alt="Tropical Island">
    <figcaption> Tropical Island Getaway</figcaption>
</figure>
```

保存文件并测试，效果如图 5.26 所示。示例解决方案在 chapter5/5.10 文件夹。

图 5.26　网页使用 HTML5 figure 和 figcaption 元素后的效果

5.14 复习和练习

复习题

选择题

1. 哪个属性指定文本，供不支持图片的浏览器或用户代理访问？（　　）

    A. alt   B. text   C. src   D. accessibility

2. 什么代码使用 home.gif 图片文件创建到 index.html 的图片链接？（　　）

    A. `<a href="index.html" src="home.gif" alt="Home"></a>`

    B. `<a href="index.html"><img src="home.gif" alt="Home"></a>`

    C. `<img src="home.gif" href="index.html" alt="Home">`

    D. `<a src="home.gif"><img src="home.gif" alt="Home"></a>`

3. 为什么应该在 `<img>` 标记中设置 height 属性和 width 属性？（　　）

    A. 都是必须有的属性，必须包含。

    B. 帮助浏览器更快渲染网页，事先为图片保留适当的空间。

    C. 帮助浏览器在单独的窗口中显示图片。

    D. 以上都不对。

4. 什么属性和值指定无序列表显示方块符号？（　　）

    A. list-bullet: none;   B. list-style-type: square;

    C. list-style-image: square;   D. list-marker: square;

5. 哪个 CSS 属性配置字体？（　　）

    A. font-face   B. font-style

    C. font-family   D. typeface

6. 哪个配置 news 类来使用红色文本、较大字体和 Arial/ 默认 sans-serif 字体？（　　）

A. news { text: red;	B. .news { text: red;
font-size: large;	font-size: large;
font-family: Arial,	font-family: Arial,
sans-serif; }	sans-serif; }

C. #news { color: red;
　　　　 font-size: large;
　　　　 font-family: Arial,
　　　　 sans-serif; }

D..news { color: red;
　　　　 font-size: large;
　　　　 font-family: Arial,
　　　　 sans-serif; }

7. 哪个配置图片在网页上垂直重复？（　　）

A. background-repeat: repeat-x;

B. background-repeat: repeat;

C. valign="left"

D. background-repeat: repeat-y;

8. 哪个 CSS 属性配置元素的背景图片？（　　）

A. background-color

B. bgimage

C. favicon

D. background-image

9. 用最小的文件保证图片高质量显示的过程称为什么？（　　）

A. 渐进式增强　　　 B. 优化　　　 C. 可用性　　　 D. 图片校验

10. 确保用新或高级技术编码的网页在不支持新技术的浏览器上仍能正常工作的过程称为什么？（　　）

A. 校验

B. 渐进式增强

C. 有效增强

D. 优化

动手练习

1. 为外部样式表文件 mystyle.css 写 CSS 代码将文本配置成棕色，字号 1.2em，字体 Arial、Verdana 或默认 sans-serif 字体。

2. 在 HTML 文件中写嵌入样式来配置 new 类，使用加粗文本和倾斜文本。

3. 写代码在网页中加入名为 primelogo.gif 的图片。图片高 100 像素，宽 650 像素。

4. 写代码创建图片链接。图片文件是 schaumburgthumb.jpg，高 100 像素，宽 150 像素，链接到大图文件 schaumburg.jpg。不要显示图片边框。

5. 写代码创建一个 nav 元素来包含三张图片以提供导航链接。表 5.5 总结了图片及其链接。

表 5.5　图片及链接

图片名称	链接到的网页	图片高度	图片宽度
homebtn.gif	index.html	50	200
productsbtn.gif	products.html	50	200
orderbtn.gif	order.html	50	200

6. 练习使用背景图片。

    A. 找到 chapter5/starters 文件夹中的 twocolor.gif 文件。设计一个网页将文件作为背景图片使用，沿浏览器窗口左侧向下重复这张图片。将文件另存为 bg1.html。

    B. 找到 chapter5/starters 文件夹中的 twocolor1.gif 文件。设计一个网页将文件作为背景图片使用，沿着浏览器窗口顶部重复这张图片。将文件另存为 bg2.html。

7. 为你喜欢的电影创建网页，命名为 movie5.html。设置网页背景色。再为网页至少两个区域设置背景图片或背景颜色。在网上搜索电影剧照或者男女主演照片。在网页中加入以下信息：

- 电影名称
- 导演或制作人
- 男主角
- 女主角
- 分级 (R、PG-13、PG、G、NR)
- 电影简介
- 指向一则电影评论的绝对链接

> **Focus on ETHICS**
>
> 注意，从其他网站窃取图片是不道德的。有的网站会有链接指向它们的版权政策。大部分网站允许在学校作业中使用它们的图片。如果没有提供版权政策，请给网站的联系人发 E-mail，请求使用许可。如无法获得许可，请考虑免费网站提供的剪贴画或图片。

聚焦网页设计

使所有人都能无障碍访问网页相当重要。访问 W3C 的 "无障碍网络倡议" (Web Accessibility Initiative，WAI) 网站，了解一下他们的 WCAG 2.1 Quick Reference，网址是 http://w3.org/WAI/WCAG21/quickref。根据需要查看 W3C 的其他网页。探索在网页中运用颜色及图片时的要点。创建一个网页来运用颜色和图片，在其中包含你了解到的信息。

案例学习：度假村 Pacific Trails Resort

将继续开发第 4 章的 Pacific Trails 网站，在其中集成图片。将修改网页设计，在每张网页上显示大图，如线框图所示 (图 5.27)。还要创建新网页 Activities(活动)。

图 5.27　新的 Pacific Trails 线框图

这个案例学习包括以下任务。

1. 为 Pacific Trails Resort 网站创建新文件夹。

2. 更新 pacific.css 外部样式表文件。

3. 更新主页 index.html。

4. 更新 Yurts 页 yurts.html。

5. 创建新的 Activities 页 activities.html。

任务 1：创建名为 ch5pacific 的文件夹来包含 Pacific Trails Resort 网站文件。首先复制第 4 章案例学习创建的 ch4pacific 文件夹中的 index.html，yurts.html 和 pacific.css 文件。再复制 chapter5/casestudystarters/pacific 文件夹中的 coast.jpg，marker.gif，sunset.jpg，trail.jpg 和 yurt.jpg。

任务 2：外部样式表。启动文本编辑器并打开外部样式表文件 pacific.css。

1. 配置 body 使用 Arial，Helvetica 或 sans-serif 字体。

2. 配置 header 显示背景图片 sunset.jpg(显示于右侧，不重复)。再为它配置 400% 行高和 1em 文本缩进。

3. 配置 nav 使用加粗文本。

4. 配置 nav a 去掉超链接的下划线 (text-decoration: none;)。

5. 配置 h1 使用 Georgia，Times New Roman 或 serif 字体。

6. 配置 h2 使用 Georgia，Times New Roman 或 serif 字体。

7. 配置 h3 使用 Georgia，Times New Roman 或 serif 字体，文本颜色配置成 #000033。

8. 配置 ul 将列表符号设为 marker.gif。

9. 配置 footer 使用 75% 字号、倾斜、居中，并使用 Georgia，Times New Roman 或 serif 字体。

10. 配置 resort 类使用加粗文本。

11. 配置 contact id 使用 90% 字号。

保存 pacific.css 文件。用 CSS 校验器检查语法 (http://jigsaw.w3.org/css-validator)。如有必要，纠正错误并重新校验。

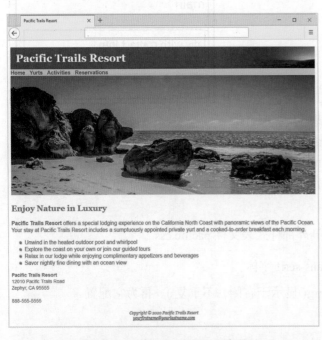

图 5.28　Pacific Trails Resort 主页

图 5.29　Pacific Trails Resort 网站的 yurts 页面

任务 3：主页。启动文本编辑器并打开主页 index.html。删除 b，small 和 i 标记。在 nav 和 main 元素之间编码一个 div 元素来包含 <img> 标记。配置 <img> 标记来显示 coast.jpg 图片。配置图片的 alt，height 和 width 属性。注意，为了获得如图 5.28 所示的效果，width 属性值要设为100%。W3C HTML 校验器可能说百分比值无效。这个案例学习将忽略该错误。将在第 6 章学习用 CSS 配置宽度和高度。保存文件并在浏览器中测试。结果如图5.28 所示。

任务 4：Yurts 页。启动文本编辑器并打开 yurts.html 文件。删除 b，small 和 i 标记。修改这个文件，采取和刚才配置主页一样的方式来显示 yurt.jpg 图片。保存并测试新的 yurts.html 网页。结果如图5.29所示。

任务 5：Activities 页。启动文本编辑器并打开 yurts.html，另存为 activities.html，以它为基础来完善新的 Activities页。修改网页 title。修改 <img> 标记来显示 trail.jpg 图片。将 h2 文本更改为Activities at Pacific Trails。从网页中删除描述列表。用 h3 标记配置标题，用段落标记配置段落：

Hiking

Pacific Trails Resort has 5 miles of hiking trails and is adjacent to a state park. Go it alone or join one of our guided hikes.

Kayaking

Ocean kayaks are available for guest use.

Bird Watching

While anytime is a good time for bird watching at Pacific Trails, we offer guided birdwatching trips at sunrise several times a week.

保存 activities.html 文件并在浏览器中测试，如图 5.30 所示。

图 5.30　新的 Pacific Trails Resort 活动页面

?FAQ 不知道图片的高度和宽度怎么办?

大部分图形处理软件都能显示图片的高度和宽度。如果使用 Adobe Photoshop 或 Adobe Fireworks 这样的软件，请运行它并打开图片。这些工具提供了显示图片属性（包括高度和宽度）的选项。用 Windows 文件资源管理器也很容易判断图片大小。用 "详细信息" 视图显示图片所在文件夹的内容，再勾选 "分辨率" 列标题即可。

案例学习：瑜珈馆 Path of Light Yoga Studio

将继续开发第 4 章的 Light Yoga Studio 网站，在其中集成图片。包括以下任务。

1. 为 Path of Light Yoga Studio 网站创建新文件夹。

2. 更新 yoga.css 外部样式表文件。

3. 更新主页 index.html。

4. 更新课程页 classes.html。

5. 创建新的课表页 schedule.html。

任务 1：创建名为 ch5yoga 的文件夹来包含 Path of Light Yoga Studio 网站文件。首先复制第 4 章案例学习创建的 ch4yoga 文件夹中的所有文件。再复制 chapter5/casestudystarters/yoga 文件夹中的 lilyheader.jpg，yogadoor.jpg，yogalounge.jpg 和 yogamat.jpg。。

任务 2：外部样式表。启动文本编辑器并打开外部样式表文件 yoga.css。

1. 配置 body 使用 Verdana，Arial 或 sans-serif 字体。

2. 配置 header 元素选择符，配置 lilyheader.jpg 作为背景图片在右侧显示 (不重复)。

3. 配置 nav 使用加粗和居中的文本。

4. 配置 nav a 去掉超链接的下划线 (text-decoration: none;)。

5. 配置 h1，使用 400% 行高和 1em 文本缩进。

6. . 配置 footer，使用 small，倾斜和居中文本。

7. 配置 li，使用 90% 字号。

保存 yoga.css 文件。用 CSS 校验器检查语法 (http://jigsaw.w3.org/css-validator)。如有必要，纠正错误并重新校验。

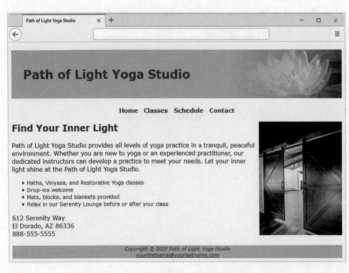

图 5.31　Path of Light Yoga Studio 主页

任务 3：主页。启动文本编辑器并打开主页 index.html。删除 b，small 和 i 标记。在 h2 元素上方配置 <img> 标记来显示 yogadoor.jpg。配置图片的 alt，height 和 width 属性。还要为 <img> 标记编码 align="right" 属性，配置图片在文本右侧显示。注意，W3C HTML 校验器会说 align 属性无效。暂时忽略该错误。第 7 章会学习用 CSS float 属性 (而不是 align 属性) 配置这种布局。保存主页并在浏览器中测试，如图 5.31 所示。

任务 4：课程页。网站内容页面的布局一般稍微有别于主页。图 5.32 的线框图描述了课程和课表页的布局。在文本编辑器中打开 classes.html。从网页中删除 b，small 和 i 标记。配置一个 div 来显示 yogamat.jpg 图片。如图 5.32 所示，该 div 位于 main 元素顶部。在 div 元素中，要在 <img> 标记后添加一个换行标记。配置 <img> 标记来显示 yogamat.jpg 图片，并配置图片的 alt，height 和 width 属性。注意，为了获得好的显示效果，请将图片的宽度配置为 100%，表示该图片将占据父元素百分之百的宽度。W3C HTML 校验器可能说百分比值无效。这个案例学习将忽略该错误。我们将在第 6 章学习用 CSS 配置宽度和高度。保存文件并在浏览器中测试。结果如图 5.33 所示。

任务 5：课表页。在课程页的基础上编辑课表页。在文本编辑器中打开 ch5yoga 文件夹中的 classes.html，另存为 schedule.html。按图 5.34 修改网页内容。将网页 title 更改为 Path of Light Yoga Studio::Schedule。修改 <img> 标记来显示 yogalounge.jpg 图片。将 h2 元素包含的文本更改为 "Yoga Schedule"（瑜伽课表）。从网页中删除描述列表。在 h2 元素下方配置一个段落，显示以下文本：

图 5.32　课程和课表页的线框图

图 5.33　Path of Light Yoga Studio 课程页

Mats, blocks, and blankets provided. Please arrive 10 minutes before your class

begins. Relax in our Serenity Lounge before or after your class.

图 5.34　Path of Light Yoga Studio 课表页

配置 h3 元素显示以下文本：Monday—Friday。配置一个无序列表来显示：

- 9:00am Gentle Hatha Yoga
- 10:30am Vinyasa Yoga
- 5:30pm Restorative Yoga
- 7:00pm Gentle Hatha Yoga

配置 h3 元素显示以下文本：Saturday & Sunday。配置一个无序列表来显示：

- 10:30am Gentle Hatha Yoga
- Noon Vinyasa Yoga
- 1:30pm Gentle Hatha Yoga
- 3:00pm Vinyasa Yoga
- 5:30 pm Restorative Yoga

保存 schedule.html 文件并在浏览器中测试，如图 5.34 所示。

第6章
CSS 进阶

本章进一步提升你的 CSS 技能。首先
学习 CSS 框模型并配置边距、边框和填充。
接着探索新的 CSS 属性，包括圆角、阴影、调
整背景图片显示以及配置颜色和透明。

学习内容

▶ 学习并运用 CSS 框模型

▶ 用 CSS 配置宽度和高度

▶ 用 CSS 配置边距、边框和填充

▶ 用 CSS 居中页面内容

▶ 用 CSS 添加阴影

▶ 用 CSS 配置圆角

▶ 用 CSS 配置背景图片

▶ 用 CSS 配置透明、RGBA 颜色和渐变

6.1 宽度和高度

用 CSS 有许多方式配置宽度和高度。本节介绍 width，min-width，max-width 和 height 属性。表 6.1 列出常用的宽度和高度单位及其作用。

表 6.1 单位及其作用

单位	作用
px	配置固定像素数量
em	配置相对字号值
%	配置相对于父元素的百分比
vh	1vh= 视口高度的 1%
vw	1vw= 视口宽度的 1%

图 6.1 网页设置成 80% 宽度

width 属性

width 属性配置元素内容在浏览器视口中的宽度，可指定带单位数值 (比如 100px 或 20em)、相对父元素百分比 (比如 80%，如图 6.1 所示) 或者视口宽度值 (比如 50vw，代表视口宽度的 50%)。但这并不是元素的实际宽度。实际宽度由元素的内容、填充、边框和边距构成。width 属性指定的是内容宽度。

min-width 属性

min-width 属性配置元素内容在浏览器视口中的最小宽度。设置最小宽度可防止内容在浏览器改变大小时跑来跑去。如果浏览器变得比最小宽度还要小，就显示滚动条，如图 6.2 和图 6.3 所示。

图 6.2 浏览器改变大小时文本自动换行

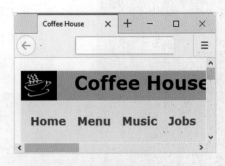

图 6.3 min-width 属性防止显示出问题

max-width 属性

max-width 属性配置元素的内容在浏览器视口中的最大宽度。设置最大宽度可防止文本在高分辨率屏幕中显示很长的一行。

height 属性

height 属性配置元素的内容在浏览器视口中的高度，可指定带单位数值 (比如 900px)、相对父元素百分比 (比如 60%) 或者视口高度值 (比如 50vh，代表视口高度的 50%)。图 6.4 的网页没有为 h1 配置 height 或 line-height 属性，造成背景图片一部分被截掉。图 6.5 的 h1 配置了 height 属性，背景图片能完整显示。

图 6.4　背景图片显示不完整

图 6.5　height 属性值对应背景图片的高度

 动手实作 6.1 ——————————————————————

下面练习使用 height 和 width 属性。新建 coffeech6 文件夹。将 chapter6/starters 文件夹中的 coffeelogo.jpg 文件复制到这里。再复制 chapter6/starter1.html 文件并重命名为 index.html。用文本编辑器打开 index.html。

1. 编辑嵌入 CSS，配置文档最大占用浏览器窗口 80% 宽度，最小宽度为 750px。为 body 元素选择符添加以下样式规则：

   width: 80%; min-width: 750px;

2. 为 h1 元素选择符添加样式声明，将高度设为 150px(背景图片高度)，将 line-height 设为 220%。

   height: 150px; line-height: 220%;

保存文件并在浏览器中测试。效果如图 6.1 所示。示例解决方案在 chapter6/6.1 文件夹。

6.2　框模型

网页文档中的每个元素都被视为一个矩形框。如图 6.6 所示，该矩形框由环绕着内容区的填充、边框和边距构成。这称为"框模型"（box model）。

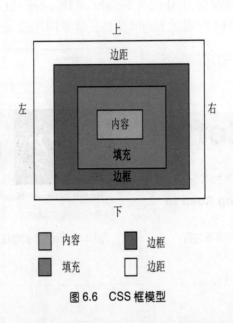

图 6.6　CSS 框模型

内容

内容区域可包括文本和其他网页元素，比如图片、段落、标题、列表等。一个网页元素的可见宽度是指内容、填充和边框宽度之和。然而，width 属性配置的只是内容宽度，不包括任何填充、边框或边距。

填充

填充是内容和边框之间的那部分区域。默认填充值为 0。配置元素背景时，背景会同时应用于填充和内容区域。

边框

边框是填充和边距之间的区域。默认边框值为 0，即不显示边框。

边距

边距决定了一个元素和任何相邻元素之间的空白间距。边距总是透明。该区域显示网页或容器元素(比如div)的背景色。在图6.6中,展示边距区域的实线在网页上是不显示的。浏览器通常会为网页文档和某些元素(比如段落、标题、表单等)设定默认边距值。使用margin属性可覆盖浏览器的默认值。

框模型实例

图6.7所示的网页(学生文件chapter6/box.html)通过h1和div这两个元素展示了框模型的实例。

- ▶ h1元素配置浅蓝色背景,20像素填充(内容和边框之间的区域)以及1像素的黑色边框。
- ▶ 能看见白色网页背景的空白区域就是边距。两个垂直边距相遇时(比如在h1和div之间),浏览器不是同时应用两个边距,而是选择两者中较大的。
- ▶ div元素配置中蓝色背景,使用浏览器的默认填充(也就是无填充)以及5像素的黑色边框。

本章还将进一步练习框模型。现在用chapter6/box.html多试验一下。

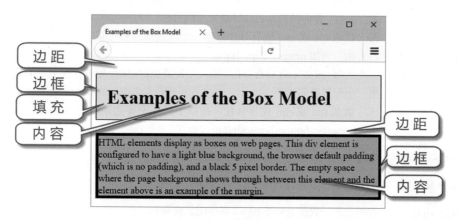

图6.7　框模型的例子

6.3 边距和填充

margin 属性

margin 属性配置元素各边的边距，即元素和相邻元素之间的空白。边距总是透明。也就是说，在该区域看到的是网页或父元素的背景色。

使用带单位 (px 或 em) 的数值配置边距大小。设为 0(不写单位) 将消除边距。值 auto 告诉浏览器自动计算边距 (本章稍后会更多地讲到这个设置)。还可单独配置 margin-top，margin-right，margin-bottom 和 margin-left 的值。表 6.2 列出了用于配置边距的 CSS 属性。

表 6.2 CSS 的 margin 属性

属性名称	说明和常用值
margin	配置围绕元素的边距 (简化写法)： 一个数值 (px 或 em) 或百分比。例如：margin: 10px;。设为 0 时不要写单位。值 "auto" 告诉浏览器自动计算元素的边距 两个数值 (px 或 em) 或百分比。第一个配置顶部和底部边距，第二个配置左右边距。例如 margin: 20px 10px; 三个数值 (px 或 em) 或百分比。第一个配置顶部边距，第二个配置左右边距，第三个配置底部边距 四个数值 (px 或 em) 或百分比。按以下顺序配置边距：margin-top, margin-right, margin-bottom, margin-left
margin-bottom	底部边距。数值 (px 或 em)，百分比，或 auto
margin-left	左侧边距。数值 (px 或 em)，百分比，或 auto
margin-right	右侧边距。数值 (px 或 em)，百分比，或 auto
margin-top	顶部边距。数值 (px 或 em)，百分比，或 auto

padding 属性

padding 属性配置 HTML 元素内容 (比如文本) 与边框之间的空白。padding 默认为 0。如果为元素配置了背景颜色或背景图片，该背景会同时应用于填充区域和内容区域。表 6.3 列出了用于配置填充的 CSS 属性。

表 6.3 CSS 的 padding 属性

属性名称	说明和常用值
padding	配置元素内容和边框之间的空白 (简化写法)： 一个数值 (px 或 em) 或百分比。例如：padding: 10px;。设为 0 时不要写单位 两个数值 (px 或 em) 或百分比。第一个配置顶部和底部填充，第二个配置左右填充。例如 padding: 20px 10px; 三个数值 (px 或 em) 或百分比。第一个配置顶部填充，第二个配置左右填充，第三个配置底部填充 四个数值 (px 或 em) 或百分比。按以下顺序配置边距：padding-top，padding-right，padding-bottom，padding-left
padding-bottom	内容和底部边框之间的空白。数值 (px 或 em) 或百分比
padding-left	内容和左侧边框之间的空白。数值 (px 或 em) 或百分比
padding-right	内容和右侧边框之间的空白。数值 (px 或 em) 或百分比
padding-top	内容和顶部边框之间的空白。数值 (px 或 em) 或百分比

图 6.8 所示的网页演示了 margin 和 padding 这两个属性，对应学生文件 chapter6/box2.html。所用到的 CSS 如下：

```
body {  background-color: #FFFFFF; }
h1   {  background-color: #D1ECFF;
        padding-left: 60px; }
#box { background-color: #74C0FF;
        margin-left: 60px;
        padding: 5px 10px; }
```

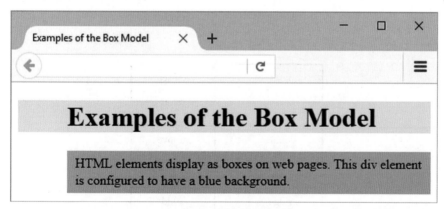

图 6.8 边距和填充

6.4 边框

border 属性配置围绕元素的边框。边框宽度默认设为 0，即不显示。表 6.4 列出了用于配置边框的常用 CSS 属性。

表 6.4 CSS 的 border 属性

属性名称	说明和常用值
border	这种简化写法可同时配置元素的 border-width，border-style 和 border-color；不同属性的值以空格分隔，例如 border: 1px solid #000000;
border-bottom	底部边框；border-width，border-style 和 border-color 的值以空格分隔
border-left	左侧边框；border-width，border-style 和 border-color 的值以空格分隔
border-right	右侧边框；border-width，border-style 和 border-color 的值以空格分隔
border-top	顶部边框；border-width，border-style 和 border-color 的值以空格分隔
border-width	边框宽度 (粗细)；像素值 (比如 1px) 或者表达粗细的英文名称 (thin，medium，thick)
border-style	边框样式；包括 none，inset，outset，double，groove，ridge，solid，dashed，dotted
border-color	边框颜色；一个有效颜色值

border-style 属性提供了大量格式化选项。注意并非所有浏览器都以一致的方式应用这些属性值。图 6.9 展示了 Firefox 的最新版本如何渲染各种 border-style 值。

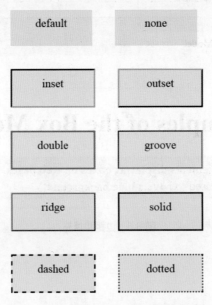

图 6.9 Firebox 对不同 border-style 值的渲染

对图 6.9 的边框进行配置的 CSS 将 border-width 设为 3 像素，border-color 设为 #000033，border-style 则设为列出的样式值。例如，配置虚线 (dashed) 边框的样式规则如下：

```
.dashedborder { border-width: 3px;
                border-style: dashed;
                border-color: #000033; }
```

简化写法是在一个样式规则中配置所有边框属性，需依次列出 border-width，border-style 和 border-color 的值，例如：

```
.dashedborder { border: 3px dashed #000033; }
```

 动手实作 6.2 ——————————————————————

这个动手实作将练习使用 border 属性。完成后的网页如图 6.10 所示。以 chapter6/box2.html 文件为基础。启动文本编辑器并打开 box2.html 文件。像下面这样配置嵌入 CSS。

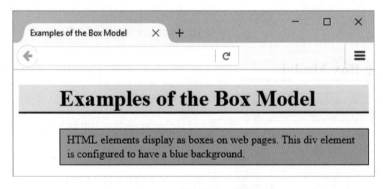

图 6.10　配置 border 属性

1. 配置 h1 显示 3 像素的 ridge 底部边框，颜色为深灰色。为 h1 元素选择符添加以下样式规则：

```
border-bottom: 3px ridge #330000;
```

2. 配置 box id 显示 1 像素的 solid 黑色边框。为 #box 选择符添加以下样式规则：

```
border: 1px solid #000000;
```

3. 网页另存为 boxborder.html。在浏览器中测试。示例解决方案是 chapter6/6.2/index.html。

6.5　CSS 圆角

▶ 视频讲解：*CSS Rounded Corners*

熟悉边框和框模型之后，你可能已意识到自己的网页存在众多矩形！可用 CSS border-radius 属性创建圆角，使矩形变得更"圆滑"。主流浏览器的最新版本都支持该属性。

border-radius 属性指定的是圆角半径，可以是 1 到 4 个数值 (像素或 em 单位) 或百分比。如果只提供一个值，该值将应用于全部 4 个角。如果提供了 4 个值，就按左上、右上、右下和左下的顺序配置。另外，还可以使用 border-bottom-left-radius，border-bottom-right-radius，border-top-left-radius 和 border-top-right-radius 属性单独配置每个角。

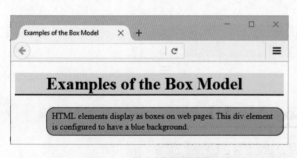

图 6.11　用 CSS 配置圆角

下面使用 CSS 配置边框的圆角。为了获得可见的边框，需要配置 border 属性，再将 border-radius 属性设为 20px 以下的值来获得最佳效果。

```
border: 1px solid #000000;
border-radius: 15px;
```

图 6.11(chapter6/box3.html) 展示了上述代码的实际效果。

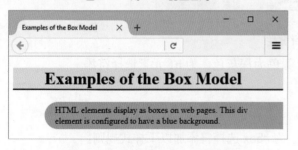

图 6.12　只有左上角和左下角是圆角

图 6.12(chapter6/box4.html) 展示了只配置左上和左下圆角的一个 div 元素。这需要单独配置 border-top-left-radius 和 border-bottom-left-radius 属性。具体代码如下：

```
#box {  background-color: #74C0FF;
        margin-left: 60px;
        padding: 5px 20px;
        border-top-left-radius: 90px;
        border-bottom-left-radius: 90px; }
```

请发挥自己的想象力，为元素配置一个、两个、三个或四个圆角。由于进行的是"渐进式增强"，所以使用不支持的浏览器看到的是直角而非圆角。但是，网页的功能和可用性是不受影响的。注意，获得圆角外观的另一个办法是用图形软件创建圆角矩形背景图片。

动手实作 6.3 ————————————————————————

下面为 logo 区域配置背景图片和圆角。

1. 新建文件夹 borderch6。将 chapter6/starters 文件夹中的 lighthouselogo.jpg 和 background.jpg 文件复制到这里。再复制 chapter6/starter2.html 文件。启动浏览器显示 starter2.html 网页,如图 6.13 所示。

2. 在文本编辑器中打开 starter2.html 文件并另存为同目录中的 index.html。编辑嵌入 CSS,为 h1 选择符添加以下样式声明,将 lighthouselogo.jpg 配置成背景图片 (不重复),height 设为 100px,width 设为 700px,字号设为 3em,左填充设为 150px,顶部填充设为 30px,再配置一个 border-radius 为 15px 的边框。

```
h1 {   background-image: url(lighthouselogo.jpg);
       background-repeat: no-repeat;
       height: 100px; width: 700px; font-size: 3em;
       padding-left: 150px; padding-top: 30px;
       border-radius: 15px; }
```

3. 保存并在支持圆角的浏览器中测试 index.html 文件,会看到如图 6.14 所示的结果。否则会显示直角 logo 区域,但网页仍然可用。示例解决方案是 chapter6/6.3/index.html。

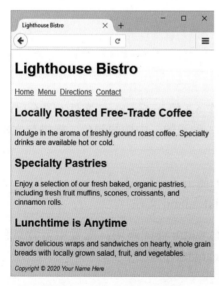

图 6.13   starter2.html 文件

图 6.14   为 logo 区域配置圆角

6.6 用 CSS 居中页面内容

第 5 章学习了如何在 div 或其他块显示元素中居中文本，但如何居中网页自身呢？一种流行的网页布局设计是通过几行 CSS 代码居中整个网页内容。其中关键在于配置一个 div 元素 (称为 wrapper 或容器元素) 来包含整个网页内容。HTML 代码如下：

```
<body>
<div id="wrapper">
... 网页内容放在这里 ...
</div>
</body>
```

再配置该容器的 CSS 样式规则。将 width 属性设为一个合适的值。将 margin-left 和 margin-right 属性设为 auto。这就告诉浏览器自动分配左右边距。CSS 代码如下：

```
#wrapper {   width: 750px;
             margin-left: auto;
             margin-right: auto; }
```

我们将在下个动手实作中练习这个技术。

 动手实作 6.4 —————————————————————————————

现在练习如何使整个网页居中。将更新动手实作 6.3 的 index.html 文件 (图 6.14)。一个常见的设计实践是将容器的背景色配置成一种浅的、中性的颜色，提供与文本的良好对比度。完成的网页如图 6.15 所示。

新 建 文 件 夹 centerch6 并 从 chapter6/6.3 复 制 index.html，background.jpg 和 lighthouselogo.jpg 文件。在文本编辑器中打开 index.html 文件。

1. 编辑嵌入 CSS 并配置 h1 选择符。删除 width 样式声明。配置中蓝背景色 (#9DB3DC)，将顶部边距设为 0(使用 margin-top 属性)。

2. 编辑嵌入 CSS，配置名为 container 的一个新 id。为其添加 background-color，padding，width，min-width，margin-left 和 margin-right 样式声明，如下所示：

```
#container { background-color: #FFFFFF;
            padding: 2em;
            margin-left: auto; margin-right: auto;
            width: 80%;
            min-width: 800px; }
```

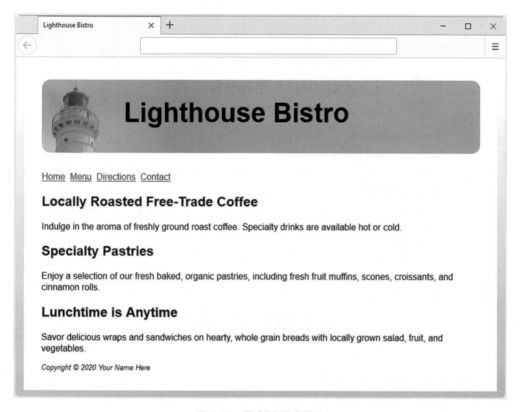

图 6.15　用 CSS 居中网页

3. 编辑 HTML，配置一个 div 元素并分配 container id。该 div 将用于"包含"网页的 body。在起始 body 标记后编码起始 div 标记，为其分配 container id。在结束 body 前编码结束 div 标记。

4. 保存并在浏览器中测试 index.html，效果如图 6.15 所示。示例解决方案在 chapter6/6.4 文件夹。

CSS 阴影属性 box-shadow 和 text-shadow 使网页显示具有立体感，如图 6.16 所示。

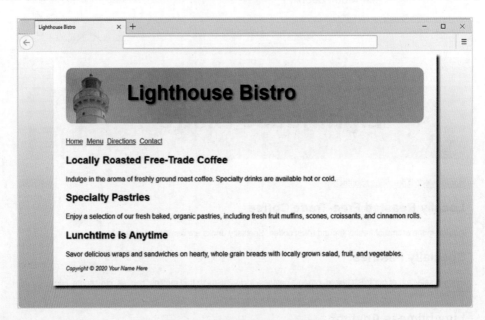

图 6.16　阴影属性增加了立体感

CSS 属性 box-shadow

box-shadow 属性为框模型创建阴影效果。主流浏览器目前都支持。属性值包括阴影的水平偏移、垂直偏移、模糊半径 (可选)、伸展距离 (可选) 和颜色。

- ▶ 水平偏移。像素值。正值在右侧显示阴影，负值在左侧显示。
- ▶ 垂直偏移。像素值。正值在下方显示阴影，负值在上方显示。
- ▶ 模糊半径 (可选)。像素值。不能为负值。值越大越模糊。默认值 0 配置锐利的阴影。
- ▶ 伸展距离 (可选)。像素值。默认值 0。正值使阴影扩大，负值使阴影收缩。
- ▶ 颜色值。为阴影配置有效颜色值。

下例配置一个深灰色阴影，水平和垂直偏移都是 5px，模糊半径也是 5px，使用默认伸展距离。

```
box-shadow: 5px 5px 5px #828282;
```

要配置内部阴影效果，请包含可选的 inset 关键字。默认阴影是在边框外。使用 inset 后，阴影在边框内（即使是透明边框），背景之上内容之下，例如：

```
box-shadow: inset 5px 5px 5px #828282;
```

CSS 属性 text-shadow

CSS3 text-shadow 属性获得了主流浏览器的支持。属性值包括阴影的水平偏移、垂直偏移、模糊半径（可选）和颜色。

- 水平偏移。像素值。正值在右侧显示阴影，负值在左侧显示。
- 垂直偏移。像素值。正值在下方显示阴影，负值在上方显示。
- 模糊半径（可选）。像素值。不能为负值。值越大越模糊。默认值 0 配置锐利的阴影。
- 颜色值。为阴影配置有效颜色值。

下例配置一个深灰色阴影，水平和垂直偏移都是 3px，模糊半径 5px。

```
text-shadow: 3px 3px 5px #676767;
```

 动手实作 6.5 ————————————————————————

下面练习配置 text-shadow 和 box-shadow。完成后的网页如图 6.16 所示。新建文件夹 shadowch6，复制 chapter6/6.4 文件夹中的 index.html, lighthouselogo.jpg 和 background.jpg 文件。启动文本编辑器来打开 index.html 文件，如图 6.16 所示。

1. 编辑嵌入 CSS，为 #container 选择符添加以下样式声明来配置框阴影：

```
box-shadow: 5px 5px 5px #1E1E1E;
```

2. 为 h1 元素选择符添加以下样式声明来配置深灰色文本阴影：

```
text-shadow: 3px 3px 3px #676767;
```

3. 为 h2 元素选择符添加以下样式声明来配置浅灰色文本阴影（无模糊）：

```
text-shadow: 1px 1px 0 #CCC;
```

4. 保存文件。在支持 box-shadow 和 text-shadow 属性的浏览器中测试 index.html 文件，应看到如图 6.16 所示的结果。否则，虽然不显示阴影，但也不会影响网页使用。示例解决方案是 chapter6/6.5/index.html。

6.8 CSS 背景图片相关属性

之前学习了如何配置网页背景图片。本节介绍和背景图片相关的两个 CSS 属性，分别是 background-clip 和 background-origin，用于背景图片的剪裁和大小控制。使用这些属性时，注意块显示元素（比如 div、header 和段落）是使用框模型来渲染的（参见图 6.6)，内容被填充、边框和边距所环绕。

CSS background-clip 属性

background-clip 属性配置背景图片的显示方式，它的值如下所示：

- content-box：剪裁图片使之适应内容后面的区域。
- padding-box：剪裁图片使之适应内容和填充后面的区域。
- border-box(默认)：剪裁图片使之适应内容、填充和边框后面的区域。

主流浏览器目前都支持 background-clip 属性，其中包括 Internet Explorer 9。图 6.17 展示了为 div 元素配置不同 background-clip 属性值的效果。注意，这里故意使用了大的虚线边框。示例网页在 chapter6/clip 文件夹中。第一个 div 的 CSS 如下所示：

```
.test { background-image: url(myislandback.jpg);
        background-clip: content-box;
        width: 400px; padding: 20px; margin-bottom: 10px;
        border: 10px dashed #000; }
```

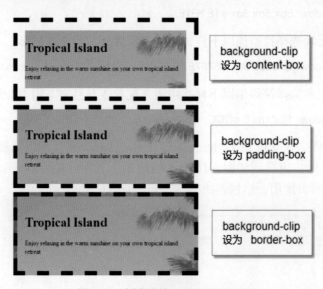

图 6.17 CSS 属性 background-clip

CSS 属性 background-origin

background-origin 属性配置背景图片的位置，它有以下几个属性值。

- content-box：相对内容区域定位。
- padding-box(默认)：相对填充区域定位。
- border-box：相对边框区域定位。

主流浏览器目前都支持 background-origin 属性。图 6.18 展示了为 div 元素配置不同
background-origin 属性值的效果。示例网页在 chapter6/origin 文件夹中。第一个 div
的 CSS 如下所示：

```
.test { background-image: url(trilliumsolo.jpg);
       background-origin: content-box;
       background-repeat: no-repeat; background-position: right top;
       width: 200px; padding: 20px; margin-bottom: 10px;
       border: 1px solid #000; }
```

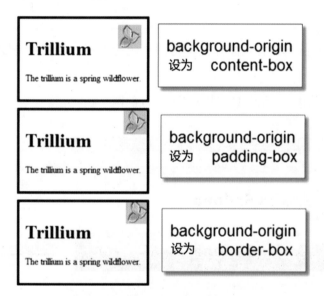

图 6.18　CSS background-origin 属性

我们经常会用多个 CSS 属性配置背景图片。这些属性一般都能配合使用。但要注意，
如果 background-attachment 设为 fixed，那么 background-origin 将不起作用。

CSS 属性 background-size 用于改变背景图片的大小或者进行缩放。主流浏览器都支持。属性值如下。

- 一对百分比值 (宽度，高度)
  如果只提供一个百分比值，第二个值将默认为 auto，由浏览器自行判断。
- 一对像素值 (宽度，高度)
  如果只提供一个像素值，第二个值将默认为 auto，由浏览器自行判断。
- cover
  cover 值缩放背景图片并保持图片比例不变，使图片高度和宽度完全覆盖区域。
- contain
  contain 值缩放背景图片并保持图片比例不变，使图片高度和宽度适应区域。

图 6.19 展示了使用同一张背景图片 (不重复) 的两个 div 元素。

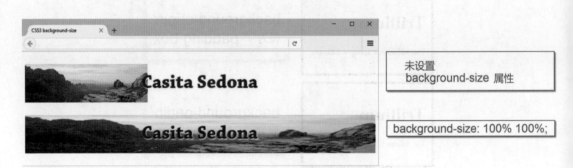

图 6.19　CSS background-size 属性设为 100% 100%

第一个 div 元素的背景图片没有配置 background-size 属性，图片只是部分填充空间。第二个 div 的 CSS 将 background-size 配置成 100% 100%，使浏览器缩放背景图片以填充空间。示例网页是 chapter6/size/sedona.html。第二个 div 的 CSS 如下所示：

```
#test1 {  background-image: url(sedonabackground.jpg);
          background-repeat: no-repeat;
          background-size: 100% 100%; }
```

图 6.20 演示了如何用 cover 和 contain 这两个值在 200 像素宽的区域中显示 500×500 的背景图片。左侧的网页使用 background-size: cover; 缩放图片来完全填充区域，同时保持比例不变。右侧的网页使用 background-size: contain; 缩放图片使图片适应区域。示例网页分别是 chapter6/size/cover.html 和 chapter6/size/contain.html。

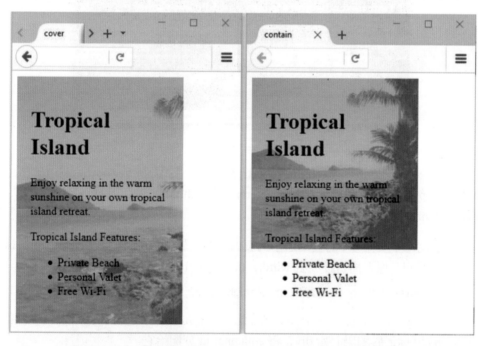

图 6.20　background-size: cover; 和 background-size: contain; 的例子

6.10 练习使用 CSS 属性

 动手实作 6.6 ———————————————————————

这个动手实作将配置网页内容居中并练习配置 CSS 属性。完成后的网页如图 6.21 所示。

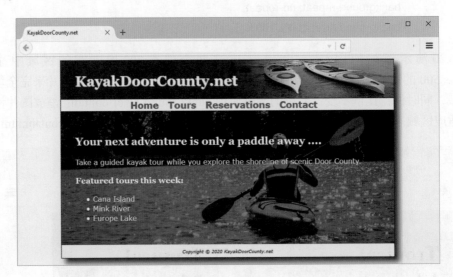

图 6.21 新主页

新建文件夹 kaykch6。从 chapter6/starters 文件夹复制 headerbackblue.jpg 和 heroback2.jpg。用文本编辑器打开 chapter6/starter3.html 并另存为 kayakch6 文件夹中的 index.html。像下面这样修改。

1. 运用动手实作 6.4 的技术居中网页内容。编辑嵌入 CSS，配置名为 container 的新 id，像下面这样配置 width，margin-left 和 margin-right 属性：

   `#container { margin-left: auto; margin-right: auto;       width: 80%; }`

   编辑 HTML。配置一个 div 并分配 container id 来包含 body 内容。在起始 body 标记后编码起始 div，将 container id 分配给它。

2. 编码嵌入 CSS。

   a. container id 选择符。配置白色背景，650px 最小宽度，1280px 最大宽度，偏移和模糊半径都为 10px、颜色为 #333333 的框阴影，1px 实线深蓝色 (#000033) 边框。

```
#container {    margin-left: auto;
               margin-right: auto;
               width: 80%;
               background-color: #FFFFFF;
               min-width: 650px; max-width: 1280px;
               box-shadow: 10px 10px 10px #333333;
               border: 1px solid #000033; }
```

b. body 元素选择符。背景颜色更改为 #FFFFDD。

c. header 元素选择符。配置 80px 高度，5px 顶部填充，2em 左填充、#FFF 颜色和 1px 偏移的文本阴影。

```
header { background-color: #000033; color: #FFFFDD;
         background-image: url(headerbackblue.jpg);
         background-position: right;
         background-repeat: no-repeat;
         height: 80px;
         padding-top: 5px; padding-left: 2em;
         text-shadow: 1px 1px 1px #FFF; }
```

d. h1 元素选择符。配置零底部边距。

```
h1 { margin-bottom: 0; }
```

e. nav 元素选择符。用 text-align 属性配置文本居中。

```
nav { font-weight: bold; font-size: 1.25em;
      background-color: #FFFFDD;
      text-align: center; }
```

f. main 元素选择符。将 heroback2.jpg 配置成背景图片，配置 background-size: 100% 100%;。再配置白色文本 (#FFFFFF) 和 2em 填充。

```
main { background-color: #004D99;
       background-image: url(heroback2.jpg);
       background-size: 100% 100%;
       color: #FFFFFF; padding: 2em;}
```

g. footer 元素选择符。配置 0.5em 填充。

```
footer { font-style: italic; background-color: #FFFFDD;
         font-size: .80em; text-align: center; padding: 0.5em;}
```

3. 保存 index.html 并在 Firefox 或 Chrome 等现代浏览器中测试，效果如图 6.21 所示。将你的作业和学生文件 chapter6/6.6/index.html 比较。在不支持新的 HTML5 main 元素的浏览器 (比如 Internet Explorer 11) 中测试，效果可能不 如预期。本书写作时，Internet Explorer 还没有为 HTML5 main 元素提供默 认样式。适配该浏览器需为 main 元素选择符添加 display: block; 声明 (参见 第 7 章)。示例解决方案是 chapter6/6.6/iefix.html。

CSS 属性 opacity 属性配置元素的不透明度。目前所有主流浏览器都支持。opacity 值从 0(完全透明) 到 1(完全不透明)。使用时注意该属性同时应用于文本和背景。如果为元素配置了半透明的 opacity 值，那么无论背景还是文本都会半透明显示。图 6.22 利用 opacity 属性配置 h1 元素 60% 不透明。

仔细观察图 6.22(chapter6/6.7/index.html)，会发现无论白色背景还是 h1 元素的黑色文本都变得半透明了。opacity 属性同时应用于背景颜色和文本颜色。

图 6.22　h1 区域的背景和文本变得透明了

动手实作 6.7 ————————————————————————————

这个动手实作将用 opacity 属性配置如图 6.22 所示的网页。

1. 新建文件夹 opacitych6 并复制 chapter6/starters 文件夹中的 fall.jpg 文件。启动文本编辑器并打开 chapter1/template.html 文件，保存到 opacitych6 文件夹，重命名为 index.html。将网页 title 更改为 Fall Nature Hikes。

2. 创建一个 div 来包含 h1 元素。在 body 区域添加以下代码：

```
<div id="content">
<h1>Fall Nature Hikes</h1>
</div>
```

3. 在 head 区域添加样式标记来配置嵌入 CSS。将创建名为 content 的 id 来显示背景图片 fall.jpg(不重复)。content id 宽度设为 640 像素，高度设为 480 像素，边距设为 auto(使其在浏览器视口中居中)，顶部填充设为 20 像素。代码如下所示：

```
#content { background-image: url(fall.jpg);
           background-repeat: no-repeat;
           margin: auto;
           width:640px;
           height: 480px;
           padding-top: 20px;}
```

4. 现在配置 h1 选择符，将 opacity 设为 0.6，字号设为 4em，填充设为 10 像素，左边距设为 40 像素。代码如下所示：

```
h1 {    background-color: #FFFFFF;
        opacity: 0.6;
        font-size: 4em;
        padding: 10px;
        margin-left: 40px; }
```

5. 保存文件。在支持 opacity 属性的浏览器中测试 index.html，会看到如图 6.22 所示的效果。示例解决方案请参考 chapter6/6.7/index.html。

6.12 CSS RGBA 颜色

CSS 允许通过 color 属性配置透明颜色,称为 RGBA 颜色。主流浏览器目前都支持。需要 4 个值:红、绿、蓝和 alpha 值(透明度)。RGBA 颜色不是使用十六进制,而是使用十进制颜色值。具体参考图 6.23 的颜色表(只列出部分颜色)以及书末的网页安全颜色。

#FFFFFF
rgb (255, 255, 255)
	#FFFFCC
	rgb(255, 255, 204)
		#FFFF99
		rgb(255,255,153)
			#FFFF66
			rgb(255,255,102)

#FFFF33
rgb(255,255,51)
	#FFFF00
	rgb(255,255,0)
		#FFCCFF
		rgb(255, 204, 255)
			#FFCCCC
			rgb(255,204,204)

#FFCC99
rgb(255,204,153)
	#FFCC66
	rgb(255,204,102)
		#FFCC33
		rgb(255,204,51)
			#FFCC00
			rgb(255,204,0)

#FF99FF
rgb(255,153,255)
	#FF99CC
	rgb(255,153,204)
		#FF9999
		rgb(255,153,153)
			#FF9966
			rgb(255,153,102)

图 6.23 十六进制和 RGB 十进制颜色值

红、绿和蓝必须是 0 到 255 的十进制值。alpha 值必须是 0(完全透明)到 1(完全不透明)之间的数字。图 6.24 显示的网页是将文本配置成稍微透明的。

> **FAQ**
>
> RGBA 颜色和 opacity 属性有什么区别?
>
> opacity 属性同时应用于元素中的背景和文本。如果只想配置半透明背景色,请为 background-color 属性编码 RGBA 颜色或 HSLA 颜色(参见下一节)。如果只想配置半透明文本,请为 color 属性编码 RGBA 颜色或 HSLA 颜色。

 动手实作 6.8

这个动手实作将配置如图 6.24 所示略微透明的文本。

1. 启动文本编辑器并打开上个动手实作创建的文件(也可直接使用学生文件 chapter6/6.7/index.html)。将文件另存为 rgba.html。

图 6.24　用 CSS RGBA 颜色配置透明文本

2. 删除 h1 选择符当前的样式声明。将为 h1 选择符创建新样式规则来配置 10
   像素的右侧填充以及右对齐的 sans-serif 白色文本，字号 5em，80% 不透明。
   由于不是所有浏览器都支持 RGBA 颜色，所以要配置 color 属性两次。第一
   次配置当前所有浏览器都支持的标准颜色值，第二次配置 RGBA 颜色。较
   旧的浏览器不理解 RGBA 颜色，会自动忽略它。较新的浏览器则会"看见"
   两个颜色声明，会按照编码顺序应用，所以结果是透明颜色。h1 选择符的
   CSS 代码如下所示：

```
h1 { color: #ffffff;
     color: rgba(255, 255, 255, 0.8);
     font-family: Verdana, Helvetica, sans-serif;
     font-size: 5em;
     padding-right: 10px;
     text-align: right; }
```

3. 保存并在支持 RGBA 的浏览器中测试 rgba.html 文件，会看到如图 6.24 所
   示的结果。示例解决方案请参考 chapter6/6.8/rgba.html。如果使用不支持
   RGBA 的浏览器，比如 Internet Explorer 8(或更老的版本)，会看到白色文本
   而不是透明文本。

网页开发人员多年来一直在用十六进制或十进制值配置 RGB 颜色。RGB 颜色依赖于硬件，即计算机显示屏发出的红光、绿光和蓝光。CSS3 引入了称为 HSLA 的一种新的颜色表示系统，它基于一个色轮模型。HSLA 是 Hue(色调)，Saturation(饱和度)，Lightness(亮度) 和 Alpha 的首字母缩写。主流浏览器目前都支持 HSLA 颜色。

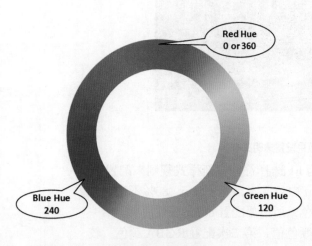

图 6.25　色轮示意图

色调、饱和度、亮度和 alpha

使用 HSLA 颜色要理解色轮的概念。色轮是一个彩色的圆。如图 6.25 所示，红色在色轮最顶部。色调 (hue) 定义实际颜色，是 0 到 360 的一个数值 (正好构成 360 度圆)。例如，红色是值 0 或 360，绿色是 120，而蓝色是 240。配置黑色、灰色和白色时，将 hue 设为 0。饱和度 (saturation) 配置颜色强度，用百分比值表示。完全饱和是 100%，全灰是 0%。亮度决定颜色明暗，用百分比值表示。正常颜色是 50%，白色 100%，黑色 0%。alpha 表示颜色透明度，取值范围是 0(透明) 到 1(不透明)。要省略 alpha 值，就用 hsl 关键字取代 hsla 关键字。

HSLA 颜色示例

使用以下语法配置如图 6.26 所示的 HSLA 颜色。

hsla(色调值 , 饱和度值 , 亮度值 , alpha 值);

- Red：hsla(360, 100%, 50%, 1.0);
- Green：hsla(120, 100%, 50%, 1.0);
- Blue：hsla(240, 100%, 50%, 1.0);
- Black：hsla(0, 0%, 0%, 1.0);
- Gray：hsla(0, 0%, 50%, 1.0);
- White：hsla(0, 0%, 100%, 1.0);

图 6.26　HSLA 颜色示例

按照 W3C 的说法，和基于硬件的 RGB 颜色相比，HSLA 颜色显得更直观。是用你在小学就掌握的色轮模型来挑选颜色，依据在轮子中的位置生成色调值 (H)。想增减颜色的强度，修改饱和度 (S) 就可以了。想改变明暗，修改亮度 (L) 即可。图 6.27 展示了一种青蓝色的三种亮度：25%(深青蓝)，50%(青蓝)，75%(浅青蓝)。

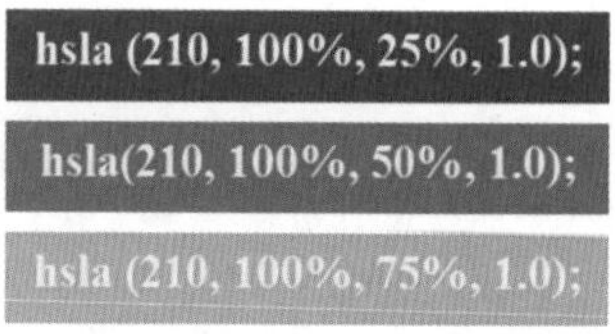

图 6.27　青蓝色的不同亮度

- ◗ 深青蓝　hsla(210, 100%, 25%, 1.0);
- ◗ 青蓝　hsla(210, 100%, 50%, 1.0);
- ◗ 浅青蓝　hsla(210, 100%, 75%, 1.0);

 动手实作 6.9 ─────────────────

这个动手实作将配置如图 6.28 所示的浅黄色透明文本。

1. 启动文本编辑器并打开上个动手实作创建的文件 (也可直接使用学生文件 chapter6/6.8/rgba.html)。将文件另存为 hsla.html。

2. 删除 h1 选择符当前的样式声明。将为 h1 选择符创建新样式规则来配置 20 像素的填充，alpha 值为 0.8 的 serif 浅黄色文本，字号 6em。由于不是所有浏览器都支持 HSLA 颜色，所以要配置 color 属性两次。第一次配置当前所有浏览器都支持的标准颜色值，第二次配置 HSLA 颜色。较旧的浏览器不理解 HSLA 颜色，会自动忽略它。较新的浏览器则会"看见"两个颜色声明，会按照编码顺序应用，所以结果是透明颜色。h1 选择符的 CSS 代码如下所示：

```
h1 { color: #ffcccc;
     color: hsla(60, 100%, 90%, 0.8);
     font-family: Georgia, "Times New
     Roman", serif;
     font-size: 6em;
     padding: 20px; }
```

3. 保存文件。在支持 HSLA 的浏览器中测试 hsla.html 文件，会看到如图 6.28 所示的结果。示例解决方案请参考 chapter6/opacity/hsla.html。如果使用不支持 RGBA 的浏览器，比如 Internet Explorer 8(或更老的版本)，会看到白色文本而不是透明文本。

图 6.28　HSLA 颜色

6.14　CSS 渐变

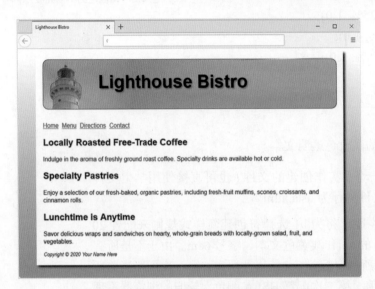

图 6.29　渐变背景用 CSS 配置，而不是使用图片文件

CSS3 提供了配置渐变颜色的方法，也就是从一种颜色平滑过渡成另一种。CSS3 渐变背景颜色纯粹由 CSS 定义，不需要提供任何图片文件！这样一来，就可以在需要提供渐变背景的时候节省带宽。

图 6.16 显示的网页使用了一张由图形处理软件生成的 JPG 渐变背景图片。图 6.29 的网页 (chapter6/lighthouse/gradient.html) 没有使用图片，而是用 CSS3 渐变属性来获得一样的效果。

CSS3 渐变语法在起草阶段变化很大，网上关于 CSS3 渐变代码的信息可能存在冲突。W3C CSS Image Values and Replaced Content Module Level 3 于 2012 年进入候选推荐阶段。现代浏览器都支持本节描述的 W3C 语法。

线性渐变语法

线性渐变是指颜色从顶部到底部或者从左向右单方向平滑过渡。为了配置基本的线性渐变，请将 linear-gradient 函数设为 background-image 属性的值。使用关键字 to bottom(向下)、to top(向上)、to left(向左) 或者 to right(向右) 来指定渐变方向。接着，列出起始和结束颜色。以下代码创建一个简单的双色线性渐变，从白色变化至绿色：

```
background-image: linear-gradient(to bottom, #FFFFFF, #00FF00);
```

辐射渐变语法

辐射渐变是指颜色从一点向外辐射，平滑过渡为另一种颜色。为了配置辐射渐变，请将 radial-gradient 函数设为 background-image 属性的值。函数使用两个颜色值。第一个颜色默认在元素中心显示，向外辐射渐变，直到显示第二个颜色。以下代码创建一个简单的双色辐射渐变，从白色变化至蓝色：

```
background-image: radial-gradient(#FFFFFF, #0000FF);
```

CSS 渐变和渐进式增强

使用 CSS 渐变时务必注意"渐进式增强"。要配置一个"备用"的 background-color 属性或 background-image 属性，供不支持 CSS 渐变的浏览器使用。图 6.29 是将背景颜色配置成和渐变结束颜色一样的值。

 动手实作 6.10 —————————

这个动手实作将练习 CSS 渐变背景。新建文件夹 gradientch6。复制 chapter6/starter4.html 文件，重命名为 index.html，在文本编辑器中打开。

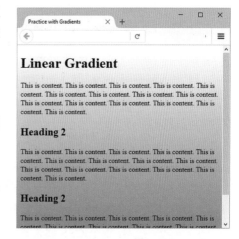

图 6.30 线性渐变背景

1. 首先配置线性渐变。在 head 区域编码嵌入 CSS。配置网页主体显示备用的淡紫色背景 #DA70D6，再配置线性背景颜色从白色过渡为淡紫色（从顶部到底部），不重复。

   ```
   body { background-color: #DA70D6;
           background-image: linear-gradient(to bottom,
   #FFFFFF, #DA70D6);
           background-repeat: no-repeat; }
   ```

2. 保存文件并在浏览器中测试，结果如图 6.30 所示。渐变背景在网页内容下方显示，向下滚动网页以窥全貌。将你的作业和 chapter6/6.10/linear.html 进行比较。

3. 接着配置辐射渐变。编辑主体区域，将 h1 元素的文本更改为 Radial Gradient。

4. 编辑 CSS，修改 background-image 属性值配置从中心向外、从白色到淡紫色的辐射渐变，不重复。

   ```
   body { background-color: #DA70D6;
           background-image: radial-gradient(#FFFFFF, #DA70D6);
           background-repeat: no-repeat; }
   ```

5. 保存文件并在浏览器中测试。结果如图 6.31 所示。滚动网页以窥全貌。将你的作业和 chapter6/6.10/radial.html 进行比较。

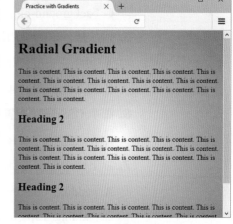

图 6.31 辐射渐变背景

访问 http://css-tricks.com/css3-gradients 更深入地了解 CSS 渐变。用以下网站生成 CSS 渐变代码：http://www.colorzilla.com/gradient-editor 和 http://www.css3factory.com/linear-gradients。

复习和练习

复习题

选择题

1. 哪个 CSS 属性为文本配置阴影效果？（　　）

   A. box-shadow　　　　　　　　　　B. text-shadow

   C. drop-shadow　　　　　　　　　　D. shadow

2. 哪个 CSS 属性配置内容和边距之间的空白？（　　）

   A. white-space　　　　　　　　　　B. box-shadow

   C. padding　　　　　　　　　　　　D. opacity

3. 哪个 CSS 属性配置圆角？（　　）

   A. border　　　B. border-radius　　　C. radial　　　D. margin

4. 哪个 CSS 属性改变背景图片大小或比例缩放？（　　）

   A. background-repeat　　　　　　　B. background-size

   C. background-clip　　　　　　　　D. background-origin

5. 按从最外层到最内层的顺序，框模型的组件包括哪些？（　　）

   A. 边距，边框，填充，内容　　　　　B. 内容，填充，边框，边距

   C. 内容，边距，填充，边框　　　　　D. 边距，填充，边框，内容

6. 哪个 CSS 属性配置相邻元素的空白间距？（　　）

   A. padding　　　B. border　　　　C. margin　　　D. letter-spacing

7. 以下哪个配置顶部 15 像素，左右 0 像素，以及底部 5 像素的填充？（　　）

   A. padding: 0px 5px 0px 15px;　　　B. padding: top-15, left-0, right-0, bottom-5;

   C. padding: 15px 0 5px 0;　　　　　D. padding: 0 0 15px 5px;

8. 以下哪个和 width 属性一起使用来配置居中的网页内容？（　　）

   A. margin-left: auto; margin-right: auto　　B. margin: top-15, left-0, right-0, bottom-5;

   C. margin: 15px 0 5px 0;　　　　　D. margin: 20px;

9. 以下哪个 CSS 属性配置渐变背景？（　　）

   A. background-gradient　　　　　　B. background-image

C. background-clip D. linear-gradient

10. 以下哪个配置 5 个像素、颜色为 #330000 的实线边框？ (　　)

A. border: 5px solid #330000; B. border-style: solid 5px;

C. border: 5px, solid, #330000; D. border: 5px line #330000;

动手练习

1. 为名为 footer 的类写 CSS 代码，它具有以下特点：浅蓝色背景，Arial 或 sans-serif 字体，深蓝色文本，10 像素填充，以及深蓝色的细虚线边框。

2. 为名为 notice 的 id 写 CSS 代码，宽度设为 80% 并居中。

3. 写 CSS 代码配置一个类来显示标题，要求在底部添加虚线。为文本和虚线挑选自己喜欢的颜色。

4. 写 CSS 代码配置 h1 选择符，文本有阴影，50% 透明背景色，4em 的 sans-serif 字体。

5. 写 CSS 代码配置名为 section 的 id，使用小的红色 Arial 字体，白色背景，宽度为 80%，并带有阴影。

6. 写 CSS 代码为 body 元素配置从黑色到中蓝色的线性渐变背景。

7. 写 CSS 代码配置 content id 具有 70% 不透明度。

聚焦网页设计

本章拓展了你使用 CSS 配置网页的技能。请用搜索引擎查找 CSS 资源。以下资源是很好的起点：

▶ https://www.w3.org/Style/CSS/learning
▶ http://www.noupe.com/design/40-css-reference-websites-and-resources.html
▶ http://www.simplilearn.com/css3-resources-ultimate-list-article

创建网页显示网上至少 5 个 CSS 资源。每个 CSS 资源都要提供 URL、网站名称和简介。网页内容占据 80% 浏览器视口宽度并居中。利用本章介绍的至少 5 个 CSS 属性配置颜色和文本。在网页底部的电子邮件地址中显示你的姓名。

案例学习：度假村 Pacific Trails Resort

这个案例学习以现有的 Pacific Trails 网站 (第 5 章) 为基础创建网站新版本。要求居中网页，占据 80% 浏览器视口宽度。将用 CSS 配置新网页布局、背景渐变、主题照片和其他样式 (包括边距和填充)。图 6.32 显示了 wrapper div 的线框图，其他网页元素包含在该 div 中。

图 6.32　新的线框图

这个案例学习包括以下任务。

1. 为 Pacific Trails Resort 网站创建新文件夹。

2. 编辑 pacific.css 外部样式表文件。

3. 更新主页 index.html。

4. 更新 Yurts 页 yurts.html。

5. 更新活动页 activities.html。

任务 1：创建文件夹 ch6pacific 来包含 Pacific Trails Resort 网站文件。复制第 5 章案例学习中 ch5pacific 文件夹下的文件。

任务 2：外部样式表。启动文本编辑器打开 pacific.css 外部样式表文件。

▶ body 元素选择符。背景颜色修改成浅蓝色 (#90C7E3)。声明从白色 (#FFFFFF) 到浅蓝色 (#90C7E3) 的线性渐变，不重复。

▶ wrapper id 选择符。为名为 wrapper 的 id 添加新的选择符。配置 wrapper id 居中 (参见动手实作 6.4)，宽度 80%，白色背景 (#FFFFFF)，最小宽度 960px，最大宽度 2048px，3px 偏移的深色 (#333333)box-shadow。

▶ header 元素选择符。删除行高和缩进文本声明。添加声明来配置 60px 高度，居中文本和 15px 顶部填充。

▶ h1 元素选择符。添加一条样式声明将顶部边距设为零。

▶ nav 元素选择符。背景颜色修改成白色 (#FFFFFF)。配置文本居中和 10px 填充。

▶ main 元素选择符。为 main 元素添加新选择符。配置 1px 顶部填充，20px 右侧填充、20px 底部填充和 20px 左侧填充。Internet Explorer 没有为 HTML5 main 元素提供默认样式，所以使用 display 属性添加以下样式声明来适配该浏览器：display: block;(参见第 7 章)。

▶ h2 元素选择符。配置 1px 偏移的灰色 (#CCCCCC)text-shadow。

▶ footer 元素选择符。配置 2em 填充。

▶ homehero id 选择符。为名为 homehero 的 id 添加新选择符。配置高度为 300px，显示 coast.jpg 背景图片来填满空间 (background-size: 100% 100%;)，不重复。

▶ yurthero id 选择符。为名为 yurthero 的 id 添加新选择符。配置高度为 300px，显示 yurt.jpg 背景图片来填满空间 (background-size: 100% 100%;)，不重复。

▶ trailhero id 选择符。为名为 trailhero 的 id 添加新选择符。配置高度为 300px，显示 trail.jpg 背景图片来填满空间 (background-size: 100% 100%;)，不重复。

保存 pacific.css。使用 CSS 校验器 (http://jigsaw.w3.org/css-validator) 检查语法并纠错。

任务 3：主页。启动文本编辑器并打开 index.html 文件。编码 div 标记，添加一个 wrapper div 来包含网页内容。动手实作 6.4 可作为参考。配置包含 coast.jpg 图片的 div 元素，为该 div 分配 homehero id。该 div 没有 HTML 或文本内容，作用仅仅是显示主题照片。删除 coast.jpg 照片的 img 标记。

保存并测试网页，效果如图 6.33 所示。

任务 4：Yurts 页。启动文本编辑器并打开 yurts.html 文件。编码 div 标记，添加一个 wrapper div 来包含网页内容。动手实作 6.4 可作参考。配置包含 yurt.jpg 图片的 div 元素，为该 div 分配 yurthero id。该 div 没有 HTML 或文本内容。删除 yurt.jpg 照片的 img 标记。

保存并测试网页，效果如图 6.34 所示。

任务 5：Activities 页。启动文本编辑器并打开 activities.html 文件。编码 div 标记，添加一个 wrapper div 来包含网页内容。动手实作 6.4 供大家参考。配置包含 trail.jpg 图片的 div，为该 div 分配 trailhero id。该 div 没有 HTML 或文本内容。删除 trail.jpg 照片的 img 标记。

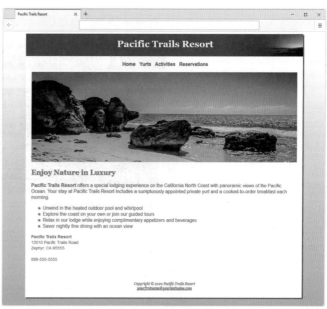

图 6.33　Pacific Trails 主页

图 6.34　Pacific Trails Yurts 页

保存并测试网页，效果如图 6.35 所示。

图 6.35　Pacific Trails Activities 页

案例学习：瑜珈馆 Path of Light Yoga Studio

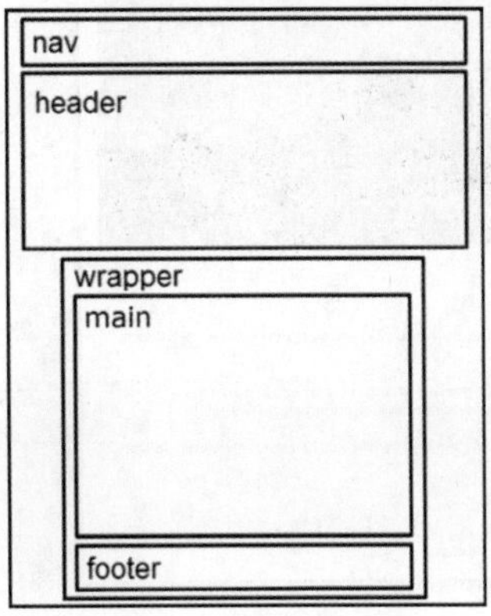

这个案例学习以现有的 Path of Light Yoga Studio 网站（第 5 章）为基础创建网站新版本。新的设计要求一个全宽的 nav 元素、一个全宽的 header 元素和一个 80% 宽度的居中 div（用于包含 main 和 footer 元素）。主页的 header 区域会比各个内容页的 header 区域大一些。将用 CSS 配置新的网页布局、背景图片、主题照片和其他样式（包括边距和填充）。图 6.36 显示了 wrapper div 的线框图，main 和 footer 这两个网页元素将包含在该 div 中。

这个案例学习包括以下任务。

1. 为 Path of Light Yoga Studio 网站创建新文件夹。

2. 编辑 yoga.css 外部样式表文件。

图 6.36　新的线框图

3. 更新主页 index.html。

4. 更新课程页 classes.html。

5. 更新课表页 schedule.html。

任务 1：创建文件夹 ch6yoga 来包含 Path of Light Yoga Studio 网站文件。复制第 5 章案例学习的 ch5yoga 文件夹中的文件。这个新版本用一张日出照片来强调瑜伽工作室的 Path of Light(光之路) 主题，请从 chapter6/starters 文件夹复制 sunrise.jpg 文件。

任务 2：外部样式表。启动文本编辑器并打开 yoga.css 外部样式表文件。

▸ body 元素选择符。将 background-color 属性的值更改为 #40407A。添加声明来配置 1600px 最大宽度，900px 最小宽度，以及零边距 (提示：margin: 0;)。

▸ wrapper id 选择符。为名为 wrapper 的 id 添加新选择符。配置 wrapper id 居中 (参见动手实作 6.4)，宽度 80%，深文本色 #3F2860，浅背景色 #F5F5F5，将填充设为 2em。

▸ header 元素选择符。删除配置背景重复和位置的属性。将背景颜色设为 #40407A，文本颜色设为 #FFFFFF。将 sunrise.jpg 配置成背景图片，并设置 100% 背景大小 (提示：background-color: 100% 100%;)。

▸ home 类选择符。为名为 home 的类添加新选择符。它用于配置主页标题区域的显示。添加样式声明将高度设为 40% 视口高度 (提示：height: 40vh;)。设置顶部填充 6em，左侧填充 8em，120% 字号，300px 最小高度。

▸ content 类选择符。为名为 content 的类添加新选择符。它用于配置内容页标题区域的显示。将高度设为 200px，设置顶部填充 2em，左侧填充 8em，底部填充 2em。

▸ h1 元素选择符。删除该选择符及其所有样式声明。

▸ nav 元素选择符。删除设置加粗字体的声明。将文本对齐修改为右对齐。再设置白色背景颜色、零边距、0.5em 顶部填充、1em 底部填充以及 1em 右侧填充。

▸ mathero id 选择符。为名为 mathero 的 id 添加新选择符。配置高度 300px，显示 yogamat.jpg 背景图片来填满空间 (background-size: 100% 100%;)，不重复。

▸ loungehero id 选择符。为名为 loungehero 的 id 添加新选择符。配置高度 300px，显示 yogalounge.jpg 背景图片来填满空间 (background-size: 100% 100%;)，不重复。

▸ h2 元素选择符。添加一个新的 h2 元素选择符，将边距设为 0。

▸ footer 元素选择符。删除设置背景颜色的声明。

保存 yoga.css。使用 CSS 校验器 (http://jigsaw.w3.org/css-validator) 检查语法并纠错。

图 6.37　Path of Light Yoga Studio 主页

任务 3：主页。启动文本编辑器并打开 index.html 文件。将 nav 元素区域移至 header 元素上方。为 header 元素分配名为 home 的类。删除 img 元素。配置一个 wrapper div 来包含 main 和 footer 元素。保存并在浏览器中测试，效果如图 6.37 所示。

任务 4：课程页。将编辑 HTML 来实现如图 6.38 所示的线框图。启动文本编辑器并打开 classes.html 文件。配置一个名为 wrapper 的 div 来包含 main 和 footer 元素。将 nav 元素区域移至 header 元素上方。将 header 元素分配给 content 类。

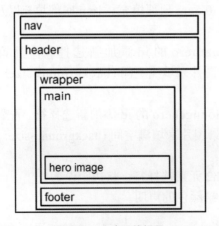

图 6.38　内容页线框图

将包含 yogamat.jpg 图片的 div 移至描述列表下方 (参见图 6.38)。将名为 mathero 的 id 分配给该 div。从该 div 中删除换行和 img 标记。该 div 的用途是作为显示主题照片 yogamat.jpg 的 CSS 的点位符。

保存并在浏览器中测试，如图6.39所示。

任务5：课表页。将编辑 HTML 来实现如图 6.38 所示的线框图。启动文本编辑器并打开 schedule.html 文件。配置一个名为 wrapper 的 div 来包含 main 和 footer 这两个元素。

将 nav 元素区域移至 header 元素上方。将 header 元素分配给 content 类。将包含 yogalounge.jpg 图片的 div 移至 main 元素中的其他元素下方。

将名为 loungehero 的 id 分配给该 div。从该 div 中删除换行和 img 标记。该 div 是显示主题照片 yogalounge.jpg 的 CSS 的点位符。

保存并在浏览器中测试，如图6.40所示。

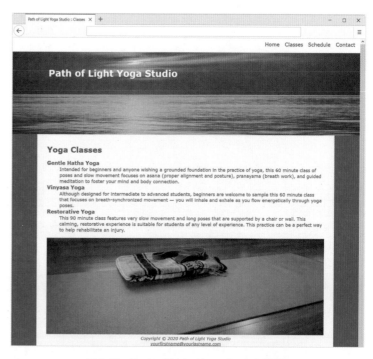

图 6.39　Path of Light Yoga Studio 课程页

图 6.40　Path of Light Yoga Studio 课表页

第 7 章

页面布局基础

之前用 CSS 配置了居中网页布局，本章要学习更多 CSS 网页布局技术。将探讨如何用 CSS 实现元素的浮动和定位。将使用 CSS 精灵配置图片，还将使用 CSS 伪类添加和超链接的互动。

学习内容

▶ 用 CSS 配置浮动

▶ 用 CSS 创建双栏页面布局

▶ 用无序列表配置导航，并用 CSS 定义样式

▶ 用 CSS 伪类配置与超链接的交互

▶ 用 CSS 配置打印页

▶ 用 CSS 配置固定、相对和绝对定位

▶ 用 CSS 配置堆叠顺序

▶ 配置 CSS 精灵

7.1 正常流动

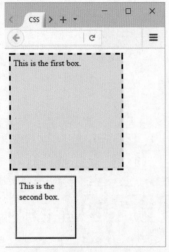

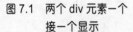

图 7.1 两个 div 元素一个
接一个显示

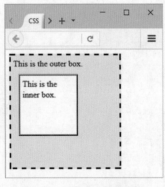

图 7.2 一个 div 元素嵌套
在另一个中

浏览器逐行渲染 HTML 文档中的代码。这种处理方式称为"正常流动"(normal flow),也就是元素按照在网页源代码中出现的顺序显示。

图 7.1 和图 7.2 分别显示了包含文本内容的两个 div 元素。仔细观察,图 7.1 的两个 div 元素在网页上一个接一个排列,而图 7.2 是一个嵌套在另一个中。在两种情况下,浏览器使用的都是正常流动(默认),按照在源代码中出现的顺序显示元素。之前动手实作创建的网页都是使用正常流动来渲染的。

下个动手实作会进一步练习这种正常流动渲染方法。然后练习使用 CSS 定位和浮动技术来干预元素在网页上的"流动"或者说"定位"。

 动手实作 7.1 —————————

这个动手实作将创建图 7.1 和图 7.2 的网页来探索 CSS 框模型和正常流动。

练习正常流动

启动文本编辑器,打开学生文件 chapter7/starter1.html。将文件另存为 box1.html。编辑网页主体,添加以下代码来配置两个 div 元素。

```
<div class="div1">
This is the first box.
</div>
<div class="div2">
This is the second box.
</div>
```

接着在 head 区域添加嵌入 CSS 代码来配置"框"。为名为 div1 的类添加新的样式规则,配置浅蓝色背景、虚线边框、宽度 200、高度 200 和 5 像素填充。代码如下:

```
.div1 { width: 200px;
        height: 200px;
        background-color: #D1ECFF;
        border: 3px dashed #000000;
        padding: 5px; }
```

再为名为 div2 的类添加新的样式规则，将高和宽都配置成 100 像素，再配置 ridge 样式的边框、10 像素的边距以及 5 像素的填充。代码如下：

```
.div2 { width: 100px;
        height: 100px;
        background-color: #FFFFFF;
        border: 3px ridge #000000;
        padding: 5px;
        margin: 10px; }
```

保存文件。启动浏览器并测试网页，效果如图 7.1 所示。学生文件 chapter7/7.1/box1.html 是一个已经完成的示例解决方案。

练习正常流动和嵌套元素

启动文本编辑器，打开学生文件 chapter7/7.1/box1.html。将文件另存为 box2.html。编辑代码，删除 body 区域的内容。添加以下代码来配置两个 div 元素，一个嵌套在另一个中：

```
<div class="div1">
This is the outer box.
  <div class="div2">
  This is the inner box.
  </div>
</div>
```

保存文件。启动浏览器并测试网页，效果如图 7.2 所示。注意浏览器如何渲染嵌套的 div 元素，第二个框嵌套在第一个框中，因为它在网页源代码中就是在第一个 div 元素中编码的。这是"正常流动"的例子。学生文件 chapter7/7.1/box2.html 是一个已经完成的示例解决方案。

前瞻：CSS 布局属性

前面展示了"正常流动"将导致浏览器按照元素在 HTML 代码中出现的顺序进行渲染。使用 CSS 进行页面布局时，可灵活指定元素在页面中的位置，可以是绝对像素位置、相对位置、在网页上浮动、灵活框布局 (flexbox) 和网格布局。灵活框和网格布局在第 8 章讨论。

7.2　浮动

float 属性

元素在浏览器视口或另一个元素左右两侧浮动通常用float属性设置。浏览器先以"正常流动"方式渲染这些元素，再将它们移动到所在容器（通常是浏览器视口或某个div）的最左侧或最右侧。

- 使用 float: right; 使元素在容器右侧浮动。
- 使用 float: left; 使元素在容器左侧浮动。
- 除非元素已经有一个隐含的宽度（比如img元素），否则为浮动元素指定宽度。
- 其他元素和网页内容围绕浮动元素"流动"，所以总是先编码浮动元素，再编码围绕它流动的元素。

在图 7.3 的网页中（学生文件 chapter7/float1.html），图片用 float:right; 配置成在浏览器视口右侧滚动。配置浮动图片时，考虑用 margin 属性配置图片和文本之间的空白间距。

观察图 7.3，注意图片是如何停留在浏览器窗口右侧的。创建了名为 yls 的 id，它应用了 float，margin 和 border 属性。img 标记设置了 id="yls" 属性。CSS 代码如下所示：

```
h1 { background-color: #A8C682;
     padding: 5px;
     color: #000000; }
p { font-family: Arial, sans-serif; }
#yls { float: right;
      margin: 0 0 5px 5px;
      border: 1px solid #000000; }
```

图 7.3　配置成浮动的图片

HTML 源代码如下所示：

```
<h1>Wildflowers</h1>
<img id="yls" src="yls.jpg" alt="Yellow Lady Slipper" height="100" width="100">
<p>The heading and paragraph follow normal flow. The Yellow Lady Slipper pictured
on the right is a wildflower. It grows in wooded areas and blooms in June each
year. The Yellow Lady Slipper is a member of the orchid family.</p>
```

 动手实作 7.2 ————————————

这个动手实作将练习使用 CSS float 属性配置如图 7.4 所示的网页。

创建 ch7float 文件夹并从学生文件的 chapter7 文件夹复制 starter2.html 和 yls.jpg 文件。启动文本编辑器并打开 starter2.html 文件。注意图片和段落的顺序。目前没有用 CSS 配置浮动图片。用浏览器打开 starter2.html。浏览器会采用"正常流动"渲染网页，也就是按元素的编码顺序显示。

现在添加 CSS 代码使图片浮动。将文件另存为 floatyls.html，像下面这样修改代码。

1. 为名为 float 的类添加样式规则，配置 float，margin 和 border 属性。

```
.float { float: left;
         margin-right: 10px;
         border: 3px ridge #000000; }
```

2. 为 img 元素分配 float 类 (class="float")。

保存文件并在浏览器中测试，效果如图 7.4 所示。示例解决方案参见 chapter7/7.2/floatyls.html。

图 7.4　用 CSS float 属性使图片左对齐

浮动元素和正常流动

花一些时间在浏览器中体验图 7.4 的这个网页，思考浏览器如何渲染网页。div 元素配置了一个浅色背景，目的是演示浮动元素独立于"正常流动"进行渲染。浮动图片和第一个段落包含在 div 元素中。h2 紧接在 div 之后。如果所有元素都按照"正常流动"显示，浅色背景的区域将包含 div 的两个子元素：图片和第一个段落。另外，h2 也应该在 div 下单独占一行。

然而，由于图片配置成浮动，被排除在"正常流动"之外，所以浅色背景只有第一个段落才有，同时 h2 紧接在第一个段落之后显示，位于浮动图片的旁边。

clear 属性

clear 属性经常用于终止 (或者说"清除") 浮动。可将 clear 属性的值设为 left，right 或 both，具体取决于需要清除的浮动类型。

参考图 7.5 和学生文件 chapter7/7.2/float.html。注意，虽然 div 同时包含图片和第一个段落，但 div 的浅色背景只应用于第一个段落，没有应用于图片，感觉这个背景结束得太早了。我们的目标是使图片和段落都在相同背景上。清除浮动可解决问题。

图 7.5   需要清除浮动来改善显示

用换行清除浮动

为了在容器元素中清除浮动，一个常用的技术是添加配置了 clear 属性的换行元素。学生文件 chapter7/float/clear1.html 是一个例子。

先配置一个 CSS 类清除左浮动。

```
.clearleft { clear: left; }
```

然后在结束 </div> 标记前，为一个换行标记分配 clearleft 类。完整的 div 如下：

```
<div>
<img class="float" src="yls.jpg" alt="Yellow Lady Slipper"
```

```
height="100" width="100">
<p>The Yellow Lady Slipper grows in wooded areas and blooms in June
each year. The flower is a member of the orchid family.</p>
<br class="clearleft">
</div>
```

图7.6显示了网页当前的样子。注意,div的浅色背景扩展到整个div的覆盖范围。另外,
h2 文本的位置变得正确了, 在图片下方另起一行。

图 7.6　将 clear 属性应用于换行标记

如果不关心浅色背景的范围,另一个解决方案是拿掉换行标记,改为向 h2 元素应
用 clearleft 类。这样不会改变浅色背景的显示范围,只会强迫 h2 在图片下方另起一
行,如图 7.7 所示 (对应的学生文件是 chapter7/float/clear2.html)。

图 7.7　将 clear 属性应用于 h2 元素

7.4 溢出

overflow 属性

也可用 overflow 属性清除浮动，虽然它本来的目的是配置内容在分配区域容不下时的显示方式。表 7.1 列出了 overflow 属性的常用值。

表 7.1 overflow 属性

属性值	用途
visible	默认值；显示内容，如果过大，内容会"溢出"分配给它的区域
hidden	内容被剪裁，以适应在浏览器窗口中分配给元素的空间
auto	内容充满分配给它的区域。如有必要，显示滚动条以便访问其余内容
scroll	内容在分配给它的区域进行渲染，并显示滚动条

用 overflow 属性清除浮动

参考图 7.8 和学生文件 chapter7/7.2/float.html。注意，div 元素虽然同时包含浮动图片和第一个段落，但 div 的浅色背景并没有像期望的那样延展。只有第一个段落所在的区域才有背景。可以为容器元素配置 overflow 属性来解决这个问题并清除浮动。

图 7.8 可通过 overflow 来清除浮动以改善显示

下面要将 overflow 和 width 这两个属性应用于 div 元素选择符。用于配置 div 的 CSS 代码如下所示：

```
div { background-color: #F3F1BF;
    overflow: auto;
    width: 100%; }
```

只需要添加这些 CSS 代码，即可清除浮动，获得如图 7.9 所示的效果 (学生文件 chapter7/float/overflow.html)。

对比 clear 属性与 overflow 属性

图 7.9 使用 overflow 属性，图 7.6 向换行标记应用 clear 属性，两者获得相似的网页显示。你现在可能会觉得疑惑，需要清除浮动时，到底该用哪一个 CSS 属性，clear 还是 overflow？

虽然 clear 属性用得更广泛，但本例最有效的做法是向容器元素 (比如 div) 应用 overflow 属性。这会清除浮动，避免添加一个额外的换行元素，并确保容器元素延伸以包含整个浮动元素。随着本书的深入，会有更多的机会练习使用 float，clear 和 overflow 这 3 个属性。用 CSS 设计多栏页面布局时，浮动元素是一项关键技术。

图 7.9　向 div 元素选择符应用 overflow 属性

用 overflow 属性配置滚动条

图 7.10 的网页演示了在内容超出分配给它的空间时，如何使用 overflow: auto;自动显示滚动条。在本例中，包含段落和浮动图片的 div 配置成 300px 宽度和 100px 高度。参考学生文件 chapter7/float/scroll.htm。div 的 CSS 如下所示：

```
div { background-color: #F3F1BF;
    overflow: scroll;
    width: 300px;
    height: 100px;
}
```

图 7.10　浏览器显示滚动条

FAQ　为什么不使用外部样式？

由于只是通过示例网页练习新的编码技术，所以单个文件更合适。不过在实际的网站中，还是应该使用外部样式表来提高生产力和效率。

7.5 CSS 属性 box-sizing

看一个网页元素时，直觉认为元素宽度应包括元素的填充和边框。但这不是浏览器的默认行为。

第 6 章解释框模型时说过，width 属性默认只是元素内容的宽度，元素的填充或边框不包括在内。用 CSS 设计网页布局时，这有时会造成迷惑。box-sizing 属性能缓解该问题。

box-sizing 属性指示浏览器在计算宽度或高度时，除了包括内容的实际宽度或高度，是否还将所有填充和边框的宽度或高度包括在内。

有效的 box-sizing 属性值包括 content-box(默认) 和 border-box。后者指示浏览器在计算宽度和高度时将边框和填充也包括在内。

图 7.11 和图 7.12 中显示的网页 (chapter7/boxsizing1.html 和 chapter7/boxsizing2.html) 配置浮动元素 30% 宽度、150px 高度、20px 填充和 10px 边距。图 7.11 使用 box-sizing 的默认值，图 7.12 将 box-sizing 设为 border-box。在两个网页中，元素大小和位置有所区别。

图 7.11 的元素要大一些，因为浏览器先将内容设为 30% 宽度，再为各边添加 20 像素填充。图 7.12 的元素要小一些，因为浏览器将填充和内容的宽度整合起来设为 30%。

下面仔细研究网页上的三个浮动元素。

图 7.11 无法并排显示这些元素。网页使用 box-sizing 的默认值，所以先为每个元素的内容分配 30% 宽度，再为每个元素的每个边添加 20 像素填充，造成没有足够空间并排显示全部三个元素。第三个元素跑到下一行去了。

图 7.12 将 box-sizing 设为 border-box，造成三个元素能并排显示，因为 30% 的宽度是应用于内容和填充区域之和的 (含各边的 20 像素填充)。

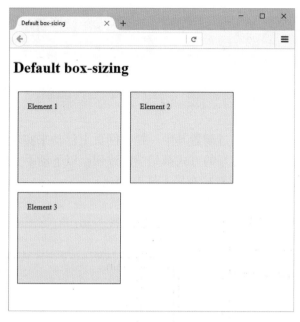

图 7.11　box-sizing 取默认值

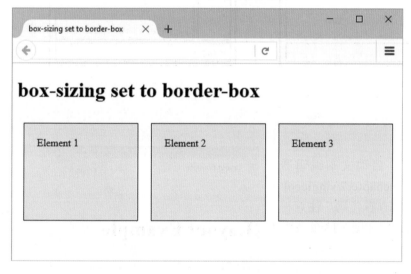

图 7.12　box-sizing 设为 border-box

使用浮动元素或多栏布局时，网页开发人员经常要将 box-sizing 设为 border-box。配置 * 通配选择符时亦是如此，该选择符囊括所有 HTML 元素：

```
* { box-sizing: border-box; }
```

请自行试验 box-sizing 属性和示例 (chapter7/boxsizing1.html 和 chapter7/boxsizing2.html)。本章以后探索页面布局时还会用到 box-sizing 属性。

7.6 基本双栏布局

网页的一个常见设计是双栏布局,通过配置其中一栏在网页上浮动来实现。HTML 编码是一种技能,而提升任何技能最好的方式都是学以致用。以下动手实作指导你如何将单栏网页布局 (图 7.13) 转换成双栏布局 (图 7.14)。

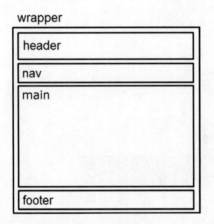

图 7.13 单栏布局

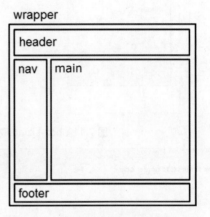

图 7.14 双栏布局

 动手实作 7.3

A. 复习单栏布局。启动文本编辑器并打开学生文件 chapter7/singlecol.html。花些时间查看代码。注意,HTML 标记的结构和图 7.13 的线框图是对应的。

```
<body>
<div id="wrapper">
  <header> <header>
  <nav> </nav>
  <main> </main>
  <footer> </footer>
</div>
</body>
```

将文件另存为 index.html。在浏览器中显示 index.html,效果如图 7.15 所示。

图 7.15 单栏布局的网页

B. 配置双栏布局。在文本编辑器中打开 index.html。将编辑 HTML 和 CSS 来配置如图 7.14 所示的双栏布局。

1. 编辑 HTML。单栏布局的导航水平显示，但双栏布局的导航垂直显示。本章以后会学习如何用无序列表配置超链接，但目前只是在 nav 区域的前两个超链接后添加换行标记来模拟该效果。

2. 用 CSS 配置浮动。找到 head 区域的 style 标记，编码以下嵌入 CSS，配置在左侧浮动的、宽度为 150px 的一个 nav 元素。

```
nav { float: left;
      width: 150px; }
```

保存文件并在浏览器中测试，如图 7.16 所示。注意，main 区域的内容围绕浮动的 nav 元素自动换行。

3. 用 CSS 配置双栏布局。刚才配置 nav 元素在左侧浮动。main 元素应该放在右边的那一栏，为此需配置一个左边距 (和浮动同一侧)。为获得双栏外观，边距值应大于浮动元素的宽度。在文本编辑器中打开 index.html 文件，编码以下样式规则，为 main 元素配置 160px 左边距。

```
main { margin-left: 160px; }
```

保存文件并在浏览器中测试，会看到如图 7.17 所示的双栏布局。

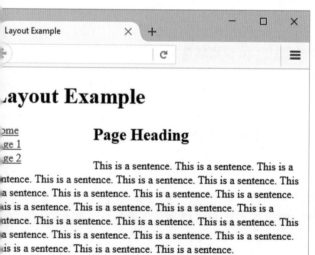

图 7.16 nav 在左侧浮动

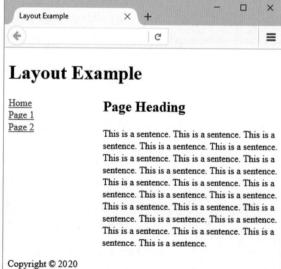

图 7.17 双栏布局

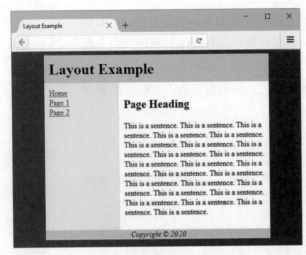

图 7.18　最终的双栏布局

4. 用 CSS 增强网页。编码以下嵌入 CSS 来创建更引人入胜的网页。完成后的网页如图 7.18 所示。

a. body 元素选择符。配置深色背景：

```
body { background-color: #000066; }
```

b. wrapper id 选择符。配置 80% 宽度、居中和浅色背景 (#EAEAEA)。该背景色在未配置背景色的子元素（比如 nav 元素）背后显示。

```
#wrapper {  width: 80%;
            margin-left: auto;
            margin-right: auto;
            background-color: #EAEAEA; }
```

c. header 元素选择符。配置 #CCCCFF 背景颜色。

```
header { background-color: #CCCCFF; }
```

d. h1 元素选择符。配置 0 边距和 10px 填充。

```
h1 {  margin: 0;
      padding: 10px; }
```

e. nav 元素选择符。编辑样式规则，配置 10 像素填充。

```
nav {  float: left;
       width: 150px;
       padding: 10px; }
```

f. main 元素选择符。编辑样式规则，配置 10 像素填充和 #FFFFFF 背景颜色。

```
main {  margin-left: 160px;
        padding: 10px;
        background-color: #FFFFFF; }
```

g. footer 元素选择符。配置居中、倾斜文本和 #CCCCFF 背景颜色。还要配置 footer 清除所有浮动。

```
footer {  text-align: center;
          font-style: italic;
          background-color: #CCCCFF;
          clear: both; }
```

保存文件并在浏览器中测试，如图 7.18 所示。和学生文件 chapter7/7.3/index.html 进行比较。本书写作时，Internet Explorer 不支持 HTML5 main 元素的默认样式。适配该浏览器需为 main 元素选择符添加 display: block; 声明（本章稍后解释），示例解决方案是 chapter7/7.3/iefix.html。

双栏布局的例子

动手实作 7.3 编码的网页只是双栏布局的一种。如图 7.19 的线框图所示，还可采用将 footer 放在右边一栏的双栏布局。网页布局的 HTML 模板如下所示：

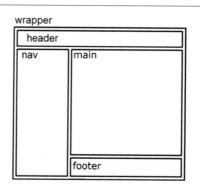

图 7.19 另一个线框图

```
<div id="wrapper">
  <header>
  </header>
  <nav>
  </nav>
  <main>
  </main>
  <footer>
  </footer>
</div>
```

关键在于用 CSS 配置一个浮动 nav 元素，一个带有左边距的 main 元素，以及一个带有左边距的 footer 元素。

```
nav { float: left; width: 150px; }
main { margin-left: 165px; }
footer { margin-left: 165px; }
```

图 7.20 的网页实现了该布局，示例学生文件是 chapter7/float/twocolumn. html。

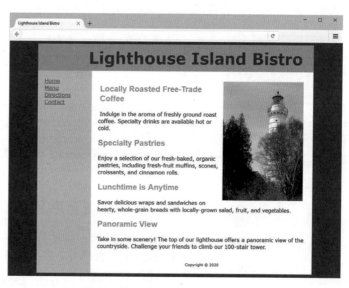

图 7.20 另一个双栏布局的网页

FAQ 一定要用容器元素吗？

　　不一定要为网页布局使用容器元素（称为 wrapper）。但用容器更容易获得双栏外观，因为任何没有单独配置背景颜色的子元素，都会默认显示 wrapper div 的背景颜色。

Quick TIP 浮动布局的关键在于写 HTML 代码时将需要浮动的元素放到其伴侣元素之前。浏览器先在浏览器视口的一边显示浮动元素，再围绕浮动元素显示之后的元素。

7.7 用无序列表实现垂直导航

用 CSS 进行页面布局的好处之一是能使用语义正确的代码。这意味着所用的标记要能准确反映内容用途。也就是说，应该为标题和副标题使用各种级别的标题标记，并且为段落使用段落标记 (而不是使用换行标记)。这种形式的编码旨在支持 "语义Web" (Semantic Web)。

梅耶、纽豪斯和哲德曼 (Eric Meyer，Mark Newhouse 和 Jeffrey Zeldman) 等著名网页设计师倡议用无序列表配置导航菜单。毕竟，导航菜单就是一个链接列表。第 5 章讲过，可以配置无序列表不显示列表符号，甚至用图片替代标准列表符号。

用列表配置导航还有利于增强无障碍网页设计。屏幕朗读程序提供了简便的键盘访问和声音提示手段来展示关于列表的信息 (比如有多少个列表项)。

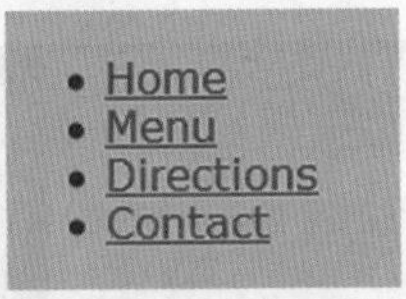

图 7.21 无序列表导航

图 7.21 的导航区域 (chapter7/twocolumn3.html) 使用无序列表组织导航链接。HTML 代码如下所示：

```
<ul>
    <li><a href="index.html">Home</a></li>
    <li><a href="menu.html">Menu</a></li>
    <li><a href="directions.html">Directions</a></li>
    <li><a href="contact.html">Contact</a></li>
</ul>
```

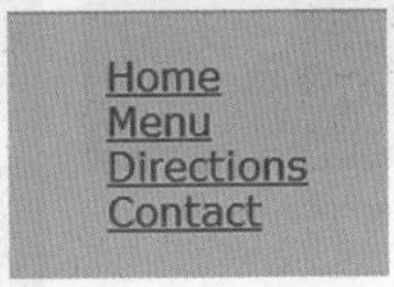

用 CSS 配置无序列表

图 7.22 消除列表符号

好了，现在有了正确的语义，接着如何增强视觉效果？首先使用 CSS 消除列表符号 (参考第 5 章)。还需保证特殊样式只应用于导航区域 (nav 元素) 的无序列表，所以应该使用后代选择符。配置如图 7.22 所示的列表的 CSS 代码如下：

```
nav ul { list-style-type: none; }
```

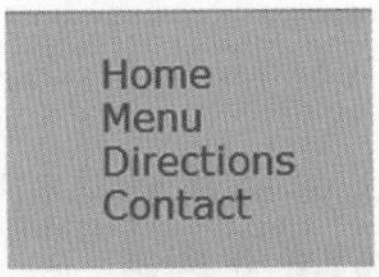

用 CSS text-decoration 属性消除下划线

图 7.23 属性 text-decoration

text-decoration 属性修改文本在浏览器中的显示。经常利用它消除导航链接的下划线。如图 7.23 所示，以下代码配置无下划线的导航超链接。

```
text-decoration: none;
```

动手实作 7.4 ————————————————————————

这个动手实作将使用无序列表配置垂直导航。新建文件夹 ch7vert。复制 chapter7 文件夹中的 lighthouseisland.jpg，lighthouselogo.jpg 和 starter3.html 文件。在浏览器中显示网页，效果如图 7.24 所示。注意，导航区域需要进行修饰。

图 7.24 导航区域需修饰

在文本编辑器中打开 starter3.html，另存为 ch7vert 文件夹中的 index.html。

1. 检查代码，它采用了双栏布局。检查 nav 元素，修改环绕超链接的代码，用无序列表配置导航。

```
<nav>
  <ul>
    <li><a href="index.html">Home</a></li>
    <li><a href="menu.html">Menu</a></li>
    <li><a href="directions.html">Directions</a></li>
    <li><a href="contact.html">Contact</a></li>
  </ul>
</nav>
```

2. 添加嵌入 CSS 样式，只配置 nav 元素中的无序列表元素，消除列表符号，并将填充设为 10 像素。

```
nav ul {  list-style-type: none;
          padding: 10px; }
```

3. 接着配置 nav 元素中的 a 标记，设置 10 像素填充，字体加粗，且无下划线。

```
nav a {  text-decoration: none;
         padding: 10px;
         font-weight: bold; }
```

保存网页并测试，效果如图 7.25 所示。示例学生文件是 chapter7/7.4/index.html。

图 7.25 垂直导航双栏布局

7.8 用无序列表实现水平导航

如何用无序列表实现水平导航菜单呢？答案是 CSS！列表项是块显示元素。配置成内联 (inline) 元素就能单行显示。为此需要使用 CSS display 属性。

CSS 的 display 属性

CSS 的 display 属性配置浏览器渲染元素的方式。表 7.2 列出了属性的常用值。

表 7.2　display 属性

值	用途
none	元素不显示
inline	元素显示成内联元素，上下无空白
inline-block	元素显示成和其他内联元素相邻的内联元素，但可以用块显示元素的属性进行配置，包括宽度和高度
block	元素显示成块元素，上下有空白
flex	元素显示成块级灵活 (flex) 容器（第 8 章）
grid	元素显示成块级网格 (grid) 容器（第 8 章）

图 7.26 显示了一个网页 (chapter7/navigation.html) 的导航区域，它用无序列表来组织。HTML 代码如下所示：

图 7.26　无序列表导航

```
<nav>
  <ul>
    <li><a href="index.html">Home</a></li>
    <li><a href="menu.html">Menu</a></li>
    <li><a href="directions.html">Directions</a></li>
    <li><a href="contact.html">Contact</a></li>
  </ul>
</nav>
```

用 CSS 配置

这个例子使用了以下 CSS 代码。

为了在 nav 元素中消除无序列表的列表符号，向 nav ul 选择符应用 list-style-type: none;：

```
nav ul { list-style-type: none; }
```

- 为了水平而不是垂直渲染列表项，向 nav li 选择符应用 display: inline;：

    nav li { display: inline; }

- 为了在 nav 元素中消除超链接的下划线，向 nav a 选择符应用 text-decoration: none;。另外，为了在链接之间添加适当空白，向 a 元素应用 padding-right：

    nav a { text-decoration: none; padding-right: 10px; }

 动手实作 7.5 ——————————————————————————————

这个动手实作使用无序列表配置水平导航。新建文件夹 ch7hort。复制 chapter7 文件夹中的 3 个文件 lighthouseisland.jpg，lighthouselogo.jpg 和 starter4.html。在浏览器中显示网页，效果如图 7.27 所示。注意，导航区域需要修改，让导航链接在一行中显示。

图 7.27　导航区域需修改

在文本编辑器中打开 starter4.html，另存为 ch7hort 文件夹中的 index.html。

1. 检查 nav 元素，注意，其中包含一个导航链接无序列表。下面添加嵌入 CSS 样式来配置 nav 元素中的无序列表元素，消除列表符号，居中文本，字号设为 1.5em，并将边距设为 5 像素。

    nav ul {　list-style-type: none;
    　　　　　text-align: center;
    　　　　　font-size: 1.5em;
    　　　　　margin: 5px; }

2. 配置 nav 元素中的列表项元素内联显示。

    nav li { display: inline; }

3. 配置 nav 元素中的 a 元素，不显示下划线。再将左右填充设为 10 像素。

    nav a {　text-decoration: none;
    　　　　　padding-left: 10px;
    　　　　　padding-right: 10px; }

图 7.28　用无序列表配置水平导航

保存网页并在浏览器中测试，如图 7.28 所示。示例学生文件是 chapter7/7.5/index.html。

7.9 用伪类实现 CSS 交互性

▶ 视频讲解：*Interactivity with CSS Pseudo-Classes*

有的网站上的链接在鼠标移过时会变色。这通常是用 CSS "伪类" (pseudo-class) 实现的，它能向选择符应用特效。表 7.3 列举了 5 种可以用于锚 (a) 元素的伪类。

表 7.3　常用 CSS 伪类

伪类	应用后的效果
:link	没被访问（点击）过的链接的默认状态
:visited	已访问链接的的默认状态
:focus	链接获得焦点时触发（例如，按 Tab 键切换到该链接）
:hover	鼠标移到链接上方时触发
:active	实际点击链接的时候触发

注意，这些伪类在表 7.3 中的列举顺序，锚元素伪类必须按这种顺序进行编码（虽然可以省略一个或多个伪类）。如果按其他顺序编写伪类代码，这些样式将不能可靠地应用。一般为 :focus 和 :active 伪类配置相同的样式。

为了应用伪类，要在选择符后面写出伪类名称。以下代码设置文本链接的初始颜色为红色。还使用 :hover 伪类指定当用户将鼠标指针移动到链接上时改变链接的外观，具体是使下划线消失并改变链接颜色。

图 7.29　使用 hover 伪类

```
a:link { color: #ff0000; }
a:hover { text-decoration: none;
          color: #000066; }
```

图 7.29 的网页使用了该技术。注意，鼠标指针放在链接 Print This Page 上之后，链接颜色变了，也没了下划线。现在大多数浏览器都支持 CSS 伪类。

 动手实作 7.6 ——————————————————————

这个动手实作利用伪类创建具有交互性的超链接。创建文件夹 ch7hover。将

chapter7 文件夹中的 lighthouseisland.
jpg，lighthouselogo.jpg 和 starter3.html
复制到这里。在浏览器中显示网页，
如图 7.30 所示。注意，导航区域需
要进行配置。启动文本编辑器并打
开 starter3.html 文件。将文件另存为
ch7hover 文件夹中的 index.html。

图 7.30　这个双栏布局的导航区域需修改样式

1. 查看网页代码，它采用双栏布局。检查 nav 元素，修改代码用无序列表配置
导航。

```
<nav>
  <ul>
    <li><a href="index.html">Home</a></li>
    <li><a href="menu.html">Menu</a></li>
    <li><a href="directions.html">Directions</a></li>
    <li><a href="contact.html">Contact</a></li>
  </ul>
</nav>
```

2. 添加嵌入 CSS 样式配置 nav 中的无序列表：不显示列表符号，并设置 10 像
素填充：

```
nav ul { list-style-type: none; padding: 10px; }
```

3. 然后用伪类配置基本交互性。

  ‣ 配置 nav 中的锚标记。使用 10 像素填充，字体加粗，而且无下划线。

```
nav a { text-decoration: none; padding: 10px;
        font-weight: bold; }
```

  ‣ 用伪类配置 nav 元素中的锚标记。未访问链接为白色 (#FFFFFF) 文本，
已访问链接为浅灰色 (#EAEAEA) 文本，鼠标位于链接上方时显示深
蓝色 (#000066) 文本。

```
nav a:link { color: #FFFFFF; }
nav a:visited { color: #EAEAEA; }
nav a:hover { color: #0000066; }
```

保存网页并在浏览器中测试。将鼠标移到
导航区域，观察文本颜色的变化。网页的
显示应该如图 7.31 所示。示例学生文件是
chapter7/7.6 /index.html。

图 7.31　用 CSS 伪类为链接添加交互性

7.10 练习 CSS 双栏布局

 动手实作 7.7 —————————————————————

图 7.32 双 栏布局线框图

这个动手实作将创建 Lighthouse Island Bistro 主页的新版本。顶部有一个 header 区域同时跨越两栏。左栏内容，右栏导航。两栏下方还有一个 footer 区域。线框图如图 7.32 所示。将用外部样式表配置 CSS。创建文件夹 ch7bistro。将 chapter7 文件夹中的 starter5.html, lighthouseisland.jpg 和 lighthouselogo.jpg 文件复制到这里。

1. 启动文本编辑器并打开 starter5.html 文件。将文件另存为 index.html。在网页 head 区域添加 link 元素，将网页与外部样式表 bistro.css 关联。代码如下：

   `<link href="bistro.css" rel="stylesheet">`

2. 保存 index.html 文件。在文本编辑器中新建文件 lighthouse.css，保存到 ch7bistro 文件夹。像下面这样为线框图的各个部分配置 CSS 代码。

▸ 通配选择符。将 box-sizing 属性设为 border-box。

   `*{ box-sizing: border-box; }`

▸ body 元素选择符。深蓝色背景 (#00005D)，Verdana，Arial 或默认 sans-serif 字体。

   ```
   body { background-color: #00005D;
          font-family: Verdana, Arial, sans-serif; }
   ```

▸ wrapper id。居中，80% 浏览器视口宽度，最小宽度 940px，深蓝色文本 (#000066)，中蓝色背景 (#B3C7E6)，这个背景色在 nav 区域背后显示。

   ```
   #wrapper { margin: 0 auto; width: 80%; min-width: 940px;
              background-color: #B3C7E6; color: #000066; }
   ```

▸ header 元素选择符。蓝色背景 (#869DC7)，深蓝色文本 (#00005D)，150% 字号，10 像素顶部、右侧和底部填充，155 像素左侧填充，高度 150 像素，使用背景图片 lighthouselogo.jpg。

   ```
   header { background-color: #869DC7; color: #00005D;
            font-size: 150%; padding: 10px 10px 10px 155px;
            height: 150px;
            background-repeat: no-repeat;
            background-image: url(lighthouselogo.jpg); }
   ```

▸ nav 元素选择符。右侧浮动，宽度 150px，加粗文本，字间距 0.1 em。

   `nav { float: right; width: 150px; font-weight: bold; letter-spacing: 0.1em; }`

- main 元素选择符。白色背景 (#FFFFFF)，黑色文本 (#000000)，10 像素顶部和底部填充，20 像素左侧和右侧填充，overflow 设为 auto，块显示 (修复 Internet Explorer 11 渲染问题)。

```
#main {  background-color: #FFFFFF; color: #000000;
        padding: 10px 20px; overflow: auto; display: block;}
```

- footer 元素选择符。70% 字号，居中文本，10 像素填充，蓝色背景 (#869DC7)，clear 设为 both。

```
footer { font-size: 70%; text-align: center; padding: 10px;
        background-color: #869DC7; clear: both;}
```

保存 bistro.css 文件。在浏览器中显示 index.html，结果如图 7.33 所示。

图 7.33　主页各区域用 CSS 配置

3. 继续编辑 bistro.css 文件，配置 h2 元素选择符和浮动图片的样式。h2 元素选择符使用蓝色文本 (#869DC7)，字体为 Arial 或默认 sans-serif 字体。配置 floatright id 在右侧浮动，边距 10 像素。

```
h2 { color: #869DC7; font-family: Arial, sans-serif; }
#floatright { float: right; margin: 10px; }
```

4. 继续编辑 lighthouse.css 文件，配置垂直导航条。

- ul 选择符：不显示列表符号，设置零边距和零填充。

```
nav ul { list-style-type: none; margin: 0; padding: 0; }
```

- a 元素选择符。无下划线，20 像素填充，中蓝色背景 (#B3C7E6)，1 像素白色实线底部边框。用 display: block; 允许访问者点击锚 "按钮" 任何地方来激活超链接。

```
nav a {  text-decoration: none; padding: 20px; display: block;
        background-color: #B3C7E6; border-bottom: 1px solid #FFFFFF;}
```

- 配置 :link，:visited 和 :hover 伪类：

```
nav a:link { color: #FFFFFF; }
nav a:visited { color: #EAEAEA; }
nav a:hover { color: #869DC7;
                background-color:
#EAEAEA; }
```

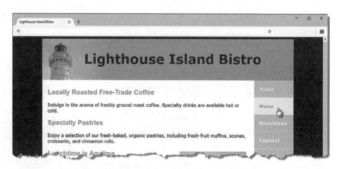

图 7.34　CSS 伪类为网页增添了交互性

保存 CSS 文件。在浏览器中显示 index.html 网页。将鼠标移到导航区域并体验交互性，如图 7.34 所示。示例解决方案是 chapter7/7.7/index.html。

7.11 用 CSS 控制打印

虽然说了好多年的"无纸化办公",但事实上许多人还是喜欢用纸,所以你的网页可能会被打印。CSS 允许控制哪些内容要被打印,以及如何打印。这很容易用外部样式表实现。首先为浏览器显示创建一个外部样式表,再为特殊的打印设置创建另一个外部样式表。然后,使用两个 link 元素将网页和两个外部样式表关联。这两个 link 元素都要使用一个新属性,称为 media。表 7.4 对它的值进行了总结。

表 7.4　media 属性

值	用途
screen	默认值;指出样式表配置的是电脑屏幕上的显示
print	指出样式表配置的是打印样式

浏览器根据是在屏幕上显示还是打印到纸上来选择正确的样式表。用 media="screen" 配置 link 元素,指定的是用于控制屏幕显示的样式表。用 media="print" 配置 link 元素,指定的则是用于控制打印的样式表。下面是一段示例 HTML 代码:

```
<link rel="stylesheet" href="lighthouse.css" media="screen">
<link rel="stylesheet" href="lighthouseprint.css" media="print">
```

打印样式最佳实践

用于打印和浏览器显示的样式有什么区别呢?下面列出了打印样式的一些最佳实践。

隐藏非必要内容。通常会在打印样式表中使用 display:none; 属性以防止打印横幅广告、导航栏或其他无关区域。

配置字号和颜色。另一个常见的做法是在打印样式表中以 pt(磅) 为单位设置字号,这可以更好地控制打印文本。如预期访问者会经常打印你的网页,还可以考虑将文本颜色设为黑色 (#000000)。大多数浏览器的默认设置是禁止打印背景颜色和背景图片,但为了保险,可以在打印样式表中主动禁止。

控制换页。使用 CSS page-break-before 或 page-break-after 属性控制打印网页时的换页行为。这些属性在浏览器中支持得比较好的值包括 always(总是在指定位置换页),avoid(之前或之后尽量不发生换页) 和 auto(默认)。例如,以下 CSS 指定在被分配了 newpage 类的元素之前发生换页：

.newpage { page-break-before: always; }

 动手实作 7.8 ——————————————————

下面将修改动手实作 7.7 的 Lighthouse Island Bistro 主页，使用外部样式表优化屏幕显示和打印。新建文件夹 ch7print，从你创建的 ch7bistro 文件夹或 chapter7/7.7 学生文件夹复制所有文件。

1. 在文本编辑器中打开 index.html 文件。检查源代码，找到 style 元素。将 style 标记之间的 CSS 复制并粘贴到新文本文档 bistro.css。将 bistro.css 文件保存到文件夹。

2. 在 index.html 文件的 head 区域中编辑现有的 link 标记（它将网页和 bistro.css 关联），指定该 CSS 文件用于配置屏幕显示（使用 media="screen"）。

3. 编辑 index.html 文件，添加第二个 link 标记，将网页和 bistroprint.css 关联，指定该 CSS 文件用于配置打印（使用 media="print"）。保存 index.html 文件。

4. 在文本编辑器中打开 bistro.css。由于大多数样式都可以为打印保留，所以将 bistro.css 另存为 bistroprint.css，同样保存到 ch7print 文件夹。将修改样式表的三个区域：header 选择符、main 选择符和 nav 选择符。

   修改 header 样式，用黑色 20 磅文本打印：

   header { color: #000000; font-size: 20pt; }

   修改 main 元素区域，用 12 磅 serif 字体打印：

   main { font-family: "Times New Roman", serif; font-size: 12pt; }

   不打印导航区域：

   nav { display: none; }

   保存文件。

5. 在浏览器中测试打印 index. html。打印预览如图 7.35 所示。注意，header 和 content 的字号都被修改，而且不会打印导航区域。chapter7/7.8 文件夹提供了示例解决方案。

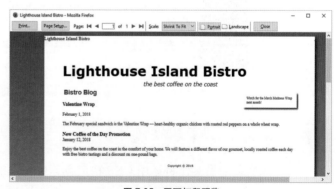

图 7.35　网页打印预览

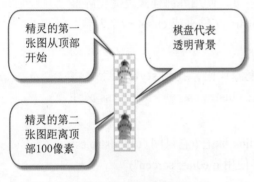

精灵的第一张图从顶部开始

棋盘代表透明背景

精灵的第二张图距离顶部100像素

图 7.36 两张图构成的精灵

浏览器显示网页时必须为网页用到的每个文件单独发出 HTTP 请求，包括 .css 文件以及 .gif，.jpg，.png 等图片文件。每个请求都要花费时间和资源。"精灵"(sprite) 是指由多个小图整合而成的图片文件。由于只有一个图片文件，所以只需一个 HTTP 请求，这加快了图片的准备速度。我们利用 CSS 将各个网页元素的背景图片整合到一个所谓的"CSS 精灵"中。这个技术是由谢伊(David Shea) 提出的 (http://www.alistapart.com/articles/sprites)。

CSS 精灵要求使用 CSS background-image，background-repeat 和 background-position 属性来控制背景图片的位置。图 7.36 展示了由透明背景上的两张灯塔图片构成的精灵。然后，用 CSS 将该精灵配置成导航链接的背景图，如图 7.37 所示。下个动手实作将进行练习。

图 7.37 使用精灵

 动手实作 7.9

这个动手实作将运用 CSS 精灵创建如图 7.37 所示的网页。新建文件夹 sprites。从 chapte7 文件夹复制以下文件：starter6.html，lighthouseisland.jpg，lighthouselogo.jpg 和 sprites.gif。如图 7.36 所示的 sprites.gif 含有两张灯塔图片。第一张从顶部开始，

第二张距离顶部 100 像素。配置第二张图片的显示时，要利用该信息指定其位置。启动文本编辑器来打开 starter6.html，将其另存为 index.html。下面编辑嵌入样式来配置导航链接的背景图。

1. 配置导航链接的背景图。为 nav a 选择符配置以下样式。背景图片设为 sprites.gif，不重复。background-position 属性的 right 值使灯塔图片在导航元素右侧显示，0 值指定和顶部的距离是 0 像素，从而显示第一张灯塔图片。

```
nav a {  text-decoration: none;
         display: block;
         padding: 20px;
         background-color: #B3C7E6;
         border-bottom: 1px solid #FFFFFF;
         background-image: url(sprites.gif);
         background-repeat: no-repeat;
         background-position: right 0; }
```

2. 配置鼠标指向链接时显示第二张灯塔图片。为 nav a:hover 选择符配置以下样式来显示第二张灯塔图片。background-position 属性的值 right 使灯塔图片在导航元素右侧显示，值 -100px 指定到顶部的距离是 100 像素，从而显示第二张灯塔图片。

```
nav a:hover { background-color: #EAEAEA;
              color: #869DC7;
              background-position: right -100px; }
```

保存文件并在浏览器中测试，结果如图 7.37 所示。鼠标指针移到导航链接上方，背景图片将自动更改。示例学生文件是 chapter7/7.9/index.html。

?FAQ　怎样创建精灵图片文件?

大多数网页开发人员都利用图形处理软件 (比如 Adobe Photoshop，Adobe Fireworks 或 GIMP 编辑图片并把它们保存到单个图片文件中以生成精灵。另外，也可使用某个联机精灵生成器，例如：

- ◗ CSS Sprites Generator: http://csssprites.com
- ◗ CSS Sprite Generator: http://spritegen.website-performance.org
- ◗ SpritePad: http://wearekiss.com/spritepad

有了精灵图片文件后，可以用专门的在线工具 (例如 Sprite Cow，网址 http://www.spritecow.com) 自动生成精灵的 background-position 属性值。

7.13 用 CSS 进行定位

前面提到"正常流动"导致浏览器按照元素在 HTML 源代码中的顺序渲染。用 CSS 进行网页布局时,可用 position 属性对元素位置进行更多控制。表 7.5 总结了值及其用途。

表 7.5　position 属性

值	用途
static	默认值;元素按正常流动方式渲染
fixed	元素位置固定,网页滚动时位置不变
relative	元素相对于它在正常流动时的位置来定位
absolute	元素脱离正常流动,准确配置元素位置

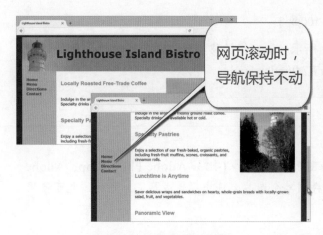

图 7.38　固定的导航区域

static 定位

static(静态)定位是默认定位方式,即浏览器按"正常流动"方式渲染元素。本书之前的动手实作都是以这种方式渲染网页。

fixed 定位

fixed(固定)定位造成元素脱离正常流动,在网页发生滚动时保持固定。在图 7.38 的网页 (chapter7/fixed.html) 中,导航区域的位置被固定。即使向下滚动网页,导航区域也是固定不动的。其 CSS 代码如下所示:

nav { position: fixed; }

相对定位

相对定位用于小幅修改某个元素的位置。换言之,相对于"正常流动"应该出现的位置稍微移动一下位置。但"正常流动"的区域仍会为元素保留,其他元素围绕这个保留区域流动。使用 position:relative; 属性,再连同 left,right,top 和 bottom 等偏移属性,即可实现相对定位功能。表 7.6 总结了各种偏移属性。

表 7.6　偏移属性

属性名称	属性值	用途
left	数值或百分比	元素相对容器元素左侧的距离
right	数值或百分比	元素相对容器元素右侧的距离
top	数值或百分比	元素相对容器元素顶部的距离
bottom	数值或百分比	元素相对容器元素底部的距离

图 7.39 的网页 (学生文件 Chapter7/relative.html) 使用相对定位和 left 属性改变一个元素相对于正常流动时的位置。在本例中，容器元素就是网页主体。结果是元素的内容向右偏移了 30 像素。如采用正常流动，它原本会对齐浏览器左侧。注意，使用了 padding 和 background-color 属性配置标题元素。相应的 CSS 代码如下所示：

```
p {  position: relative;
     left: 30px;
     font-family: Arial, sans-serif; }
h1 { background-color: #cccccc;
     padding: 5px;
     color: #000000; }
```

HTML 源代码如下所示：

```
<h1>Relative Positioning</h1>
<p>This paragraph uses CSS relative positioning to be placed 30 pixels in from the left side.</p>
```

图 7.39　段落使用相对定位

绝对定位

使用绝对定位指定元素相对于其容器元素 (要求是非静态元素) 的位置。此时元素将脱离正常流动。如果没有非静态父元素，则相对于文档主体指定绝对位置。指定绝对位置需要使用 position:absolute; 属性，加上表 7.6 总结的一个或多个偏移属性：left，right，top 和 bottom。

图 7.40 的网页 (chapter7/absolute.html) 使用绝对定位配置段落元素，指定内容距离容器元素 (文档主体) 左侧 200 像素，距离顶部 100 像素。

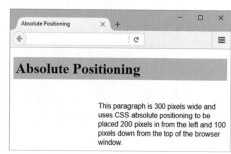

CSS 代码如下所示：

```
p {  position: absolute;
     left: 200px;
     top: 100px;
     font-family: Arial, sans-serif;
     width: 300px; }
```

图 7.40　使用绝对定位配置段落

HTML 源代码如下所示：

```
<h1>Absolute Positioning</h1>
<p> This paragraph is 300 pixels wide and uses CSS absolute positioning to be
placed 200 pixels in from the left and 100 pixels down from the top of the browser
window.</p>
```

图 7.41　用 CSS 配置交互图片库

前面说过，可用 CSS 的 :hover 伪类配置鼠标停在一个元素上方时的显示。本节利用它配合 CSS position 和 display 属性配置如图 7.41 所示的交互图片库 (chapter7/7.8 /gallery.html)。鼠标放到缩略图上，会自动显示图片更大的版本，还会显示一个图题。点击缩略图，会在新浏览器窗口中显示大图。

 动手实作 7.10

这个动手实作将创建如图 7.41 所示的交互图片库。创建 gallery 文件夹，从 chapter7/ starters 文件夹复制以下图片文件：photo1.jpg，photo2.jpg，photo3.jpg，photo4.jpg，thumb1.jpg，thumb2.jpg，thumb3.jpg 和 thumb4.jpg。

启动文本编辑器来修改 chapter1/template.html 文件。

1. 在 title 和一个 h1 元素中配置文本：Image Gallery。

2. 编码 id 为 gallery 的一个 div。将在该 div 中包含用无序列表配置的缩略图。

3. 配置 div 中的无序列表。编码 4 个 li，每个缩略图一个。缩略图要作为图片链接使用，要用 :hover 伪类获得鼠标悬停时显示大图的效果。为此，要在锚元素中同时包含缩略图和一个 span 元素，后者由大图和说明文字 (图题) 构成。例如，第一个 li 元素的代码如下所示：

```
<li><a href="photo1.jpg"><img src="thumb1.jpg" width="100"
height="75" alt="Golden Gate Bridge">
<span><img src="photo1.jpg" width="250" height="150"
alt="Golden Gate Bridge"><br>Golden Gate Bridge</span></a>
</li>
```

4. 4 个 li 都用相似的方式配置。改一下 href 和 src 的值即可。自己写每张图片的说明文字。第二张图使用 photo2.jpg 和 thumb2.jpg。第三张使用 photo3.jpg 和 thumb3.jpg。第四张使用 photo4.jpg 和 thumb4.jpg。

文件另存为 index.html，保存到 gallery 文件夹。在浏览器中显示，效果如图 7.42 所示。注意会在一个无序列表中同时显示缩略图、大图和说明文字。

图 7.42 用 CSS 调整之前的网页

5. 现在添加嵌入 CSS。在文本编辑器中打开 index.html，在 head 区域编码一个 style 元素。像下面这样配置嵌入 CSS 代码。

a. 通配选择符：将 box-sizing 属性设为 border-box。

`* { box-sizing: border-box; }`

b. gallery id 将使用相对定位而不是默认的静态定位。这不会改变图片库位置，但使 span 元素能相对于其容器 (#gallery) 进行绝对定位，而不是相对于整个网页文档。对于这个简单的例子，相对于谁定位其实差别不大，但在复杂网页中，相对于一个特定的容器元素定位显得更稳妥。设置 gallery id 使用相对定位：

`#gallery { position: relative; }`

c. 用于容纳图片库的无序列表设置宽度 280 像素，而且不显示列表符号：

`#gallery ul { width: 280px; list-style-type: none; }`

d. li 元素采用内联显示，左侧浮动，10 像素填充：

`#gallery li { display: inline; float: left; padding: 10px; }`

e. 图片不显示边框：

`#gallery img { border-style: none; }`

f. 配置锚元素，无下划线，#333 文本颜色，倾斜文本：

`#gallery a { text-decoration: none; color: #333; font-style: italic; }`

g. 配置 span 元素最初不显示：

`#gallery span { display: none; }`

h. 配置鼠标悬停在上方时 span 元素才显示。配置 span 进行绝对定位，具体是距离顶部 10 像素，距离左侧 300 像素。span 中的文本居中。

`#gallery a:hover span { display: block; position: absolute;`
`                        top: 10px; left: 300px; text-align: center; }`

保存网页并在浏览器中显示。将结果和图 7.41 进行比较。示例学生文件是 (chapter7/7.10/gallery.html)。

7.15 固定位置的导航栏

你可能见过一些网页在浏览器窗口顶部显示一个固定的标题区域或者导航栏。可通过 CSS 定位和 CSS z-index 属性轻松实现这种时髦的网页布局技术。

z-index 属性

CSS 定位允许我们配置元素的垂直和水平位置。z-index 属性则能配置第三维，即元素在网页上的堆叠方式。只有绝对、相对或固定定位的元素才能应用 z-index。对于一个定位好的元素，其默认 z-index 是 0。可用一个整数值配置不同 z-index。较大 z-index 值的元素将"堆叠"在较小值的元素上。对于网页上存在两个或更多元素的堆叠区域，具有最大 z-index 值的元素将始终叠在顶部，其他元素都在它"背后"显示。

 动手实作 7.11 ——————————————————

这个动手将在网页顶部配置一个固定导航区域，即使网页向下滚动也岿然不动。新建文件夹 ch7z，将你在动手实作 7.5 创建的 ch7hort 文件夹或者学生文件夹 chapter7/7.5 中的文件复制到这里。

1. 在浏览器中打开 index.html。网页顶部的显示可参考图 7.28，即在标题下方显示一个水平导航栏。将修改布局来获得如图 7.43 的效果，即在标题区域上方固定显示一个顶部导航栏。在浏览器中滚动网页时，该导航栏不随网页其余内容滚动。

图 7.43　设计了固定导航栏的网页

2. 启动文本编辑器并打开 index.html 文件。像下面这样编辑嵌入 CSS：

▶ **nav** 元素选择符。编码新的样式规则，设置固定定位于页面左上角，40px 高度，100% 宽度，40em 最小宽度，#B3C7E6 背景颜色，并将 z-index 设为一个较大的值（比如 9999）。

```
nav { position: fixed; top: 0; left: 0;
      height: 40px; width: 100%; min-width: 40em;
      background-color: #B3C7E6;
      z-index: 9999; }
```

▶ **nav ul** 元素选择符。编辑样式规则，将文本对齐更改为右对齐，并设置 10% 的右侧填充。

```
nav ul { list-style-type: none; text-align: right;
         font-size: 1.5em; margin: 5px;

         padding-right: 10%; }
```

▶ **header** 元素选择符。编辑样式规则，配置 40px 的顶部边距给顶部导航栏腾出空间。

```
header { background-color: #869DC7; color: #00005D;
         font-size: 150%; padding: 10px 10px 10px 155px;
         background-image: url(lighthouselogo.jpg);
         background-repeat: no-repeat; height: 130px;
         margin-top: 40px; }
```

3. 编辑 HTML。当前网页内容太少，不足以演示固定导航栏的效果。编辑内容使网页变长。由于只是一个练习网页，所以最快的办法就是在 main 元素中复制并粘贴三、四次 h2 和段落。

保存文件并在浏览器中测试，初始效果如图 7.43 所示。滚动网页，应看到如图 7.44 的效果。即使上下滚动网页其余内容，导航栏都将一直保持在顶部。示例解决方案在 chapter7/7.11 文件夹中。

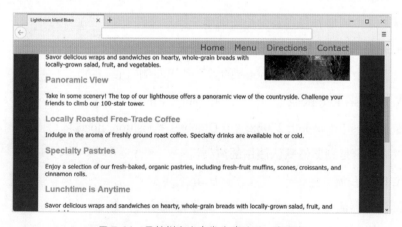

图 7.44　导航栏在内容发生滚动时一直固定

复习和练习

复习题

选择题

1. 以下哪个伪类定义了已点击的超链接的默认状态？（   ）

   A. :hover   B. :link   C. :onclick   D. :visited

2. 相对于元素正常情况下在页面上的位置，稍微改变一下位置，应该使用以下哪一种技术？（   ）

   A. 相对定位   B. 静态定位

   C. 绝对定位   D. 固定定位

3. 以下哪个属性用于清除浮动？（   ）

   A. float 或 clear   B. clear 或 overflow

   C. position 或 clear   D. overflow 或 float

4. 以下哪个属性造成元素不显示？（   ）

   A. display: block   B. display: 0px;

      C. display: none   D. display: inline;

5. 以下哪个配置元素在显示时上下无空白？（   ）

   A. display: block;   B. display: static;

   C. display: none;   D. display: inline;

6. 以下哪个词形容包含多个小图的单一图片文件？（   ）

   A. 缩略图   B. 截图   C. 精灵   D. 浮动图

7. 以下哪个设置一个名为 notes 的类浮动于左侧？（   ）

   A. .notes { left: float; }   B. .notes { float: left; }

   C. . notes { float-left: 200px; }   D. .notes { position: float; }

8. 以下哪个是浏览器默认使用的渲染流？（   ）

   A. HTML 流   B. 正常显示

   C. 浏览器流   D. 正常流动

9. 以下哪个使用后代选择符对 .nav 元素中的锚标记进行配置？（   ）

   A. nav. a   B. a nav

   C. nav a   D. #nav a

10. 以下哪个与 left，right 和 / 或 top 属性共同使用，从而脱离"正常流动"，精确配置元素位置？（   ）

   A. position: relative   B. position: absolute

   C. position: float   D. absolute: position;

动手练习

1. 为有以下属性的 id 写 CSS 代码：固定定位，浅灰色背景，加粗字体和 10 像素填充。

2. 为有以下属性的 id 写 CSS 代码：在网页左侧浮动，浅黄色背景，Verdana 或者 sans-serif 大字体，20 像素填充。

3. 为有以下属性的 id 写 CSS 代码：在网页上绝对定位，距离顶部 20 像素，距离右侧 40 像素。该区域具有浅灰色背景和实线边框。

4. 为相对定位的一个类写 CSS 代码。该类距离左侧 15 像素，具有浅绿色背景。

5. 创建网页描述个人爱好、喜欢的电影或乐队。用 CSS 配置文本、颜色和双栏布局。

6. 写 HTML 代码将一个网页和外部样式表 myprint.css 关联来控制网页的打印效果。

聚焦网页设计

CSS 还有很多要学的东西。学习网页开发的一个很好的地方就是网络。用搜索引擎查找一些 CSS 页面布局教程。找一个容易理解的教程，选一种本章没有讨论的 CSS 技术，使用新技术创建网页。思考推荐的页面布局如何遵循（或者没有遵循）重复、对比、近似和对齐等设计原则（参见第 3 章）。在网页中列出所选教程的 URL、网站名称和该技术的简介，并讨论该技术是否以及如何遵循前面描述的设计原则。

案例学习：度假村 Pacific Trails Resort

这个案例学习将以第 6 章创建的 Pacific Trails 网站为基础。网站新版本采用双栏布局。其他修改包括用无序列表配置导航链接，将标题文本配置成指向主页的超链接，以及修订内容页的文本。图 7.45 展示了新布局的线框图。新主页如图 7.46 所示。

这个案例学习有以下 5 个任务。

1. 为 Pacific Trails Resort 网站创建新文件夹。

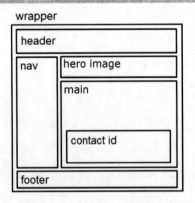

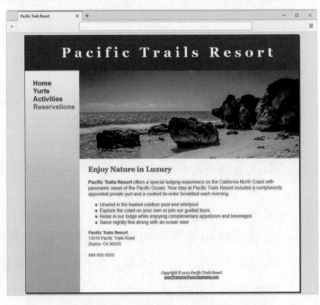

图 7.45 Pacific Trails 双栏布局

2. 编辑 pacific.css 外部样式表文件。

3. 编辑主页 (index.html)。

4. 编辑 Yurts 页 (yurts.html)。

5. 编辑 Activities 页 (activities.html)。

图 7.46 采用双栏布局的 Pacific Trails 新主页

任务 1：创建文件夹 ch7pacific 来包含 Pacific Trails Resort 网站文件。将第 6 章创建的 ch6pacific 文件夹中的内容复制到这里。从 chapter7/starters 文件夹复制 coast2.jpg 图片文件。

任务 2：配置 CSS。启动文本编辑器并打开 pacific.css 外部样式表文件。像下面这样编辑。

▶ 通配选择符：将 box-sizing 属性设为 border-box。

　* { box-sizing: border-box; }

▶ wrapper id 选择符。将背景色从白色 (#FFFFFF) 更改为蓝色 (#90C7E3)。配置 1px 实线深蓝色 (#000033) 边框。从 body 选择符复制背景图片的线性渐变样式声明，这将在导航区域背后显示。

▶ body 元素选择符。背景色修改成 #EAEAEA。删除 background-image 和 background-repeat 样式声明。

▶ header 元素选择符。删除配置背景图片的样式声明。配置高度 120px，顶部填充 30px，左填充 3em。

▶ h1 元素选择符。配置 3em 字号，0.25em 字间距。

- nav 元素选择符。这是网页上的浮动区域。删除 background-color 声明。nav 区域将继承 wrapper id 的背景色。删除 text-align 声明。将填充更改为 1.5em 像素。配置 120% 字号。配置左侧浮动，宽度 160 像素。

- homehero id 选择符。配置 190px 左边距。将背景图片更改为 coast2.jpg。

- yurthero id 选择符。配置 190px 左边距。

- trailhero id 选择符。配置 190px 左边距。

- main 元素选择符。修改样式声明，配置白色 (#FFFFFF) 背景，190 像素左边距，左填充更改为 30 像素。为了允许 main 元素包含浮动元素，还要设置 overflow: auto;。

- section 元素选择符。配置一个样式规则设置左侧浮动，33% 宽度，2em 左填充，2em 右填充。

- 配置 main 内容区域中的无序列表。将 ul 元素选择符替换成后代选择符 (main ul)，只定义 main 内容中的 ul 元素。

- footer 元素选择符。修改样式配置 190 像素左边距和白色背景 (#FFFFFF)。

- 配置导航区域。用后代选择符配置 nav 元素中的无序列表和锚元素。

  无序列表：为 ul 元素选择符配置无列表符号，零边距，零左填充，1.2em 字号。

  未访问的导航超链接：为 :link 伪类配置中蓝色 (#5C7FA3) 文本。

  已访问的导航超链接：为 :visited 伪类配置深蓝色 (#344873) 文本。

  交互超链接：为 :hover 伪类配置深红色 (#A52A2A) 文本。

- 配置标题区域中的超链接。用后代选择符配置 header 元素中的超链接，无下划线，:link 和 :visited 伪类使用白色 (#FFFFFF) 文本，:hover 伪类使用浅蓝色 (#90C7E3) 文本。

保存 pacific.css 文件。用 CSS 校验器 (http://jigsaw.w3.org/css-validator) 检查语法并纠错。

任务 3：编辑主页。启动文本编辑器并打开 index.html 文件。使用无序列表配置导航链接。删除特殊字符 。将标题区域的文本 Pacific Trails Resort 配置成到主页 (index.html) 的超链接。效果如图 7.46 所示。

任务 4：编辑 Yurts 页。启动文本编辑器并打开 yurts.html 文件。采取和主页类似的方式修改该网页。参考图 7.47 的线框图，注意 main 元素有三个区域。删除配置描述列表的标记。注意，文本内容是一组问答。将每个问题配置成 h3 元素，每个回答配置成段落元素。编码一个 section 元素来包含每一对问答。保存文件并在浏览器中测试，效果如图 7.48 所示。

任务 5：编辑 Activities 页。启动文本编辑器并打开 activities.html 文件。采取和主页类似的方式修改该网页。参考图 7.47 的线框图，注意，main 元素有三个区域。编码一个 section 元素来包含每一对 h3 和 p 元素。保存文件并在浏览器中测试。

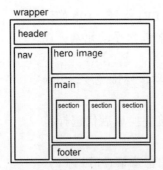

图 7.47　内容页的线框图

图 7.48　网页

现在，Pacific Trails Resort 网站成功拥有了双栏布局！

案例学习：瑜珈馆 Path of Light Yoga Studio

这个案例学习将以第 6 章创建的 Path of Light Yoga Studio 网站为基础。网站新版本将采用固定的顶部导航栏。其他修改包括用无序列表配置导航链接，将标题文本配置成指向主页的超链接，以及修订内容页的文本。图 7.49 展示了新布局的线框图。

这个案例学习有以下 5 个任务。

1. 为 Path of Light Yoga Studio 网站创建新文件夹。

2. 编辑 yoga.css 外部样式表文件。

3. 编辑主页 (index.html) 使一张图片在内容区域左侧浮动。

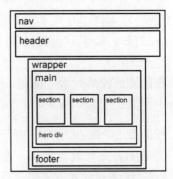

图 7.49　内容页的布局

4. 编辑课程页 (classes.html)。

5. 编辑课表页 (schedule.html)。

任务 1：创建文件夹 ch7yoga 来包含 Path of Light Yoga Studio 网站文件。将第 6 章创建的 ch6yoga 文件夹中的内容复制到这里。

任务 2：配置 CSS。启动文本编辑器并打开 yoga.css 外部样式表文件。像下面这样编辑。

▶ 通配选择符：将 box-sizing 属性设为 border-box。

   `* { box-sizing: border-box; }`

▶ header 元素选择符。添加一个声明来配置 50 像素顶部边距。

▶ nav 元素选择符。这是在网页顶部固定的区域。配置固定定位，将 top 设为 0，left 设为 0，并将 z-index 设为 9999。再配置 100% 宽度和 50px 高度。

▶ 配置导航区域。用后代选择符配置 nav 元素中的无序列表和锚元素。
   无序列表：为 ul 元素选择符配置无列表符号，零边距，2em 右填充，1.2em 字号。
   列表项：为 nav li 元素选择符配置内联显示以及 2em 左填充。
   未访问的导航超链接：为 :link 伪类配置 #3F2860 文本颜色。
   已访问的导航超链接：为 :visited 伪类配置 #497777 文本颜色。
   交互超链接：为 :hover 伪类配置 #A26100 文本颜色。

▶ 配置标题区域中的超链接。用后代选择符配置 header 元素中的超链接，:link 和 :visited 伪类使用白色 (#FFFFFF) 文本，:hover 伪类使用 #EDF5F5 文本颜色。

▶ footer 元素选择符。添加一个样式规则来清除右侧浮动。

▶ onethird 类选择符。配置一个样式规则来设置左侧浮动，33% 宽度，2em 左填充，以及 2em 右填充。

▶ onehalf 类选择符。配置一个样式规则来设置左侧浮动，50% 宽度，2em 左填充，以及 2em 右填充。

▶ home 类选择符。将 height 属性值从 40vh 修改成 50vh(50% 视口高度)。

▶ content 类选择符。将 height 属性值从 200px 修改成 250px。

▶ mathero id 选择符。添加一个声明来清除浮动。

▶ loungehero id 选择符。添加一个声明来清除浮动。

保存 yoga.css 文件。用 CSS 校验器 (http://jigsaw.w3.org/css-validator) 检查语法并纠错。

任务 3：编辑主页。启动文本编辑器并打开 index.html。将标题区域的文本 Path of Light Yoga Studio 配置成到主页 (index.html) 的超链接。用无序列表配置导航超链接。删除特殊字符 。保存文件并在浏览器中测试，效果和图 7.50 相似。垂直滚动网页，导航栏应固定不动。

任务 4：编辑课程页。启动文本编辑器并打开 classes.html。采用和主页类似的方式修改。参考图 7.49 的线框图，注意，main 元素有三个区域。删除配置描述列表的标记。注意，文本内容是一组瑜伽课程名称和课程简介。将每个课程名称配置成 h3 元素，将课程简介配置成段落元素。编码一个 section 元素来包含每一对课程名称 / 简介。将每个 section 都分配给 onethird 类。

保存文件并在浏览器中测试，如图 7.50 所示。

任务 5：编辑课表页。启动文本编辑器并打开 schedule.html。采用和主页类似的方式修改。注意，图 7.49 的线框图显示 main 元素包含三个区域。但这个网页有点不同，它只有两个。请参考图 7.51 来修改。编码一个 section 元素来包含每一对 h3 和 ul 元素。将每个 section 都分配给 onehalf 类。

保存文件并在浏览器中测试，如图 7.51 所示。

只对 CSS 和 HTML 进行了少量修改，我们的 Path of Light Yoga Studio 网站就焕然一新。交互式超链接和多栏布局营造了更吸引人的视觉体验。

图 7.50　新的 Path of Light Yoga Studio 课程页

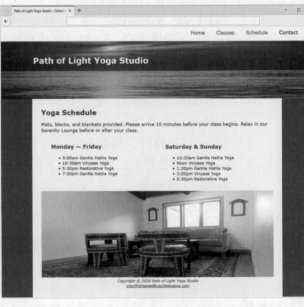

图 7.51　新的 Path of Light Yoga Studio 课表页

第8章

灵活响应布局基础

有了一定的 HTML 和 CSS 经验后，本章将探索能灵活响应的网页布局，它在桌面和移动设备上都能良好显示。将探索新的编码技术，包括 CSS 灵活框布局、CSS，网格布局、CSS 媒体查询以及灵活图像。

学习内容

▶ 了解 CSS 灵活框布局的作用

▶ 配置 Flexbox 容器和项

▶ 创建网页来运用 CSS 灵活框布局

▶ 了解 CSS 网格布局的作用

▶ 配置 Grid 容器

▶ 配置网格行、列和间隙

▶ 用 CSS 网格来创建灵活响应的网页布局

▶ 使用 viewport meta 标记配置网页在移动设备上的显示

▶ 通过 CSS3 媒体查询实现灵活响应的网页设计

▶ 通过新的 HTML5 picture 元素实现灵活图像

8.1　CSS 灵活框布局

自 Web 问世起,设计者一直在尝试以各种各样的方式配置多栏网页。90 年代常用 HTML 表格来配置双栏或多栏布局。随着浏览器对 CSS 的支持越来越完善,开发人员逐渐使用第 7 章介绍的 CSS float 属性来创建多栏网页。目前网上许多网页都是用该技术创建的。

但不能因此而满足,我们需要更健壮、更灵活的多栏布局方法。最近有两种新的 CSS 布局技术获得了广泛的浏览器支持:CSS 灵活框布局 (CSS Flexible Box Layout) 和 CSS 网格布局 (CSS Grid Layout)。本节先介绍前者。

CSS 灵活框布局 (简称 flexbox) 的作用是提供一种灵活布局,灵活容器中包含的元素可通过灵活的尺寸调整,以灵活的方式在一个维度 (水平或垂直) 上配置。除了改变元素的水平或垂直布置,还可用 flexbox 更改元素显示顺序。正是因为这种强大的灵活性,flexbox 特别适合灵活响应的 Web 设计。

CSS Flexible Box Layout Module(https://www.w3.org/TR/css-flexbox-1/) 目前处于 W3C 推荐候选阶段,主流浏览器的最新版本都支持。

配置灵活容器

灵活框一般用于配置网页上的一个特定区域而不是整个网页布局。要用灵活框布局配置一个网页区域,需要先指定灵活容器,也就是用于包含灵活区域的一个元素。

display 属性

灵活容器用 CSS 的 display 属性来配置。将属性值设为 flex,表明这是一个灵活的块容器。将值设为 inline-flex,表明这是一个灵活的内联显示容器。

例如,以下 CSS 代码将名为 gallery 的一个 id 配置成灵活的块容器:

```
#gallery { display: flex; }
```

灵活容器中的每个子元素都称为一个"灵活项" (flex item)。

在以下 HTML 中,每个 img 标记都被视为具有 gallery id 的 div 元素中的一个灵活项:

```
<div id="gallery">
<img src="bird1.jpg" width="200" height="150" alt="Red Crested Cardinal">
<img src="bird2.jpg" width="200" height="150" alt="Rose-Breasted Grosbeak">
<img src="bird3.jpg" width="200" height="150" alt="Gyrfalcon">
```

```
<img src="bird4.jpg" width="200" height="150" alt="Rock Wren">
<img src="bird5.jpg" width="200" height="150" alt="Coopers Hawk">
<img src="bird6.jpg" width="200" height="150" alt="Immature Bald Eagle">
</div>
```

图 8.1 的网页使用灵活框技术显示一
个照片库。灵活区域默认水平流动
并被配置成一个水平行。如内容超
出浏览器区域，浏览器要么尝试缩
小部分对象的大小，要么像图 8.1 那
样显示水平滚动条。请用浏览器打
开 chapter8/flex1.html 来自行试验。

虽然灵活区域包含 6 张图，但如果
浏览器窗口不足以显示全部内容，
灵活区域中的项是不会自动换行
的。下面将介绍一个能纠正此问题
的属性。

图 8.1　使用默认属性的一个灵活区域 (只显示 4 张图)

flex-wrap 属性

flex-wrap 属性指定灵活项是否自动
换行。属性值包括 nowrap，wrap 和
wrap-reverse。默认值是 nowrap，用
于配置单行 / 水平或者单列 / 垂直
显示的一个灵活容器。值 wrap 则允
许灵活项自动换行 / 换列。值 wrap-
reverse 除了能自动换行 / 换列，还
以相反顺序显示灵活项。

图 8.2(学生文件 chapter8/flex2.html)
的灵活项会自动换行，配置灵活容
器的 CSS 代码如下所示：

```
#gallery {  display: flex;
            flex-wrap: wrap; }
```

图 8.2　设置灵活项自动换行 (显示全部 6 张图)

flex-direction 属性

灵活项的流动方向用 flex-direction 属性来配置。row 是默认值，配置水平流向；
column 配置垂直流向；row-reverse 配置水平流向，灵活项顺序相反；column-reverse
配置垂直流向，灵活项顺序相反。

8.2 灵活容器的更多知识

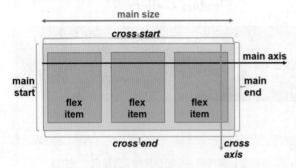

flex container with `flex-direction:row`

图 8.3　水平流向

flex container with `flex-direction:column`

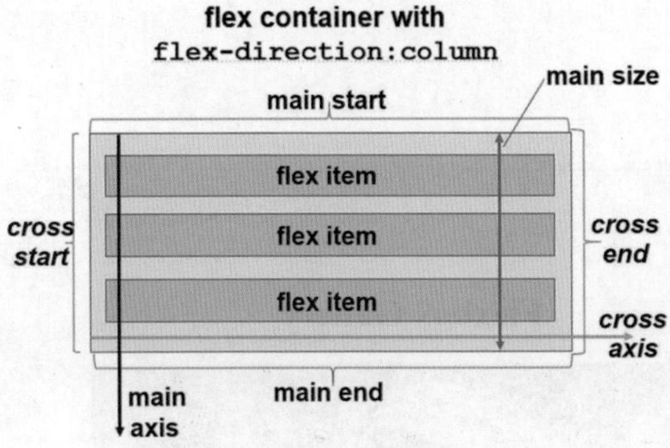

图 8.4　垂直流向

流向

灵活容器可配置成水平或垂直流向。图 8.3 展示的是水平流向的一个灵活容器。main size 是灵活容器内容区域的宽度。main axis 是流动方向（本例是水平）。main start 指定灵活区域开始，main end 指定灵活区域结束。cross axis 是自动换行方向（如果存在的话）。

图 8.4 展示的是垂直流向的一个灵活容器。main size 是灵活容器内容区域的高度。main axis 是流动方向（本例是垂直）。main start 指定灵活区域开始，main end 指定灵活区域结束。cross axis 是自动换行方向（如果存在的话）。

justify-content 属性

justify-content 属性配置浏览器如何沿容器的 main axis 方向显示额外空白。表 8.1 总结了属性值。

表 8.1　灵活区域的 justify-content 属性值

值	作用
flex-start	默认值。灵活项从 main start 开始
flex-end	灵活项从 main end 开始
center	灵活项在灵活容器中居中显示，第一个灵活项之前和最后一个灵活项之后具有相同大小的空白
space-between	灵活项在灵活容器中均匀分布。第一个灵活项从 main start 开始，最后一个灵活项位于 main end
space-around	灵活项在灵活容器中均匀分布。在第一个灵活项之前和最后一个灵活项之后留空

图 8.5(学生文件 chapter8/flexj.html) 显示了水平流向的一组灵活容器，注意不同 justify-content 属性值对灵活项的位置以及灵活项之间的空白的影响。

将 justify-content 属性设为 space-between 或 space-around，将造成浏览器自动计算并显示灵活项之间的空白。

align-items 属性

align-items 属性配置浏览器沿容器的 cross axis 方向显示额外空白。值包括 flex-start，flex-end，center，baseline 和 stretch。align-items 属性可以和 justify-content 属性配合来垂直和水平居中内容。例如，以下 CSS 为一个 400px 高的 header 元素配置垂直和水平居中的灵活项 (学生文件 chapter8/flexcenter.html)：

```
header { height: 400px;
         display: flex;
         justify-content: center;
         align-items: center; }
```

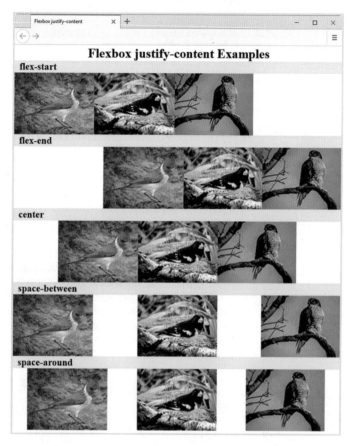

图 8.5　不同 justify-content 属性值对显示效果的影响

flex-flow 属性

flex-flow 属性是一个简写属性，可同时配置 flex-direction 和 flex-wrap。例如，以下 CSS 将一个名为 demo 的 id 配置成灵活容器，其中的灵活项水平流动并自动换行：

#demo { display: flex; flex-flow: row wrap; }

灵活容器可采取多种不同的方式来显示灵活项。刚开始觉得麻烦是正常的。下一节就开始灵活框的动手实作。

动手实作 8.1

这个动手实作将用灵活框的各种属性配置一个图片库。新建文件夹 ch8flex1，从学生文件夹 chapter8 复制 starter1.html 文件，再从 chapter8/starters 文件夹复制以下文件：bird1.jpg，bird2.jpg，bird3.jpg，bird4.jpg，bird5.jpg 和 bird6.jpg。

1. 启动文本编辑器并打开 starter1.html 文件。在起始 main 标记下方添加以下 HTML 来创建一个 div。为其分配 gallery id。用该 div 包含 6 张图片。

```
<div id="gallery">
    <img src="bird1.jpg" width="200" height="150" alt="Red Crested Cardinal">
    <img src="bird2.jpg" width="200" height="150" alt="Rose-Breasted Grosbeak">
    <img src="bird3.jpg" width="200" height="150" alt="Gyrfalcon">
    <img src="bird4.jpg" width="200" height="150" alt="Rock Wren">
    <img src="bird5.jpg" width="200" height="150" alt="Coopers Hawk">
    <img src="bird6.jpg" width="200" height="150" alt="Immature Bald Eagle">
</div>
```

该 div 是灵活容器。每个 img 元素都是灵活容器中的灵活项。将文件另存为 index.html。

2. 编辑 index.html，在 head 区域的 style 标记之间编码 CSS。配置名为 gallery 的一个 id。将 display 属性设为 flex，将 flex-direction 属性设为 row，将 flex-wrap 属性设为 wrap，将 justify-content 属性设为 space-around。代码如下所示：

```
#gallery {  display: flex;
            flex-direction: row;
            flex-wrap: wrap;
            justify-content:
space-around; }
```

图 8.6　图片库的第一个版本

保存文件并在浏览器中测试，效果如图 8.6 所示。注意，浏览器配置了每一行 (main axis) 上的灵活项之间的空白，但是在垂直方向 (cross axis) 上，行与行之间没有留空。

3. 接着配置灵活项来设置边距，强制在行与行之间留空。记住，

灵活项是灵活容器的子元素。网页中的
每个 img 元素都是灵活项。编辑 index.
html，在结束 style 标记前为 img 选择符
编码 CSS，设置 1em 边距和一个 box-
shadow。

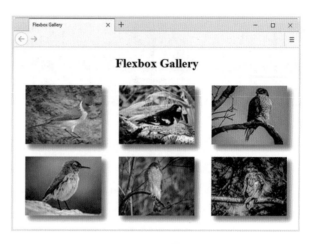

```
img { margin: 1em;
      box-shadow: 10px 10px #777; }
```

图 8.7　两行灵活项

保存文件并在浏览器中测试。缩小放大浏览
器窗口，会看到如图 8.7、图 8.8 和图 8.9 所
示的效果。示例解决方案参考 chapter8/8.1
文件夹。

图 8.8　一行两项

图 8.9　浏览器大小改变后，第一行能装下更多灵活项

注意，显示会随着浏览器窗口的大小变化而灵活响应。但是，灵活项并非只能用一
个网格来显示。本章以后会讨论 CSS 网格布局，进一步说明这个问题。下一节将更
多地解释如何为灵活项配置灵活的大小。

FAQ 灵活框问世前如何配置图片库？

以前要依赖 float 属性或 inline-block 属性来配置图片库。示例网页在 chapter8/faq
文件夹。

8.4 配置灵活项

灵活容器中的所有元素默认都是灵活大小，被分配相同大小的显示区域。可用 flex 属性自定义每一项的大小，并指定它是否能够根据浏览器视口的大小来自动拉伸 (灵活拉伸因子) 或收缩 (灵活收缩因子)。可为 flex 属性赋值 none、initial 或者一组最多三个值来配置 flex-grow，flex-shrink 和 flex-basis 这 3 个属性。表 8.2 总结了这些属性。

表 8.2 flex 属性

属性	说明
flex-grow	一个正数，指定灵活项相对于灵活容器中的其他项的拉伸幅度。默认值是 0
flex-shrink	一个正数，指定灵活项相对于灵活容器中的其他项的收缩幅度。默认值是 1
flex-basis	配置灵活项在 main axis 方向上的初始大小： content——代表灵活项的内容宽度。 auto——默认值。代表一个指定的宽度；如果没有指定宽度，就代表灵活项的内容宽度。 正值——以单位或百分比值指定的灵活项宽度

配置 flex 属性时不必列出全部三个值。表 8.3 总结了配置灵活项时的一些常见情况 (同时参考 https://www.w3.org/TR/css-flexbox-1/#flexibility)。

表 8.3 灵活项示例

配置灵活项时的情况	简写	等价于
完全灵活的项 (自由空间均匀分布)	flex: auto;	flex: 1 1 auto;
完全不灵活的项	flex: none;	flex: 0 0 auto;
部分灵活的项 (必要时收缩为最小)	flex: initial	flex: 0 1 auto;
比例灵活的项 (项占用容器自由空间的指定比例)	flex: 一个正值 (例如 flex: 3;)	flex: 3 1 0;

比例灵活项

重点关注一下表 8.3 的最后一行。flex 属性最强大的功能之一就是配置按比例缩放的灵活项。为 flex 属性提供一个正值,该值就称为"灵活拉伸因子"(flex grow factor)。例如,为一个元素配置 flex: 2;,它就会在容器中占据两倍于其他元素的空间。由于这些值与整体成比例,所以最好使用加起来为 10 的值。

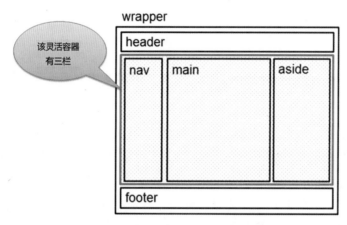

图 8.10   使用了灵活容器的三栏网页布局

以图 8.10 的三栏网页布局为例,注意,nav, main 和 aside 这三个元素用一行来组织,全都放在另一个作为灵活容器的元素中。以下 CSS 配置每一列的灵活区域的缩放比例:

```
nav { flex: 1; }
main { flex: 7; }
aside { flex: 2; }
```

order 属性

order 属性配置灵活项采用和编码时不一样的顺序显示。该属性接受数值。默认值是 0。

W3C 提醒设计人员只应使用 order 属性进行视觉上的重新排序。顺序的变化不应改变内容的含义或意图,因为像屏幕朗读器这样的无障碍访问软件会按编码顺序呈现内容。

 应用灵活框布局的浏览器会忽略应用于灵活项的 float 属性。但是,任何应用于灵活项中的内容的浮动仍会被浏览器渲染。

下一节练习配置灵活容器和灵活项。

8.5 练习灵活框技术

 动手实作 8.2 ——————————————————————

这个动手实作将修改第 7 章用浮动布局技术创建的网页，运用灵活框属性来配置如图 8.10 所示的三栏布局。

新建文件夹 ch8flex2。从 chapter8 学生文件夹复制 starter2.html 文件。再从 chapter8/starters 文件夹复制 lighthouse.jpg 和 light.gif 文件。

1. 用浏览器打开 starter2.html 文件，效果如图 8.11 所示。启动文本编辑器来打开 starter2.html 文件。观察 HTML，注意，有一个名为 content 的 div 按顺序包含了 nav，aside 和 main 这三个元素。

2. 目标是用灵活框技术配置 content div 的布局。用 CSS 配置 id 为 content 的一个灵活容器。nav，main 和 aside 元素都是 div 的子元素，都会成为灵活项。将为其配置不同背景颜色来突出显示三栏内容。为防止 nav 元素自动拉伸，要将 nav 元素的 flex 值设为 none。再将 main 元素的 flex 值设为 6，将 aside 元素的 flex 值设为 4。请在起始 style 标记后面添加以下 CSS 来配置灵活容器和灵活项：

图 8.11 配置灵活框之前的网页

```
#content {   display: flex; }
nav      { flex: none;
           background-color: #B3C7E6; }
main     { flex: 6;
           in-width: 20em;
           background-color: #FFFFFF; }
```

```
aside      { flex: 4;
             background-color: #EAEAEA; }
```

将文件另存为 index.html 并在浏览器中测试，效果如图 8.12 所示。注意显示了不同底色的三栏内容。aside 区域 (有灯塔照片的区域) 在 main 内容区域左侧显示，因为这是在 HTML 中的编码顺序。如果这是 Lighthouse Bistro 的业主想要的效果，那么没有问题。但是，如果他们希望 main 内容区域显示在 nav 和 aside 之间，就需要用 order 属性改变灵活项的顺序。

3. 在文本编辑器中打开 index.html 文件。将添加 CSS 将灵活项从左到右的顺序配置成 nav，main 和 aside。将为每个灵活项指定 order 属性值。CSS 代码如下所示：

```
nav     { order: 1; }
main    { order: 2; }
aside   { order: 3; }
```

保存文件并在浏览器中测试，效果如图 8.13 所示。示例解决方案请参考 chapter8/8.2 文件夹。

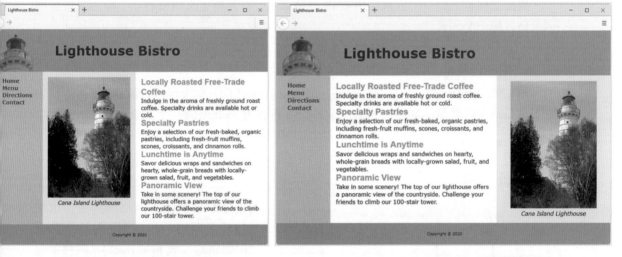

图 8.12　用灵活框来配置的效果　　　　图 8.13　为灵活项应用 order 属性来排序

灵活框技术还有许多有趣的知识可供探索，例如 http://css-tricks.com/snippets/css/a-guide-to-flexbox/ 和 https://developer.mozilla.org/e n-US/docs/Web/CSS/CSS_Flexible_Box_Layout。

8.6　CSS 网格布局

我们之前已用过 CSS float 属性和 CSS 灵活框布局 (flexbox) 来创建多栏网页。目前还有一种新型布局系统：CSS 网格布局 (CSS Grid Layout)，它旨在配置基于二维网格的网页布局。网格可以是固定大小或灵活大小，并可包含一个或多个网格项。这些网格项都可单独定义成固定大小或灵活大小。和面向一维网页布局的灵活框不同，CSS 网格布局是为二维网页优化的。

CSS 网格布局 (https://www.w3.org/TR/css-grid-1/) 目前处于 W3C 推荐候选阶段，主流浏览器的最新版本都支持。不支持网格布局的浏览器会忽略和网格属性关联的样式规则。

配置网格容器

要配置网页上的一个区域使用 CSS 网格布局，首先要定义网格容器，即用来包含网格区域一个元素。

display 属性

用 CSS display 属性配置网格容器。值 grid 代表这是一个块容器，值 inline-grid 代表这是一个内联显示容器。例如，以下 CSS 将名为 gallery 的一个 id 配置成网格容器：

```
#gallery { display: grid; }
```

设计网格

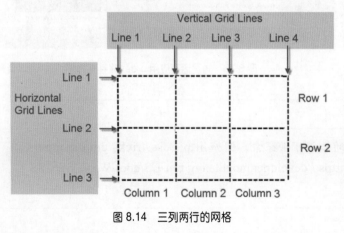

图 8.14　三列两行的网格

网格由水平和垂直网格线构成，这些线描绘了网格的行和列 (一般统称为"网络轨道"或 grid track)。网格单元格是网格行和列的交叉处。网格区域是可以包含一个或多个网格项的矩形。网格间隙可选，代表网格容器中各项之间的空白区域。

第一步是描绘出自己想要的网格布局，在纸上画就可以。图 8.14 的网格线框图展示了网格线、三列以及两行。可用这种类型的网格显示图片库。

网格容器的每个子元素都是一个网格项。在以下 HTML 中，gallery div 中的每个 img 元素都被视为一个网格项。

```
<div id="gallery">
    <img src="bird1.jpg" width="200" height="150" alt="Red Crested Cardinal">
    <img src="bird2.jpg" width="200" height="150" alt="Rose-Breasted Grosbeak">
    <img src="bird3.jpg" width="200" height="150" alt="Gyrfalcon">
    <img src="bird4.jpg" width="200" height="150" alt="Rock Wren">
    <img src="bird5.jpg" width="200" height="150" alt="Coopers Hawk">
    <img src="bird6.jpg" width="200" height="150" alt="Immature Bald Eagle">
</div>
```

配置网格列和网格行

配置网格行列的一个基本方法是使用 grid-template-columns 属性和 grid-template-rows 属性告诉浏览器如何为网格中的列和行保留空间。这些属性接受多种值，具体将在下一节介绍。本例使用像素单位。

我们的图片库例子将配置 grid-template-columns 属性显示固定宽度的三列和固定高度的两行。CSS 代码如下所示：

```
#gallery { display: grid;
          grid-template-columns: 220px 220px 220px;
          grid-template-rows: 170px 170px; }
```

上述代码显式创建三列、两行的一个网格。图 8.15 是该网格在浏览器中的效果 (学生文件 chapter8/grid1.html)。

注意，这个基本网格是固定的，不会随浏览器窗口大小的改变而改变。网格布局只有在灵活的时候才最强大，即根据浏览器视口来改变大小。

在图 8.15 中，网格项之间的空白是通过将行列大小配置成比图片大来获得的。对于这种基本图片库网格，配置空白的另一个方法是为 img 元素选择符设置填充和 / 或边距。还有一个方法是配置项与项之间的网格间隙。下一节讨论如何配置灵活网格的时候会介绍该方法。

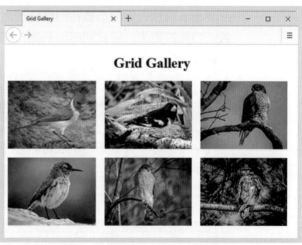

图 8.15　一个基本网格

8.7　网格列、行和间隙

之前用 grid-template-columns 和 grid-template-rows 属性配置像素单位的值来告诉浏览器为网格中的每个行和列保留空间。表 8.4 总结了这些属性的其他常用值。完整列表请访问 https://www.w3.org/TR/css-grid-1/#propdef-grid-template-columns。

表 8.4　配置列和行时的常用值

值	说明
数值长度单位	用 px 或 em 等长度单位配置固定大小。例如：220px
数值百分比	配置百分比值。例如：20%
数值 fr 单位	配置灵活因子单位 (用 fr 标注)，告诉浏览器分配剩余空间的多少等份
auto	配置一个能尽量容纳最多内容的大小
minmax (min, max)	配置配置一个大于或等于 min 值，小于或等于 max 值的大小范围。max 可设置成灵活因子
repeat (重复次数，格式值)	重复使用"格式值"来配置行或列指定次数。如将"重复次数"设为关键字 auto-fill，那么会一直重复，直至溢出。例如：repeat(autofill, 250px)

网格间隙

grid-gap 属性告诉浏览器在网格轨道之间留出空白。写作本书时，W3C 正在修改配置该功能的语法，建议同时编码旧的和新的属性。表 8.5 总结了旧的 (目前都支持) 和新的属性名称。

表 8.5　网格间隙的新旧配置语法

属性	说明
旧 : grid-column-gap 新 : column-gap	值：数值长度或百分比 定义网格列之间的间隙
旧 : grid-row-gap 新 : row-gap	值：数值长度或百分比 定义网格行之间的间隙
旧 : grid-gap 新 : gap	值：row-gap 值，column-gap 值 简写属性。如只提供一个值，该值将同时应用于行列间隙

order 属性

order 属性配置网格项采用不同于编码时的顺序显示。该属性接受数值。默认值是 0。W3C 提醒设计人员只用 order 属性进行视觉上的重新排序。顺序的变化不应改变内容的含义或意图，因为屏幕朗读器这样的无障碍访问软件会按编码顺序呈现内容。

動手实作 8.3 ————————————————————

这个动手实作将练习用另外两种方法配置如图 8.15 所示的图片库。新建文件夹 ch8grid1，从学生文件夹 chapter8 复制 starter3.html 文件，再从 chapter8/starters 文件夹复制以下文件：bird1.jpg，bird2.jpg，bird3.jpg，bird4.jpg，bird5.jpg 和 bird6.jpg。

1. 启动文本编辑器并打开 starter3.html 文件。检查 HTML，注意，它包含一个分配了 gallery id 的 div，其中包含图片库的 6 个 img 元素。该 div 是网格容器。每个 img 元素都是一个网格项，因为它们是 div 的子元素。文件另存为 index.html。

2. 编辑 index.html 文件，在 head 区域的 style 标记之间配置 CSS。配置一个名为 gallery 的 id。将 display 属性设为 grid。为了将可用的浏览器空间分割为各自 200 像素的三列，请将 grid-template-columns 属性设为 repeat(3, 200px)。为了告诉浏览器根据需要自动生成行，请将 grid-template-rows 属性设为 auto。将 grid-gap(和 gap) 属性设为 2em 来配置行轨道和列轨道之间的间隙。CSS 代码如下所示：

```
#gallery { display: grid;
          grid-template-columns: repeat(3, 200px);
          grid-template-rows: auto;
          grid-gap: 2em; gap: 2em; }
```

保存文件并在浏览器中测试，效果如图 8.15 所示 (学生文件 chapter8/8.3/a.html)。

3. 配置图片库网格来灵活响应，在浏览器视口大小发生改变时自动更改显示的行列数量。在 repeat() 函数中使用 auto-fill 关键字指示浏览器在不发生溢出的情况下显示尽可能多的列。编辑 index.html 文件，将 repeat(3, 200px) 修改为 repeat(auto-fill, 200px)。

保存文件并在浏览器中测试。如浏览器视口不够大，一行只能显示 3 张图，那么效果如图 8.15 所示。随着浏览器视口加宽，一行能显示更多图片，如图 8.16 所示。随着浏览器视口变窄，列的数量会自动减小，如

Grid Gallery

图 8.16　网格随浏览器加宽而拉伸

图 8.17　灵活响应的网格

图 8.17 所示。示例解决方案请参考学生文件 chapter8/8.3/index.html。

8.8　双栏网格页面布局

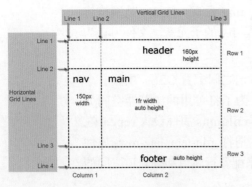

图 8.18　双栏 CSS 网格布局

图 8.18 是一个双栏网页布局的示例线框图，其中标注了网格线、行和列。记住，配置 CSS 网格布局的第一步都是画好线框图。

配置网格列和行

以线框图为参考来配置 grid-template-columns 和 gridtemplate-rows 这两个属性。记住，值可以使用像素单位、百分比、关键字 (例如 auto) 以及灵活因子单位。新单位 fr 代表这是一个灵活因子，告诉浏览器分配剩余空间的几等份。例如，1fr 代表分配剩余的全部空间。

图 8.18 的网格线框图包含两列三行。

- header 高 160px，占据第一行，跨两列。
- nav 宽 150px，位于第二行的第一列
- main 内容区域位于第二行的第二列，需要大到足以容纳所提供的内容。main 的宽度为 1fr，占据在渲染 nav 元素 (150px) 之后剩余的全部左侧空间。main 的高度设为 auto，将自动伸展来容纳所提供的内容。
- footer 占据第三行，跨三列。

用 CSS 为名为 mygrid 的一个 id 配置样式。将 display 属性设为 grid。用 grid-template-columns 属性将第一列设为 150px，第二列设为 1fr。用 grid-template-rows 属性将第一行设为 160px，第二行设为 auto，第三行设为 auto。CSS 代码如下所示：

```
#mygrid {  display: grid;
           grid-template-columns: 150px 1fr;
           grid-template-rows: 160px auto auto; }
```

配置网格项

声明好网格并编码好行列模板后，需要指定在每个网格项和网格区域中放置什么元素。可用许多技术配置网格项。下面主要使用 grid-row 和 grid-column 属性。前者配置行中为网格项保留的区域，后者配置列中为网格项保留的区域。这些属性接受多种值，比如网格行编号和网格行名称。值的完整列表请参考 https://www.w3.org/TR/

css-grid-1/#typedef-grid-row-start-grid-line。

网格行编号

本例为每个网格项配置 grid-row 属性和 grid-column 属性，为其指定起始和结束网格行编号 (之间用 / 字符分隔)。如图 8.18 所示，注意，header 区域起始于第一行 (水平网格行 1 和水平网格行 2 之间的网格轨道) 的垂直网格行 1，结束于垂直网格行 3。所以配置 header 的 CSS 代码是：

```
header {  grid-row: 1 / 2;
          grid-column: 1 / 3; }
```

图 8.18 的每个网格项都用类似的方式配置。以下 CSS 配置 nav、main 和 footer 这三个元素：

```
nav { grid-row: 2 / 3; grid-column: 1 / 2; }
main { grid-row: 2 / 3; grid-column: 2 / 3; }
footer { grid-row: 3 / 4; grid-column: 1 / 3; }
```

图 8.19 的网页显示了该网格布局的效果 (chapter8/grid)。

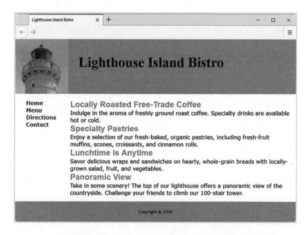

图 8.19　采用 CSS 网格布局的网页

order 属性

order 属性配置网格项采用和编码时不一样的顺序显示。该属性接受数值。默认值是 0。W3C 提醒设计人员只应使用 order 属性进行视觉上的重新排序。顺序的变化不应改变内容的含义或意图，因为像屏幕朗读器这样的无障碍访问软件会按编码顺序呈现内容。

 应用网格布局的浏览器会忽略应用于网格项的 float 属性。但是，任何应用于网格项中的内容的浮动仍会被浏览器渲染。

8.9 渐进式增强网格

运用网格布局时的一个设计策略是先配置网页布局，使之在不支持的浏览器中具有良好显示，再利用一个称为 CSS 特性查询的新技术来检查对网格的支持，最后配置网格布局。

CSS 特性查询

特性查询 (feature query) 用于测试对某个 CSS 属性的支持；如支持，就应用指定的样式规则。特性查询是 CSS Conditional Rules Module 的一部分，目前处于推荐候选阶段 (https://www.w3.org/TR/css3-conditional/#at-supports)。不支持特性查询的浏览器会忽略代码。

特性查询用 @supports() rule 来编码。在圆括号中编码要检查的属性和值。例如，以下 CSS 检查对网格布局的支持：

```
@supports ( display: grid) {
}
```

网格布局所需的样式规则放到 { 和 } 之间。下个动手实作将练习该技术。

 动手实作 8.4 ———————————————

这个动手实作将利用特性查询来渐进式增强采用网格布局的一个网页。图 8.20 的网页是用第 7 章介绍的浮动方法来配置的，尚未采用网格布局。新建 ch8grid2 文件夹，从 chapter8 文件夹复制 starter4.html 文件，再从 chapter8/starters 文件夹复制两个文件 lighthouse.jpg 和 light.gif。

1. 在浏览器中打开 starter4.html，如图 8.20 所示。这是在添加网格布局之前的显示。

2. 在文本编辑器中打开 starter4.html。网格布局将基于如图 8.18 所示的线框图。要在结束 style 标记前添加一个 @supports rule 来检查是否支持网格。将添加代码来配置一个双栏网格布局。CSS 代码如下所示：

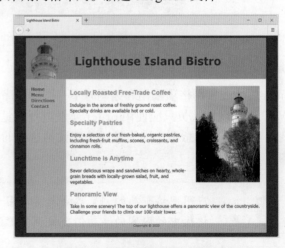

图 8.20　网页目前没有采用网格布局

```
@supports (display: grid) {
    #wrapper { display: grid;
                grid-template-columns: 150px 1fr;
                grid-template-rows: 160px auto auto; }
    header    { grid-row: 1 / 2; grid-column: 1 / 3; }
            nav { grid-row: 2 / 3; grid-column: 1 / 2; }
    main { grid-row: 2 / 3; grid-column: 2 / 3; }
    footer { grid-row: 3 / 4; grid-column: 1 / 3; }
}
```

保存文件并在支持网格布局的浏览器中测试，效果如图 8.21 所示。注意，
网页看起来有点奇怪，main 内容区域的起始位置太靠右了。

3. 在文本编辑器中打开文件，注意 main 元素选择符设置了 155px 左边距，这
   是图 8.21 看起来有点奇怪的原因。在实现了网格布局的前提下，需要撤消
   该边距。为 @supports 特性查询添加一条样式规则即可，如下所示：

   ```
   main { margin-left: 0; }
   ```

保存文件并在支持网格布局的浏览器中测试，如图 8.22 所示。

总结一下就是我们遵守了渐进式增强的原则。首先用 float 属性配置好老式的双栏布
局，再在一个特性查询中配置新式网格布局 (不支持的浏览器会忽略)。最后检查会
造成显示问题的样式规则 (本例是 main 元素的 margin-left 属性)，在特性查询中编
码新的样式规则来纠正显示。结果是支持和不支持的浏览器都能正常显示网页。示
例解决方案请参考 chapter8/8.4 文件夹。

网格布局技术还有许多有趣的知识可供探索。例如 https://css-tricks.com/snippets/
css/complete-guide-grid/ 和 https://developer.mozilla.org/en-US/docs/Web/CSS/CSS_
Flexible_Box_Layout。

图 8.21　网格布局的第一次尝试

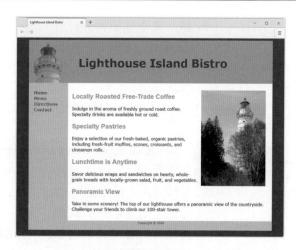

图 8.22　成功的网格布局

第 6 章将块显示元素的 margin 属性设为 auto 来实现水平居中。但在灵活框和网格布局问世之前，很难在浏览器视口中垂直居中一个元素。在图 8.23 的网页中，文本同时垂直和水平居中 (chapter8/center.html)。改变浏览器视口大小，文本依然保持垂直和水平居中。为了实现这种布局，可用以下 CSS 配置容器元素。

图 8.23　文本居中

- display: flex;
- justify-content: center;
- align-items: center;
- min-height: 100vh; (指定 100% 视口高度)
- 可选：flex-wrap: wrap; (多个灵活项都可以居中)

 动手实作 8.5

这个动手实作将练习创建网页来实现内容的水平和垂直居中。新建文件夹 ch8center，从 chapter1 文件夹复制 template.html 文件，再从 chapter8/starters 文件夹复制 lake.jpg 文件。

1. 启动文本编辑器并打开 template.html 文件。将网页 title 更改为 Centered Heading。编辑 HTML 并在起始和结束 body 标记之间配置一个 header 元素、h1 元素和 main 元素。代码如下所示：

```
<header>
  <h1>Centered Heading</h1>
</header>
<main>
  Additional page content and navigation go here
</main>
```

2. 继续编辑文件来配置 CSS。在 head 区域编码起始和结束 style 标记。在 style 标记之间编码样式规则。为 body 元素选择符配置零边距。将 header 元素选择符配置成灵活容器，将 justify-content 设为 center，align-items 设为 center，最小高度 100vh，以及 #227093 背景颜色。为 h1 元素选择符配置白色 Arial 字体。代码如下所示：

```
<style>
    body { margin: 0; }
    header {  display: flex; min-height: 100vh;
            justify-content: center; align-items: center;
            background-color: #227093; }
    h1 { color: #FFFFFF; font-family: Arial, sans-serif; }
</style>
```

将文件另存为 index.html 并在浏览器中显示，如图 8.23 所示。改变浏览器窗口大小，注意 h1 文本在视口中保持居中。向下滚动网页来观看 main 元素中的文本。可将自己的作业与学生文件 chapter8/center.html 比较。

3. 接着添加一张背景图片来覆盖整个浏览器视口。在文本编辑器中打开 index.html，为 header 元素添加样式，配置背景图片 lake.jpg，100% 大小，不重复。删除背景颜色的样式规则。新样式加粗显示：

```
header {  display: flex; min-height: 100vh;
        justify-content: center; align-items: center;
        background-image: url(lake.jpg);
        background-size: 100% 100%;
        background-repeat: no-repeat; }
```

保存文件并在浏览器中显示，如图 8.24 所示。改变浏览器窗口大小，注意，h1 文本在视口中保持居中，背景图片的大小会发生改变。向下滚动网页来查看 main 元素中的文本。可将自己的作业与学生文件 chapter8/8.5/index.html 进行比较。

图 8.24　背景图片上的居中文本

4. 还有一个办法可实现这种布局，在使用网格或灵活框布局的前提下，将 margin 属性设为 auto 将导致浏览器同时垂直和水平居中一个项。只需要像下面这样修改 CSS。

  a. 在文本编辑器中打开 index.html，删除 justify-content 和 align-items 样式规则。为 h1 元素选择符添加一个样式规则将 margin 设为 auto。保存文件并在浏览器中显示，效果如图 8.24 所示。可将自己的作业与学生文件 chapter8/8.5/flex.html 比较。

  b. 在文本编辑器中打开 index.html，将 display 属性的值从 flex 更改为 grid。保存文件并在浏览器中显示，效果仍然如图 8.24 所示。可将自己的作业与学生文件 chapter8/8.5/grid.html 进行比较。

这个动手实作探索了几种布局技术。新的灵活框和网格布局系统丰富了网页开发人员在进行网页布局时的选择。

8.11　viewport meta 标记

meta 标记有多种用途。从第 1 章起就用它配置网页的字符编码。本节要探索 viewport meta 标记，它是作为一个 Apple 扩展而创建的，用于配置视口 (viewport) 的宽度和缩放比例，以便在移动设备 (比如 iPhone 和 Android 智能手机) 上获得最优显示。图 8.25 是一个网页在桌面浏览器上的显示。图 8.26 是同一个网页在 Android 设备上的显示。注意移动设备缩小了网页以便在小屏幕上可以完整显示，但这样的后果是文本变得难以辨认。

图 8.25　桌面浏览器显示的网页

图 8.27 是在网页 head 区域添加了 viewport meta 标记之后的显示效果。将 initial-scale 的值设为 1，阻止移动浏览器缩小网页，使显示效果更合理。代码如下所示：

```
<meta name = "viewport" content = "width = device-width, initial-scale = 1.0">
```

为了编码 viewport meta 标记，需要在 meta 标记中指定 name="viewport"，同时配置 content 属性。content 属性的值可以是一个或者多个指令 (Apple 称为属性)，例如 device-width 指令和控制缩放的指令。表 8.6 总结了 viewport meta 标记的指令及其值。

现在通过控制缩放保证了网页的可读性，接着如何设置样式来获得最优的移动设备显示效果呢？这时就该 CSS 登场了。下一节将探索 CSS 媒体查询技术。

图 8.26　没有配置 viewport meta 标记的网页在移动设备上的显示

图 8.27　利用 viewport meta 标记改善移动设备上的显示

表 8.6　viewport meta 标记的指令

指令	值	作用
width	数值或者 device-width，后者代表设备屏幕的实际宽度	以像素为单位的视口宽度
height	数值或者 device-height，后者代表设备屏幕的实际高度	以像素为单位的视口高度
initial-scale	数值倍数。1 代表 100% 初始缩放比例	视口的始缩放比例
minimum-scale	数值倍数。移动 Safari 浏览器默认是 0.25	视口的最小缩放比例
maximum-scale	数值倍数。移动 Safari 浏览器默认是 1.6	视口的最大缩放比例
user-scalable	yes 允许缩放，no 禁止缩放	指定是否允许用户缩放

> **Quick TIP**
>
> 如果网页包含一个电话号码，那么手机用户点击号码就可以打电话或者发送短信，这是不是显得很 "酷" ？其实很容易配置拨号或短信链接。根据 RFC 3966 标准，可将 href 的值配置成以 tel: 开头的电话号码来拨打电话，例如：
>
> ```
> <a href="tel:888-555-5555">Call 888-555-5555</a>
> ```
>
> RFC 5724 则规定可以将 href 的值配置成以 sms: 开头的电话号码来发送短信，例如：
>
> ```
> <a href="sms:888-555-5555">Text 888-555-5555</a>
> ```
>
> 并不是所有移动浏览器和设备都支持电话和短信链接，但未来这个技术的普遍运用是可以预见的。第 8 章的案例学习将练习使用 tel:。

8.12　CSS 媒体查询

第 3 章讲述了可灵活响应的网页设计，即渐进式增强网页以适应不同的观看环境 (例如手机和平板)。这是通过一系列编码技术来实现的，包括流动布局、灵活图像和媒体查询。

要体验灵活响应网页设计的优势，可参考图 3.45、图 3.46、图 3.47 和图 3.48。它们实际是同一个 .html 网页文件，只是用 CSS 进行了配置，通过媒体查询来适配不同视口大小。另外可以参考 Media Queries 网站 (http://mediaqueri.es)，它展示了一系列采用灵活响应网页设计的站点。一系列截图展示了在不同视口宽度下的网页显示：320px(智能手机)、768px(平板竖放)、1024px(上网本和平板横放) 以及 1600px(大的桌面显示)。

什么是媒体查询

根据 W3C 的定义 (http://www.w3.org/TR/css3-mediaqueries)，媒体查询由媒体类型 (比如屏幕) 和判断浏览器所在设备功能 (比如屏幕分辨率和方向) 的逻辑表达式构成。如媒体查询返回 true，就选用对应的 CSS。主流浏览器的最新版本都支持媒体查询。

使用 link 元素的媒体查询例子

图 8.28　在移动设备上的显示

图 8.28 显示的是和图 8.26 一样的网页，但外观有很大不同，因为 link 元素包含一个媒体查询，并关联了专为手机等移动设备显示而优化的 CSS 样式表。HTML 代码如下所示：

```
<link href="lighthousemobile.css" rel="stylesheet"
        media="(max-width: 480px)">
```

上述示例代码指示浏览器使用针对大多数智能手机而优化的外部样式表。表 8.7 总结了常用媒体类型和关键字。这里将 max-width 设为 480px。虽然手机具有多种屏幕大小，但将最大宽度设为 480px，能覆盖大多数流行型号竖放时的显示尺寸。可在媒体查询中同时测试最小和最大值，例如：

```
<link href="lighthousetablet.css" rel="stylesheet"
      media="(min-width: 768px) and (max-width: 1024px)">
```

表 8.7　常用媒体类型

媒体类型	说明
all	所有设备 (默认)
screen	网页的屏幕显示
speech	能 "朗读" 网页的设备 (比如屏幕朗读软件)
print	网页的打印稿

使用 @media 规则的媒体查询示例

使用媒体查询的第二个方法是使用 @media 规则直接在 CSS 中编码。先写 @media，再写媒体类型和逻辑表达式。然后在一对大括号中写希望的 CSS 选择符和样式声明。下例专门为手机显示配置一张不同的背景图片。

```
@media (max-width: 480px) {
    header { background-image: url(mobile.gif); }
}
```

表 8.8 总结了常用媒体查询功能。

表 8.8　常用媒体查询功能

功能	值	条件
max-device-height	数值	以像素为单位的输出设备屏幕高度小于或等于指定值
max-device-width	数值	以像素为单位的输出设备屏幕宽度小于或等于指定值
min-device-height	数值	以像素为单位的输出设备屏幕高度大于或等于指定值
min-device-width	数值	以像素为单位的输出设备屏幕宽度大于或等于指定值
max-height	数值	以像素为单位的视口高度小于或等于指定值 (改变大小时重新计算)
min-height	数值	以像素为单位的视口高度大于或等于指定值 (改变大小时重新计算)
max-width	数值	以像素为单位的视口宽度小于或等于指定值 (改变大小时重新计算)
min-width	数值	以像素为单位的视口宽度大于或等于指定值 (改变大小时重新计算)
orientation	portrait(竖) 或 landscape(横)	设备方向

移动优先

许多 Web 开发人员都遵循称为 "移动优先" 的一种灵活响应设计布局策略。这是由《点石成金：Web 表单设计》作者卢克·罗布勒斯基 (Luke Wroblewski) 在 20 年前提出的一个概念。即先配置在智能手机上良好显示的网页布局 (可用小的浏览器窗口来测试)。该布局在移动设备上的显示速度是最快的。接着增大浏览器视口，直到布局发生 "断裂" (走样)，需要修改来适应更大屏幕的显示——这时就要编码一个媒体查询了。如有必要，可继续增大浏览器视口，直到再次发生 "断裂"，编码更多媒体查询。

8.11 用媒体查询实现灵活响应的布局

 动手实作8.6 ————————————————

小屏幕 **中等屏幕** **大屏幕**

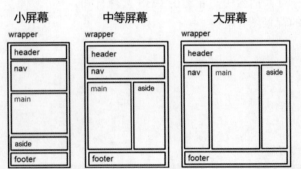

图8.29 三个线框图

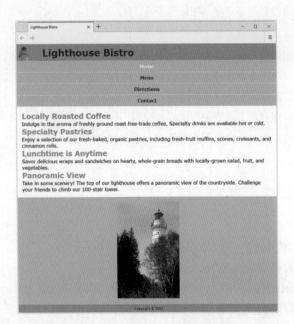

图8.30 正常流动的、全宽的块元素

这个动手实作将运用"移动优先"策略来进行灵活响应的设计。首先配置在智能手机上良好显示的网页布局(用小的浏览器窗口来测试)。然后增大浏览器视口,直到设计发生"断裂",这时使用传统浮动布局技术(参见第7章)编码媒体查询和更多CSS。图8.29展示了三种不同布局的线框图。新建文件夹 ch8resp,从 chapter8 文件夹复制 starter6.html 文件,再从 chapter8/starters 文件夹复制 lighthouse.jpg 和 light.gif 文件。

1. 启动文本编辑器并打开 starter6.html 文件。查看 HTML,注意,在分配了 wrapper id 的一个 div 中包含 header,nav,main,aside 和 footer 等子元素。

```
<div id="wrapper">
    <header> … </header>
    <nav> … </nav>
    <main> … </main>
    <aside> … </aside>
    <footer> … </footer>
</div>
```

再查看CSS,注意 wrapper id 的子元素(header,nav,main,aside 和 footer)没有关联 float 属性。浏览器采用正常流动来渲染该网页,即元素一个接一个显示,就像图8.29的"小屏幕"线框图一样。还要注意,这里没有设置最小宽度。该布局在智能手机上显示效果最佳。将文件另存为 index.html。

2. 在桌面浏览器中显示 index.html 文件。在标准大小的浏览器视口中，显示效果有点奇怪，如图 8.30 所示。但不必担心，这个布局本来就是为窄小的手机屏幕开发的。这时可以缩小浏览器，直至获得如图 8.31 所示的效果，这相当于模拟了手机显示。

3. 要在移动设备上获得舒适和稳定的显示，还有一个东西不可少：viewport meta 标记。在文本编辑器中打开 index.html，在 head 区域添加一个 viewport meta 标记：

```
<meta name="viewport" content="width=device-width, initial-scale=1.0">
```

保存文件。在桌面浏览器上显示时效果不变。示例解决方案是 chapter8/8.6/step3.html。图 8.32 展示了网页在智能手机上的显示。

4. 过去，Web 开发人员经常要针对特定设备（比如手机和平板）来开发。现在的做法是自行加宽浏览器窗口，直到显示开始"断裂"或者变得难看，这时就可确定媒体查询的条件。在浏览器中显示 index.html，先用窄窗口显示，再逐渐加宽。变得不好看的宽度是大约 600px，这时就确定了媒体查询的条件。

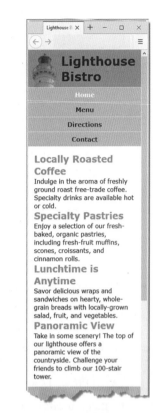

图 8.31　模拟智能手机的显示

下面按照图 8.29 的"中等屏幕"线框图来配置布局，具体就是水平标题，水平导航，并排的 main 和 aside 元素，以及水平页脚。

在文本编辑器中打开 index.html。在其他样式规则后编码 CSS 媒体查询，在视口的 min-width 变成 600px 时改变布局。在媒体查询中添加样式规则为水平导航区域配置 inline-block 显示、宽度、填充、文本居中和无边框。为 main 元素选择符配置左浮动，宽度 55%。为 aside 元素选择符配置 55% 左侧边距。再为 footer 元素选择符配置清除浮动。CSS 代码如下所示：

图 8.32　智能手机上的显示

```
@media (min-width: 600px) {
    nav li { display: inline-block;
                width: 7em;
                padding: 0.5em;
                        border: none; }
    nav ul { text-align: center; }
    main { float: left; width: 55%; }
    aside { margin-left: 55%; }
    footer { clear: both; }
}
```

保存文件并在浏览器中测试。应该能改变浏览器视口大小来获得如图 8.33 所示的效果。示例解决方案是 chapter8/8.6/step4.html。

5. 重复上述步骤来获得下一个断点的条件。在视口宽度变成约 1024px 时，网页的显示开始变得难看起来。这就是下一个媒体查询的条件。这时按照图 8.29 的"大屏幕"线框图来配置布局。具体就是水平标题，并排的 nav、main 和 aside 元素以及水平页脚。

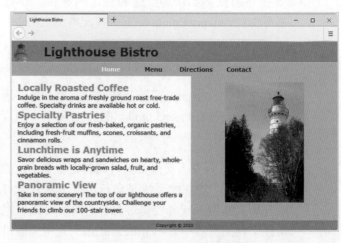

图 8.33 实现"中等屏幕"显示

在文本编辑器中打开 index.html。在其他样式规则后编码 CSS 媒体查询，在视口的 min-width 变成 1024px 时改变布局。在媒体查询中添加样式规则为 nav 元素配置左浮动。为居中的 wrapper id 配置 80% 宽度和 1200px 最大宽度。再为 body 元素选择符配置 #000066 背景色。CSS 代码如下所示：

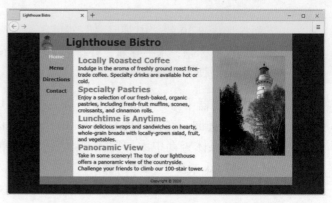

图 8.34 实现桌面浏览器中上的"大屏幕"显示

```
@media (min-width: 1024px){
    nav li { display: block; }
    nav ul { text-align: left; }
    nav { float: left; }
    #wrapper { width: 80%; margin: auto; max-width: 1200px; }
    body { background-color: #000066; }
}
```

保存文件并在浏览器中测试。应该能改变浏览器视口大小来获得如图 8.34 所示的效果。示例解决方案是 chapter8/8.6/index.html。

这个动手实作通过媒体查询来配置浮动布局。由于浮动布局历史悠久，所以有必要熟悉一下它。下个动手实作将采用更时髦的方法来应用媒体查询并配置网格布局。

? FAQ 媒体查询的值应如何选择？

　　配置媒体查询没有统一标准。Web 开发人员刚开始写媒体查询时，市面上的移动设备较少，能精确指定像素精度。但现在情况变了，一般要用 max-width 和 / 或 min-width 判断视口大小。以下媒体查询判断最大宽度是否小于等于 480 像素：

```
@media   (max-width: 480px) {
}
```

常用设备的媒体查询"断点"可参考 https://responsivedesign.is/develop/browser-feature-support/media-queries-for-common-device-breakpoints/。但目前不同移动设备的屏幕分辨率千差万别，所以更好的做法是先着眼于内容的灵活显示，再配置内容来适配不同屏幕大小。取决于具体内容，需不断测试网页才能获得最佳方案。留意网页上是否出现了太长的行或太多空白，这些都是需要新的媒体查询的信号。

本章大多数例子都用像素值作为媒体查询的条件，但有的开发者更喜欢使用 em 单位。动手实作 8.6 的第一个媒体查询可修改为检查 min-width 是否为 40em：

```
@media (min-width: 40em) {
}
```

学生文件 chapter8/8.6/emunit.html 是采用 em 单位的媒体查询的一个例子。

Explore FURTHER 访问以下资源获取更多媒体查询示例和教程：

▸　　https://developers.google.com/web/fundamentals/design-and-ux/responsive/
▸　　https://www.smashingmagazine.com/2018/02/media-queries-responsive-design-2018/
▸　　https://css-tricks.com/snippets/css/media-queries-for-standard-devices/

Quick TIP 可用 Google Chrome Dev Tools 测试灵活响应的网页。访问以下资源：https://developers.google.com/web/tools/chrome-devtools/device-mode/https://developers.google.com/web/tools/chrome-devtools/device-mode/emulate-mobile-viewports

8.12　用媒体查询实现灵活响应的网格布局

　动手实作 8.7

小屏幕　　　中等屏幕　　　大屏幕

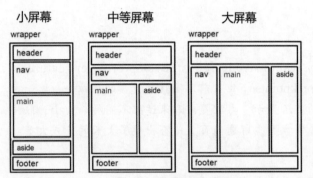

图 8.35　三个线框图

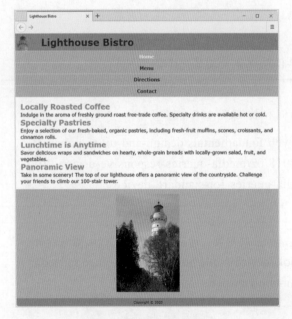

图 8.36　网页的初始显示

这个动手实作将运用"移动优先"策略来进行灵活响应的设计，将综合运用网格布局和媒体查询。首先配置在智能手机上良好显示的网页布局（用小的浏览器窗口来测试）。然后增大浏览器视口，直到设计发生"断裂"，这时就需要编码媒体查询和更多 CSS，为网页使用网格布局，并为导航区域使用灵活框布局。8.35 展示了三种不同布局的线框图。新建文件夹 ch8resp2，从 chapter8 文件夹复制 starter6.html 文件，再从 chapter8/starters 文件夹复制 lighthouse.jpg 和 light.gif 文件。

1. 启动文本编辑器并打开 starter6.html 文件。查看 HTML，注意，在分配了 wrapper id 的一个 div 中包含 header, nav, main, aside 和 footer 等子元素。wrapper id 将成为网格容器。header, nav, main, aside 和 footer 这几个元素是网格项。

```
<div id="wrapper">
    <header> … </header>
    <nav> … </nav>
    <main> … </main>
    <aside> … </aside>
    <footer> … </footer>
</div>
```

再查看 CSS，注意虽然有样式设置了元素的外观，但 CSS 没有包含任何布局样式。浏览器采用正常流动来渲染该网页，即元素一个接一个显示，就像图 8.35 的"小屏幕"线框图一样。还要注意，这里没有设置最小宽度。该布局在智能手机上显示效果最佳。将文件另存为 index.html。

2. 在桌面浏览器中显示 index.html 文件。在标准大小的浏览器视口中，显示效果有点奇怪，如图 8.36 所示。但不必担心，这个布局本来就是为窄小的手机屏幕开发的。你这时可以缩小浏览器，直至获得如图 8.37 所示的效果，这相当于模拟了手机显示。

3. 要在移动设备上获得舒适和稳定的显示，还有一个东西不可少：viewport meta 标记。在文本编辑器中打开 index.html，在 head 区域添加一个 viewport meta 标记：

```
<meta name="viewport" content="width=device-width, initial-scale=1.0">
```

保存文件。在桌面浏览器上显示时效果不变。示例解决方案是 chapter8/8.7/step3.html。图 8.32 展示的是网页在智能手机上的显示。

4. 既然网页在"正常流动"的情况下能良好显示，所以只需在触发媒体查询时配置网格布局。加宽浏览器窗口，直到显示开始"断裂"或者变得难看，这时就可确定媒体查询的条件。在浏览器中显示 index.html，先用窄窗口显示，再逐渐加宽。变得不好看的宽度是大约 600px，第一个媒体查询和网格布局将以此为条件。

图 8.37　模拟智能手机的显示

下面按照图 8.35 的"中等屏幕"线框图来配置布局，具体就是水平标题，水平导航，并排的 main 和 aside 元素，以及水平页脚。

在文本编辑器中打开 index.html。在其他样式规则后编码 CSS 媒体查询，在视口的 min-width 变成 600px 时改变布局。图 8.38 细化了图 8.35 的"中等屏幕"布局。

图 8.39 展示了浏览器中的最终效果。注意，导航区域现在是水平的而非垂直的。我们将用灵活框布局来配置。

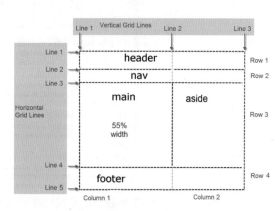

图 8.38　详细的"中等屏幕"布局线框图

将 nav ul 元素选择符配置成灵活框容器，将 flex-direction 设为 row，将 flex-wrap 设为 nowrap，并将 justify-content 设为 space-around。还要编码 CSS 来消除导航区域中的 li 元素的底部边框。接着配置 id 为 wrapper 的一个网格，用它包含 header，nav，main，aside 和 footer 等网格项。编码时，参考图 8.38 的网格布局。将网格第一列设为 55% 宽度。其他列和所有行设为 auto。为每个网格项配置 grid-row 值和 grid-column 值。CSS 代码如下所示：

```
@media (min-width: 600px) {
    nav ul { display: flex; flex-flow: row; flex-wrap: nowrap;
            justify-content: space-around; }
    nav ul li { border-bottom: none; }
    #wrapper { display: grid;
                grid-template-columns: 55% auto;
                grid-template-rows: auto auto auto auto; }
    header      { grid-row: 1 / 2; grid-column: 1 / 3; }
    nav { grid-row: 2 / 3; grid-column: 1 / 3; }
    main        { grid-row: 3 / 4; grid-column: 1 / 2; }
    aside       { grid-row: 3 / 4; grid-column: 2 / 3; }
    footer      { grid-row: 4 / 5; grid-column: 1 / 3; }
}
```

保存文件并在浏览器中测试，效果如图 8.39 所示。示例解决方案是 chapter8/8.7/step4.html。

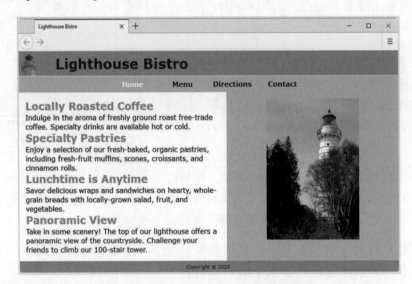

图 8.39　用网格布局实现"中等屏幕"布局

5. 重复上述步骤来获得下一个断点的条件。在视口宽度变成约 1024px 时，网页的显示开始变得难看起来。这就是下一个媒体查询的条件。这时按照图 8.35 的"大屏幕"线框图来配置布局。具体就是水平标题，并排的 nav、main 和 aside 元素以及水平页脚。

图 8.40 是细化的"大屏幕"网格布局线框图。图 8.41 是在浏览器中显示的最终效果。注意网页发生的变化：居中的网页内容两侧均显示了一个深蓝

色背景，并使用了一个垂直导航区域。

在文本编辑器中打开 index.html。在其他样式规则后编码 CSS 媒体查询，在视口的 min-width 变成 1024px 时改变布局。在媒体查询中添加样式规则为 body 元素选择符配置深蓝色背景，居中 wrapper id，并将 nav ul 元素选择符配置成灵活框容器，将 flex-direction 设为 column，将 flex-wrap 设为 nowrap。

接着将 wrapper id 配置成网格，其中包含 header，nav，main，aside 和 footer 等网格项。编码时参考图 8.40 的网格布局。将网格第一列设为 55% 宽度。其他列和所有行设为 auto。为每个网格项配置 grid-row 和 grid-column 值。CSS 代码如下所示：

```
@media (min-width: 1024px) {
  body { background-color: #000066; }
  nav ul { display: flex;
           flex-direction: column;
           flex-wrap: nowrap; }
  #wrapper { width: 80%;
             margin: auto; max-width: 1200px;
             display: grid;
             grid-template-columns: 150px auto auto;
             grid-template-rows: auto auto auto ; }
  header  { grid-row: 1 / 2; grid-column: 1 / 4; }
  nav     { grid-row: 2 / 3; grid-column: 1 / 2; }
  main    { grid-row: 2 / 3; grid-column: 2 / 3; }
  aside   { grid-row: 2 / 3; grid-column: 3 / 4; }
  footer  { grid-row: 3 / 4; grid-column: 1 / 4; }
}
```

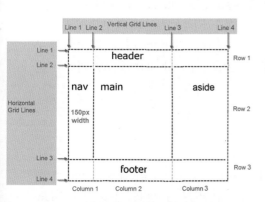

图 8.40　详细的"大屏幕"布局线框图

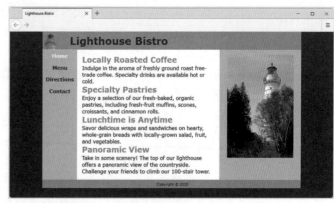

图 8.41　用网格布局实现"大屏幕"布局

保存文件并在浏览器中测试。应该能改变浏览器视口大小来获得图 8.41 所示的效果。示例解决方案是 chapter8/8.7/index.html。

8.13 用 CSS 实现灵活图像

马科特 (Ethan Marcotte) 在他的《灵活响应的网页设计》(Responsive Web Design) 一书中将灵活图像描述成一种能流动的图像，在浏览器视口大小发生改变时不会破坏页面布局。灵活图像、流动布局和媒体查询是灵活响应的网页设计的关键组件。本章将介绍配置灵活图像的几种不同的编码技术。

配置灵活图像最常用的技术是修改 HTML，并配置额外 CSS 来指定灵活图像的样式。

1. 在 HTML 中编码 img 元素。删除 height 和 width 属性。

2. 在 CSS 中配置 max-width: 100%; 样式声明。如果图片宽度小于容器元素宽度，图片以实际大小显示。如果图片宽度大于容器元素宽度，浏览器改变图片大小以适应容器 (而不是只显示一部分)。

3. 为保持图片长宽比，拉森 (Bruce Lawson) 建议在 CSS 中配置 height: auto; 样式声明 (参考 http://brucelawson.co.uk/2012/responsive-web-design-preservingimages-aspect-ratio)。

背景图片也可配置在不同大小视口中更灵活地显示。虽然用 CSS 配置背景图片时经常编码 height 属性，但背景图片的显示可能没那么灵活。为解决该问题，可尝试用百分比值配置容器元素的其他 CSS 属性，比如 font-size, line-height 和 padding。另外，background-size: cover; 属性也很有用。这样往往能在不同大小的视口中获得更佳的背景图片显示。另一个方案是配置不同大小的背景图片，并通过媒体查询决定要显示哪一张。这个方案的缺点是下载多个文件但只显示一个。下个动手实作将练习运用灵活图像技术。

 动手实作 8.8

这个动手实作将修改演示了灵活响应网页设计的一个网页。图 8.42 显示了同一个网页在不同视口宽度下的效果。默认为小视口显示单栏布局，视口最小宽度为 38em 时显示双栏布局，视口最小宽度为 65em 时显示三栏布局。下面将编辑 CSS 来配置灵活图像。

新建文件夹 flexible8。从 chapter8 文件夹复制 starter8.html 文件并重命名为 index.html。从 chapter8/starters 文件夹复制图片文件 header.jpg 和 pools.jpg。在浏览器中测试 index.html，效果如图 8.43 所示。在文本编辑器中打开文件，注意，已经从 HTML 中移除了 height 和 width 属性。查看 CSS，注意网页使用网格布局，导航区域使用灵活框布局。

图 8.42　该网页演示了灵活响应的网页设计技术

图 8.43　配置灵活图像之前的网页

像下面这样编辑嵌入 CSS。

1. 找到 h1 元素选择符。添加声明将字号设为 300%，将底部填充设为 5%，左侧填充设为 1em。CSS 代码如下所示：

```
h1 { text-align: center;
      font-size: 300%;
      padding-bottom: 1em;
      text-shadow: 3px 3px 3px #E9FBFC; }
```

2. 找到 header 元素选择符，添加 background-size: cover; 声明指示浏览器对背景图片进行比例缩放以填充容器。CSS 代码如下所示：

```
header { background-image: url(header.jpg);
         background-repeat: no-repeat;
         background-size: cover; }
```

3. 为 img 元素选择符添加样式规则，将最大宽度设为 100%，高度设为 auto。CSS 代码如下所示：

```
img { max-width: 100%;
      height: auto; }
```

4. 保存 index.html 并在桌面浏览器中测试。逐渐改变浏览器窗口大小，注意，会出现如图 8.42 所示的变化。网页会灵活响应视口宽度，因为它运用了以下灵活响应网页设计技术：流动布局、媒体查询和灵活图像。chapter8/8.8 文件夹提供了示例解决方案。

8.14 picture 元素

HTML 5.1(http://www.w3.org/TR/html51) 新增了 picture 元素，旨在根据 Web 开发人员设定的条件显示不同图片。目前，最新版的 Firefox，Chrome，Safari，Opera 和 Edge 都支持。访问 http://caniuse.com/picture 了解不同浏览器的支持程度。该元素以 <picture> 开头，以 </picture> 结尾。作为容器元素，它要和多个 source 元素一起编码，提供多个图片文件供浏览器选择。还要编码一个备用 img 元素，为不支持 picture 的浏览器提供图片。

source 元素

source 元素是自包容 (void) 标记，和某个容器元素配合使用。picture 元素 (其他还有 video 和 audio 元素，参见第 11 章) 可包含一个或多个 source 元素。和 picture 元素配合使用时，通常配置多个 source 元素来指定不同图片。source 元素要放到起始和结束 picture 标记之间。表 8.9 总结了在 picture 容器元素中使用的 source 元素的属性。

表 8.9　source 元素的属性

属性	值
srcset	必须。用逗号分隔列表为浏览器提供图片选择。每一项都必须包含图片 URL，可选设置最大视口大小和高分辨率设备上的像素密度
media	可选。指定媒体查询条件
sizes	可选。用数值或百分比值指定图片显示大小。可用媒体查询进一步配置

可以通过 picture 和 source 元素以多种方式配置灵活图像。下面讨论一种基本技术，即通过 media 属性指定显示条件。

 动手实作 8.9

这个动手实作将创建如图 8.44 所示的网页，使用 picture，source 和 img 这三个元素配置灵活图像。

图 8.44　用 picture 元素实现灵活图像

新建 ch8picture 文件夹。从 chapter 8/starters 文件夹复制 large.jpg，medium.jpg，small.jpg 和 fallback.jpg 文件。用文本编辑器打开 chapter1/template.html，另存为 ch8picture 文件夹中的 index.html。修改文件来配置网页。

1. 将一个 h1 元素和 title 元素的文本配置成 Picture Element。

2. 在网页主体添加以下代码：

```
<picture>
    <source media="(min-width: 1200px)" srcset="large.jpg">
    <source media="(min-width: 800px)" srcset="medium.jpg">
    <source media="(min-width: 320px)" srcset="small.jpg">
    <img src="fallback.jpg" alt="waterwheel">
</picture>
```

保存文件并在浏览器中测试。注意随着浏览器视口宽度的变化，显示的图片也会变化。视口最小宽度为 1200px 或更大，显示 large.jpg。最小宽度为 800px 或更大，但小于 1200px，显示 medium.jpg。最小宽度为 320px 或更大，但小于 800px，显示 small.jpg。如果不符合上述任何条件，则显示 fallback.jpg。

测试时改变浏览器视口大小并刷新。不支持 picture 元素的浏览器将显示 fallback.jpg。chapter8/8.9 文件夹包含示例解决方案。

这个动手实作只是用 picture 元素来实现灵活图像的一个非常基本的例子。用 picture 元素实现的灵活图像技术旨在避免 CSS 灵活图像技术需下载多张图片的情况。浏览器根据条件只下载它要显示的那张。

8.15 灵活 img 元素属性

HTML5.1(http://www.w3.org/TR/html51) 为 img 元素新引入了 srcset 属性和 sizes 属性。新版 Firefox，Chrome，Safari，Opera 和 Edge 都支持。访问 http://caniuse.com/srcset 了解不同浏览器的支持程度。

sizes 属性

img 的 sizes 属性作用是告诉浏览器用多大视口显示图片。默认值是 100vw，即用 100% 视口宽度显示图片。sizes 属性值可以是视口宽度百分比，也可以是具体像素宽度 (比如 400px)。sizes 属性值也可包含一个或多个媒体查询，指定不同情况下的宽度。

srcset 属性

img 的 srcset 属性告诉浏览器在不同情况下显示不同图片。值是一个逗号分隔列表，告诉浏览器在不同情况下显示的图片。每个列表项都必须包含图片 URL，可选最大视口大小和针对高分辨率设备的像素宽度。

可以通过 img 元素和 sizes/srcset 属性以多种方式配置灵活图像。下面讨论一种基本技术，用浏览器视口大小指定显示条件。

 动手实作 8.10

这个动手实作将创建如图 8.45 所示的网页，使用 picture，source 和 img 这三个元素配置灵活图像。

新建 ch8image 文件夹。从 chapter 8/starters 文件夹复制 large.jpg，medium.jpg，small.jpg 和 fallback.jpg 文件。用文本编辑器打开 chapter1/template.html，另存为 ch8image 文件夹中的 index.html。修改文件来配置网页。

1. 将一个 h1 元素和 title 元素的文本配置成 Image Element。

图 8.45　用 img 元素的 srcset 属性实现灵活图像

2. 在网页主体添加以下代码：

```
<img src="fallback.jpg"
    sizes="100vw"
    srcset="large.jpg 1200w, medium.jpg 800w, small.jpg 320w"
    alt="waterwheel">
```

保存文件并在浏览器中测试。注意，随着浏览器视口宽度的变化，显示的图片也会
变化。视口最小宽度为 1200px 或更大，显示 large.jpg。最小宽度为 800px 或更大，
但小于 1200px，显示 medium.jpg。最小宽度为 320px 或更大，但小于 800px，显示
small.jpg。不符合上述任何条件，则显示 fallback.jpg。

测试时改变浏览器视口大小并刷新。不支持 img 元素新属性 sizes 和 srcset 的浏览器
将显示 fallback.jpg。chapter8/8.10 文件夹包含示例解决方案。

这个动手实作只是用 img 元素的新属性 sizes 和 srcset 来实现灵活图像的一个非常基
本的例子，旨在避免 CSS 灵活图像技术需下载多张图片的情况。浏览器根据条件只
下载它要显示的那一张。

　灵活图像技术有许多资源可供参考，比如：

- http://responsiveimages.org
- http://www.sitepoint.com/improving-responsive-images-picture-element
- http://blog.cloudfour.com/responsive-images-101-part-5-sizes
- http://blog.cloudfour.com/responsive-images-101-part-4-srcset-width-descriptors

8.16 测试移动显示

测试网页在移动设备上的显示最好的办法是发布到网上并用移动设备访问,如图8.46所示。第12章会介绍如何通过FTP发布网站。

但由于每次都要使用手机可能不便,所以这里提供了几个模拟移动设备的选项。

▶ Opera Mobile Classic Emulator (图 8.47) 支持 Windows,Mac 和 Linux。支持媒体查询。http://www.opera.com/developer/mobile-emulator
▶ iPhone Emulator 在浏览器窗口中运行。支持媒体查询。http://www.testiphone.com
▶ Google Chrome Dev Tools 用 Google Chrome 打开。支持媒体查询。https://developers.google.com/web/tools/chrome-devtools/device-mode/

图 8.46　用智能手机测试网页

图 8.47　用 Opera Mobile Classic Emulator 测试网页

用桌面浏览器测试

没有手机或者无法将文件发布到网上也不用担心,如本章所述(同时参考图 8.48),可以用桌面浏览器模拟网页在移动设备上的显示。

检查媒体查询的位置。

▶ 如果在 CSS 中编码媒体查询,就在桌面浏览器中显示网页,然后改变视口宽度和高度来模拟移动设备的屏幕大小(比如 360×640)。

- 如果在 link 标记中编码媒体查询，就编辑网页，临时修改 link 标记来指向移动 CSS 样式表，然后在桌面浏览器中显示网页，改变视口宽度和高度来模拟移动设备的屏幕大小 (比如 360×640)。

要准确判断浏览器视口的当前大小，可以使用以下工具：

- Chris Pederick's Web Developer Extension
  支持 Firefox 和 Chrome
  http://chrispederick.com/work/web-developer
  选择 Resize > Display Window Size
- Viewport Dimensions Extension
  Chrome 扩展，下载地址是 https://github.com/CSWilson/Viewport-Dimensions

以下免费联机工具可实时查看网页在各种屏幕大小和设备上的显示：

- Am I Responsive: http://ami.responsivedesign.is
- Screenfly: http://quirktools.com/screenfly
- Responsive Design Checker: http://responsivedesignchecker.com

图 8.48　用桌面浏览器模拟移动显示

针对专业开发人员

软件开发人员或 IT 专家可考虑使用针对 iOS 和 Android 平台的 SDK。每种 SDK 都包含移动设备模拟器。访问 https://developer.android.com/studio/index.html，了解 Android SDK 的相关信息。

图 8.49 展示了 Statcounter 的移动设备屏幕分辨率统计数据 (http://gs.statcounter.com/screenresolution-stats/mobile/worldwide)。最流行的移动屏幕分辨率是 360x640，占比 42.41%。最新数据请访问 Statcounter 网站 (http://gs.statcounter.com)。

图 8.49　移动设备屏幕分辨率

复习和练习

复习题

选择题

1. 以下哪个 meta 标记配置移动设备上的显示？（　　）

    A. viewport   B. handheld

    C. mobile   D. screen

2. 为 display 属性分配以下哪个值来配置灵活框 (flexbox) 容器？（　　）

    A. grid   B. flexbox

    C. flex   D. inline

3. 以下哪个属性配置比例缩放的灵活项？（　　）

    A. align-items   B. flex

    C. flex-wrap   D. justify

4. 以下哪个容器元素和 source 元素以及一个备用 img 元素配合起来向浏览器提供多张图片供选择？（　　）

    A. photo   B. picture

    C. figure   D. sourceset

5. 以下哪个属性配置浏览器沿灵活容器的 main axis(主轴) 显示额外空白？（　　）

    A. align   B. flex-flow

    C. flex-direction   D. justify-content

6. 以下哪种技术是为灵活响应的二维网页布局优化的？（　　）

    A. CSS 绝对定位   B. CSS 显示布局

    C. CSS 灵活框布局   D. CSS 网格布局

7. 如果浏览器不支持网格或灵活框布局，会发生什么？（　　）

    A. 浏览器显示警告消息

    B. 浏览器忽略和网格 / 灵活框关联的属性

    C. 设备关机

    D. 浏览器显示一个空白页

8. 用什么技术测试对某个 CSS 属性的支持情况？（　　）

    A. 视口查询　　　　　　　　　　B. 媒体查询

    C. 属性查询　　　　　　　　　　D. 特性查询

9. 用什么属性配置网格轨道 (grid tracks) 之间的空白？（　　）

    A. gutter　　　　　　　　　　　B. align

    C. gap　　　　　　　　　　　　　D. flex-direction

10. 用 img 元素的哪个属性指示浏览器根据具体条件来显示不同文件？（　　）

    A. href　　　　　　　　　　　　B. srcset

    C. sizes　　　　　　　　　　　　D. alt

动手练习

1. 写 CSS 将 nav 元素选择符配置成自动换行的灵活容器。

2. 写 CSS 执行特性查询，检查是否支持 CSS 网格布局。

3. 写 CSS 配置一个两列、两行的网格，分配名为 container 的 id。第一行 100 像素高。第二行的第一个网格项占 75% 宽度。

4. 写 CSS 配置一个媒体查询，在 1024 像素或更窄的屏幕上触发。

5. 创建网页来列出你喜欢的 8 张照片 (或由老师提供)。实现网格或灵活框布局来配置在各种设备上都能灵活响应的显示。

聚焦网页设计

本章练习了创建灵活响应的网页，现在最好在网上探索一下灵活响应 Web 设计的最佳实践。可将以下 URL 作为起点。写一页双倍行距的摘要来描述 4 种推荐的灵活响应 Web 设计实践。

- https://www.smashingmagazine.com/2018/02/media-queries-responsive-design-2018/
- https://www.uxpin.com/studio/blog/best-practices-examples-of-excellent-responsivedesign/
- https://www.impactbnd.com/blog/responsive-design-best-practices
- https://designrevision.com/responsive-web-design-best-practices-2017/
- https://fireart.studio/blog/how-to-design-responsive-website-best-practices/

案例学习：度假村 Pacific Trails Resort

这个案例学习将以第 7 章创建的 Pacific Trails 网站为基础。网站新版本将利用灵活响应的网格布局和媒体查询技术实现在桌面浏览器和移动设备上都能良好显示的外观。和动手实作 8.6 和动手实作 8.7 相似，将依据"移动优先"策略来实现灵活响应的设计。首先检查网页的 HTML 结构，配置在智能手机上能良好工作的网页布局（用小的浏览器窗口来测试）。接着增大浏览器视口，直到设计发生"断裂"。这时需要编码媒体查询和额外的 CSS，为网页使用网格布局，并为导航区域使用灵活框布局。图 8.50 是三种不同布局的线框图，针对不同屏幕大小。主页效果如图 8.51 所示。

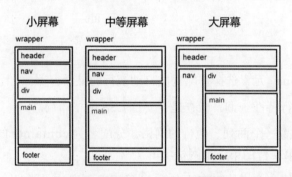

图 8.50　Pacific Trails 线框图

图 8.51　主页

这个案例学习有 5 个任务。

1. 为 Pacific Trails Resort 网站新建文件夹。

2. 检查 HTML 结构，编辑 pacific.css 外部样式表来配置单栏（智能手机）显示。

3. 为中等屏幕移动设备上的网页显示配置 CSS。

4. 为大屏移动设备和桌面上的网页显示配置 CSS 和 HTML。

5. 为每个网页都添加一个 viewport meta 标记。

任务 1：创建文件夹 ch8pacific 来包含 Pacific Trails Resort 网站文件。我们将第 7 章创建的 ch7pacific 文件夹中的内容复制到这里。

任务 2：配置小的单栏布局。在文本编辑器中打开 index.html 文件。查看 HTML，注意，分配了 wrapper id 的 div 中包含 header，nav，div，main 和 footer 等子元素。

```
<div id="wrapper">
    <header> … </header>
    <nav> … </nav>
    <div id="hero"> … </div>
    <main> … </main>
    <footer> … </footer>
</div>
```

1. 配置 CSS。在文本编辑器中打开 pacific.css 样式表文件。编辑样式，以"正常流动"（无浮动）的方式配置完全宽度的块元素，从而获得在小屏幕上的良好显示。

   1-1 从选择符中删除任何配置浮动和左边距的样式声明。

   1-2 编辑 nav 元素选择符的样式。删除 width 声明。将填充设为 0。配置居中文本。

   1-3 编辑 #wrapper id 选择符的样式。删除 width，min-width，max-width，margin，border 和 box-shadow 声明。

   1-4 为 nav li 选择符编码一个样式规则，设置 1 像素的深蓝色实线底部边框。

   1-5 编辑 header 元素选择符的样式。删除填充和高度的样式声明。

   1-6 编辑 h1 元素选择符的样式。删除 font-size 声明。将顶部和底部填充设为 0.5em。

   1-7 删除 section 元素选择符及其所有样式声明。

   1-8 保存 pacific.css 文件。用 CSS 校验器 (http://jigsaw.w3.org/css-validator) 检查并纠错。

2. 用浏览器打开 index.html 来测试。在正常大小的浏览器视口中，网页的显示有点走样，如图 8.52 所示。这很正常，因为该布局是小屏幕专用的。缩小浏览器视口，直至获得图 8.51 的"小屏幕"显示效果（相当于用浏

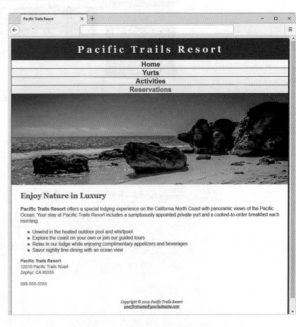

图 8.52　正常流动的全宽块元素

览器模拟手机显示)。以类似方式测试 yurts.html 和 activities.html 文件。在当前的小视口环境下,它们的显示效果应该和图 8.53 和图 8.54 的"小屏幕"相似。

图 8.53　Yurts 页

图 8.54　Activities 页

任务 3:配置中等屏幕布局。在浏览器中显示 index.html,先用窄窗口显示,再逐渐加宽。导航区域开始走样的宽度是大约 600px,这时就确定了媒体查询的条件。触发媒体查询时,要按图 8.50 的"中等屏幕"线框图来布局,要改为使用一个水平导航栏。

1. 配置 CSS。在文本编辑器中打开 pacific.css 样式表文件。在现有样式后配置一个媒体查询,在最小宽度大于等于 600px 时触发。在媒体查询中编码以下样式。

1-1 为 nav ul 选择符配置样式。配置灵活容器来容纳不自动换行的一行。配置样式告诉浏览器在灵活项之前、之间和之后显示空白。

1-2 为 nav li 选择符配置样式。消除底部边框 (提示：使用 border-bottom: none;)。

1-3 为 section 元素选择符编码一个样式规则。设置 2em 左侧和右侧填充。

1-4 保存 pacific.css 文件。用 CSS 校验器 (http://jigsaw.w3.org/css-validator) 检查并纠错。

2. 用浏览器打开 index.html 来测试。改变浏览器视口大小，应该能获得图 8.51 的 "中等屏幕" 显示效果。测试 Yurts 和 Activities 页时，会注意到它们的 "中等屏幕" 显示仍然有别于图 8.53 和图 8.54。

3. 需进行一些修改来配置 Yurts 和 Activities 页，使其 section 元素中的内容使用如图 8.53 和图 8.54 所示的三栏布局。一个办法是像第 7 章的案例学习那样，为 section 元素选择符配置右侧浮动和 33% 宽度。另一个办法是将 main 元素配置成网格，如图 8.55 所示，这是这个案例学习要采取的做法。

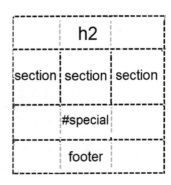

图 8.55　在内容页上配置网格

3-1 修改 HTML。content 类告诉浏览器专门为三栏内容网页配置 main 元素区域。编辑 yurts.html 文件。为起始 body 标记添加 class="content"。保存文件。再编辑 activities.html 文件，同样为起始 body 标记添加 class="content"。保存文件。

3-2 修改 CSS。编辑 pacific.css 文件来配置网格。第一行包含 h2 元素。第二行包含所有 section 元素。第三行 (#special id) 将在第 9 章的案例学习中使用。最后一行是页脚行。在媒体查询中添加以下样式，配置当 main 元素属于 .content 类时应如何显示。

```
.content main { display: grid;
                grid-template-rows: auto;
                grid-template-columns: 1fr 1fr 1fr; }
h2           { grid-row: 1 / 2; grid-column: 1 / 5; }
section      { grid-row: 2 / 3; grid-column: auto; }
#special     { grid-row: auto; grid-column: 1 / 5; }
footer       { grid-row: auto; grid-column: 1 / 5; }
```

3-3 保存 pacific.css 文件。用 CSS 校验器 (http://jigsaw.w3.org/css-validator) 检查并纠错。

3-4 在浏览器中测试 index.html，yurts.html 和 activities.html 网页。index.html 的显示应保持不变。然而，Yurts 页的效果应该像图 8.53 那样，Activities 页的效果应该像 8.54 那样。

任务 4：配置大网格布局。在浏览器中显示 index.html，先用窄窗口显示，再逐渐加宽。网页开始变得有点 "走样" 的宽度是大约 1024px，这时就确定了媒体查询的条件。触发媒体查询时要根据图 8.56 的网格布局来配置，对应图 8.50 的"大屏幕"线框图。

4. 配置 CSS。在文本编辑器中打开 pacific.css 样式表文件。在现有样式后配置一个媒体查询，在最小宽度大于等于 1024px 时触发。在媒体查询中编码以下样式。

4-1 为 nav ul 选择符配置样式。将 flex-direction 属性设为 column。将顶部填充设为 1em。

4-2 为 nav 元素选择符配置样式。配置文本左对齐，1em 左侧填充。

4-3 为 #wrapper id 选择符配置样式。设置区域水平居中 (提示：margin: auto;)，80% 宽度，深蓝色边框以及一个框阴影 (box shadow)。将该选择符配置成网格容器。参照图 8.56 配置 grid-template-columns 和 grid-template-rows 属性。

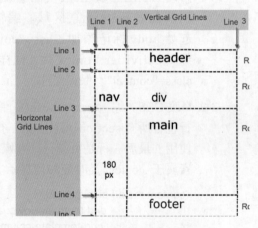

4-4 配置 #wrapper 的子元素 (header, nav, div, main 和 footer) 的 grid-row 和 grid-column 属性。

4-5 保存 pacific.css 文件。

图 8.56　大屏幕显示时的网格布局

5. 用浏览器打开 index.html 来测试。改变浏览器视口大小，应该能获得图 8.51 的"大屏幕"显示效果。测试 Yurts 和 Activities 页时，注意前者的效果类似于图 8.53，后者类似于图 8.54。

任务 5：添加 viewport meta 标记。在文本编辑器中编辑 index.html，yurts.html 和 activities.html 文件。在每个网页的 head 区域配置 viewport meta 标记，将 width 设为 device-width，将 initial-scale 设为 1.0。保存文件并在浏览器中测试。显示不会变化，但 viewport meta 标记将改善在移动设备上的显示。

案例学习：瑜珈馆 Path of Light Yoga Studio

这个案例学习将以第 7 章创建的 Path of Light Yoga Studio 网站为基础。网站新版本将利用灵活响应的网格布局和媒体查询技术实现在桌面浏览器和移动设备上都能良好显示的外观。和动手实作 8.6 和动手实作 8.7 相似，将依据"移动优先"策略来实现灵活响应的设计。首先检查网页的 HTML 结构，配置在智能手机上能良好工作的网页布局 (用小的浏览器窗口来测试)。接着增大浏览器视口，直到设计发生"断裂"。这时需要编码媒体查询和额外的 CSS，为导航区域使用灵活框布局。图 8.57 是三种不同布局的线框图，针对不同屏幕大小。主页效果如图 8.58 所示。

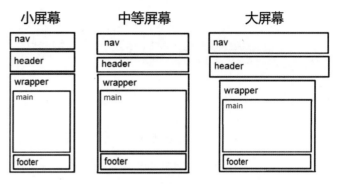

图 8.57　Path of Light Yoga Studio 线框图

这个案例学习有 5 个任务。

图 8.58　主页

1. 为 Path of Light Yoga Studio网站新建文件夹。

2. 编辑 yoga.css 外部样式表来配置单栏 (智能手机) 显示。

3. 为中等屏幕移动设备上的网页显示配置 HTML 和 CSS。

4. 为大屏移动设备和桌面上的网页显示配置 CSS。

5. 为每个网页都添加一个 viewport meta 标记。

任务 1：创建文件夹 ch8yoga 来包含 Path of Light Yoga Studio 网站文件。将第 7 章创建的 ch7yoga 文件夹中的内容复制到这里。

任务 2：配置小的单栏布局。在文本编辑器中打开 index.html 文件。查看 HTML，注意首先是 nav 和 header 元素，然后是分配了 wrapper id 的 div。子元素 main 和 footer 包含在该 div 中。

```
<nav> … </nav>
<header> … </header>
<div id="wrapper">
    <main> … </main>
    <footer> … </footer>
</div>
```

1. 配置 CSS。在文本编辑器中打开 yoga.css 样式表文件。编辑样式，以"正常流动"(无浮动)的方式配置全宽的块元素，从而获得在小屏幕上的良好显示。

1-1 编辑 body 元素选择符的样式。删除 max-width 和 min-width 声明。

1-2 编辑 nav 元素选择符的样式。将 height 设为 auto。将右侧填充设为 0。

1-3 编辑 #wrapper id 选择符的样式。删除边距和宽度声明。

1-4 编辑 header 元素选择符的样式。将字号设为 90%，最小高度设为 200px。

1-5 删除 .onethird 类选择符及其样式声明。

1-6 删除 .onehalf 类选择符及其样式声明。

1-7 编辑 .home 类选择符的样式。删除 font-size 和 min-height 声明。将高度设为 20vh(视口高度的 20%)，将顶部填充设为 2em，将左侧填充设为 10%。

1-8 编辑 .content 类选择符的样式。删除 padding-bottom 声明。将左侧填充设为 10%，将高度设为 20vh。

1-9 编辑 nav li 选择符的样式。将宽度设为 30%。

1-10 为 section 元素选择符编码样式。将左右填充设为 .5em。

1-11 主题 (hero) 图片在小设备上不显示。编辑 #mathero 和 #loungehero 选择符的样式。将 display 设为 none。同时删除 clear 声明。

1-12 为 #flow id 选择符编码样式。将 display 设为 block。

1-13 保存 yoga.css 文件。用 CSS 校验器 (http://jigsaw.w3.org/css-validator) 检查并纠错。

2. 用浏览器打开 index.html 来测试。该布局小屏幕专用。缩小浏览器视口，直至获得图 8.58 的"小屏幕"显示效果 (相当于用浏览器模拟手机显示)。以类似方式测试 classes.html 和 schedule.html。

任务 3：配置中等屏幕布局。首先编辑 HTML 来配置在较宽视口中的显示。接着为第一个 CSS 媒体查询配置 600px 或更宽时的显示。触发媒体查询时，按图 8.57 的"中等屏幕"线框图来配置布局，网页效果如图 8.58、图 8.59 和图 8.60 所示。

1. 编辑 HTML。需要修订课程和课表页的内容区域。

1-1 在文本编辑器中打开课程页 classes.html。从所有 section 元素中删除 class="onethird"。编码一个 div，为其分配 flow id。该 div 包含所有 section 元素。保存文件。

1-2 在文本编辑器中打开课表页 schedule.html。从所有 section 元素中删除 class="onehalf"。编码一个 div，为其分配 flow id。该 div 包含所有 section 元素。保存文件。

小屏幕   中等屏幕   大屏幕

图 8.59　课程页

小屏幕   中等屏幕   大屏幕

图 8.60　课表页

2. 配置 CSS。在文本编辑器中打开 yoga.css 样式表文件。在现有样式后配置一个媒体查询，在最小宽度大于等于 600px 时触发。在媒体查询中编码以下样式。

2-1 为 nav ul 选择符配置样式。配置灵活容器来容纳不自动换行的一行。并将 justify-content 设为 flex-end。

2-2 为 nav li 选择符配置样式。将宽度设为 7em。

2-3 为 section 元素选择符编码样式。设置 2em 左右填充。

2-4 主题图片只在中等和大屏幕上显示。编辑 #mathero 和 #loungehero 选择符的样式。将 display 设为 block，1em 底部填充。

2-5 为 #flow id 选择符编码样式。配置成灵活容器。flex-direction 设为 row。

2-6 保存 yoga.css 文件。用 CSS 校验器 (http://jigsaw.w3.org/css-validator) 检查并纠错。

3. 测试网页。用浏览器打开 index.html。改变浏览器视口大小，应该能获得图 8.58 的"中等屏幕"显示效果。以类似方式测试 classes.html 和 schedule.html。

任务 4：配置大网格布局。下个媒体查询将 1024px 设为断点。触发媒体查询时，根据图 8.57 的"大屏幕"线框图来配置布局。任务完成后的网页显示如图 8.58、图 8.59 和图 8.60 所示。

> **1.** 配置 CSS。在文本编辑器中打开 yoga.css 样式表文件。在现有样式后配置一个媒体查询，在最小宽度大于等于 1024px 时触发。在媒体查询中编码以下样式。
>
> 1-1 为 header 元素选择符编码样式。将字号设为 120%。
>
> 1-2 为 nav 元素选择符编码样式。配置加粗文本。
>
> 1-3 为 .home 类选择符编码样式。将高度设为 50% 视口高度 (50vh)，5em 顶部填充，8em 左侧填充。
>
> 1-4 为 .content 类选择符编码样式。将高度设为 30% 视口高度 (30vh)，2em 顶部填充，8em 左侧填充。
>
> 1-5 为 #wrapper id 选择符编码样式。将区域设为水平居中（提示：margin: auto;)，80% 宽度。
>
> 1-6 保存 yoga.css 文件。用 CSS 校验器 (http://jigsaw.w3.org/css-validator) 检查并纠错。
>
> **2.** 测试网页。用浏览器打开 index.html。改变浏览器视口大小，应该能获得图 8.58 的"大屏幕"显示效果。以类似方式测试 classes.html 和 schedule.html。

任务 5：添加 viewport meta 标记。在文本编辑器中编辑 index.html，classes.html 和 schedule.html 文件。在每个网页的 head 区域配置 viewport meta 标记，将 width 设为 device-width，将 initial-scale 设为 1.0。保存文件并在浏览器中测试。显示不会变化，但 viewport meta 标记将改善在移动设备上的显示。

随着案例学习的完成，你完成了大量工作。现在获得的是一个能灵活响应的设计，在不同大小的视口中都能良好显示。布局采用目前最新的技术来配置，包括灵活布局的导航区域，以及内容页上的另一个灵活容器。Path of Light Yoga Studio 网站既灵活、又好用！

第 9 章

表格基础

本章学习如何编码 HTML 表格来组织网页上的信息。

学习内容

▶ 了解表格在网页上的推荐用途

▶ 使用表格、表行、表格标题和表格单元格创建基本表格

▶ 使用 thead，tbody 和 tfoot 元素配置表格不同区域

▶ 增强表格的无障碍访问能力

▶ 用 CSS 配置表格样式

▶ 了解 CSS 结构性伪类的用途

表格的作用是组织信息。过去，在 CSS 获浏览器普遍支持之前，表格还被用于格式化网页布局。HTML 表格由行和列构成，就像是电子表格。每个表格单元格处于行和列的交汇处。

- 表格定义以 \<table\> 标记开始，\</table\> 标记结束。
- 表格每一行（table row）以 \<tr\> 标记开始，\</tr\> 标记结束。
- 每个单元格 (table data) 以 \<td\> 标记开始，\</td\> 标记结束。
- 表格单元格可包含文本、图片和其他 HTML 元素。

图 9.1 所示的表格包含 3 行和 3 列，相应的 HTML 代码如下所示：

```
<table>
  <tr>
    <td>Name</td>
    <td>Birthday</td>
    <td>Phone</td>
  </tr>
  <tr>
    <td>Jack</td>
    <td>5/13</td>
    <td>857-555-5555</td>
  </tr>
  <tr>
    <td>Sparky</td>
    <td>11/28</td>
    <td>303-555-5555</td>
  </tr>
</table>
```

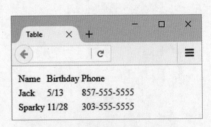

图 9.1 一个 3 行和 3 列的表格

注意，表格是一行一行编码的。类似地，一行中的单元格是一个一个编码的。能注意到这一细节是成功使用表格的关键。例子参考学生文件 chapter9/table1.html。

table 元素

table 元素是包含表格化信息的块级元素。表格以 \<table\> 标记开头，以 \</table\> 标记结束。

border 属性

在 HTML 4 和 XHTML 中,border 属性的作用是配置表格边框的可见性和宽度。border 属性在 HTML5 中的用法不一样。使用 HTML5 代码 border="1" 将导致浏览器围绕表格和单元格显示默认边框。图 9.2 的网页 (chapter9/table1a.html) 显示了一个 border="1" 的表格。如果省略 border 属性,浏览器不围绕表格和单元格显示默认边框。要用 CSS 配置表格边框的样式。本章稍后将进行练习。

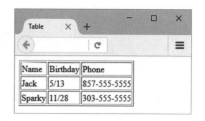

图 9.2　浏览器为表格和单元格
显示可见的边框

表格标题

caption 元素通常与数据表格配合使用来描述该表格的内容。图 9.3 的示例表格使用 <caption> 标记将表格标题设为 "Bird Sightings"。注意 caption 元素紧接在起始 <table> 标记之后。例子请参考学生文件 chapter9/table2.html。表格的 HTML 代码如下所示:

```html
<table border="1">
  <caption>Bird Sightings</caption>
  <tr>
    <td>Name</td>
    <td>Date</td>
  </tr>
  <tr>
    <td>Bobolink</td>
    <td>5/25/10</td>
  </tr>
  <tr>
    <td>Upland Sandpiper</td>
    <td>6/03/10</td>
  </tr>
</table>
```

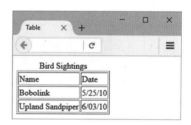

图 9.3　表格标题是 Bird Sightings.

> **FAQ** able 标记的其他属性有何变化,比如 cellpadding, cellspacing 和 summary ?
>
> 　　早期版本的 HTML(比如 HTML 4 和 XHTM) 提供了许多属性来配置 table 元素,包括 cellpadding, cellspacing, bgcolor, align, width 和 summary。这些属性在 HTML5 中被视为无效和废弃。现在是用 CSS 而不是 HTML 属性配置表格样式,比如对齐、宽度、单元格填充、单元格间距和背景颜色。虽然 summary 属性有助于支持无障碍访问和对表格进行描述,但 W3C 建议使用以下技术之一替换 summary 属性并提供表格的上下文描述:在 caption 元素中配置描述性文本,直接在网页上提供一段解释性段落,或者对表格进行简化。本章稍后练习用 CSS 配置表格。

9.2 表行、单元格和表头

▶ 视频讲解：*Configure a Table*

表行元素 (table row) 配置表格中的一行。表行以 <tr> 标记开头，以 </tr> 标记结束。

表格数据 (table data) 元素配置表行中的一个单元格，以 <td> 标记开头，以 </td> 标记结束。

表头 (table header) 元素和表格数据元素相似，都是配置表行中的一个单元格。但它的特殊性在于配置的是列标题或行标题。表头元素中的文本居中并加粗。表头元素以 <th> 标记开头，以 </th> 标记结束。表 9.1 总结了常用属性。

表 9.1　表格数据 (td) 和表头 (th) 元素的常用属性

属性名称	属性值	用途
colspan	数值	单元格跨越的列数
headers	表头单元格的 id	将 td 单元格和 th 单元格关联；可由屏幕朗读器访问
rowspan	数值	单元格跨越的行数
scope	row 或 col	表头单元格的内容是行标题 (row) 还是列标题 (col)；可由屏幕朗读器访问

图 9.4 的表格用 <th> 标记配置了列标题，HTML 代码如下所示 (参考学生文件 chapter9/table3.html)。注意，第一行使用的是 <th> 而不是 <td> 标记。

```
<table border="1">
  <tr>
    <th>Name</th>
    <th>Birthday</th>
    <th>Phone</th>
  </tr>
  <tr>
    <td>Jack</td>
    <td>5/13</td>
    <td>857-555-5555</td>
  </tr>
  <tr>
    <td>Sparky</td>
```

```
            <td>11/28</td>
            <td>303-555-5555</td>
        </tr>
    </table>
```

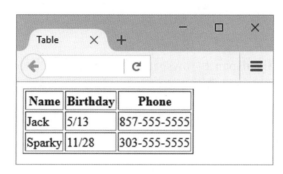

图 9.4　使用 <th> 标记配置列标题

 动手实作 9.1 ————————————————————————————

创建如图 9.5 所示的网页来介绍你上过的两所学校。表格标题是 School History。表格包含 3 行和 3 列。第一行包含表头元素，列标题分别是 School Attended，Years 和 Degree Awarded。第二行和第三行应填写自己的具体信息。

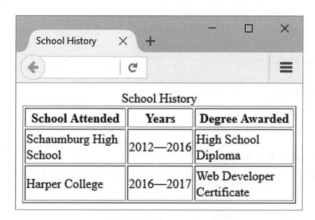

图 9.5　School History 表格

启动文本编辑器并打开模板文件 chapter1/template.html。另存为自己喜欢的文件名。修改 title 元素。使用 table、tr、th、td 和 caption 元素配置如图 9.5 所示的表格。

注意，表格包含 3 行和 3 列。为了配置边框，在 <table> 标记中使用 border="1"。第一行的单元格应使用表头元素 (th)。

保存文件并在浏览器中测试。示例解决方案参考学生文件 chapter9/9.1。

9.3　跨行和跨列

可向 td 或 th 元素应用 colspan 和 rowspan 属性来改变表格的网格外观。进行这种比较复杂的表格配置时，一定先在纸上画好表格，再输入 HTML 代码。

colspan 属性指定单元格所占的列数。图 9.6 展示了一个单元格跨越两列的情况。表格的 HTML 代码如下所示：

```
<table border="1">
  <tr>
    <td colspan="2">This spans two columns</td>
  </tr>
  <tr>
    <td>Column 1</td>
    <td>Column 2</td>
  </tr>
</table>
```

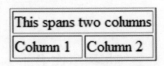

图 9.6　一个单元格跨越两列

rowspan 属性指定单元格所占行数。图 9.7 展示了一个单元格跨越两行的情况。表格的 HTML 代码如下所示：

```
<table border="1">
  <tr>
    <td rowspan="2">This spans two rows</td>
    <td>Row 1 Column 2</td>
  </tr>
  <tr>
    <td>Row 2 Column 2</td>
  </tr>
</table>
```

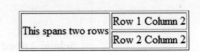

图 9.7　一个单元格跨越两行

与图 9.6 和图 9.7 对应的学生文件是 chapter9/table4.html。

 动手实作 9.2 ——————————————

为了创建如图 9.8 所示的网页，启动文本编辑器并打开模板文件 chapter1/template.html。修改 title 元素。使用 table、tr 和 td 元素配置表格。

1. 编码起始 <table> 标记。用 border="1" 配置边框。

2. 用 <tr> 标记开始第一行。

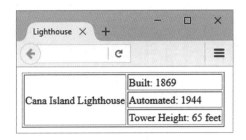

图 9.8　练习 rowspan 属性

3. 表格数据单元格 Cana Island Lighthouse 要跨越 3 行。编码 td 元素并使用 rowspan="3" 属性。

4. 编码 td 元素来包含文本 Built: 1869。

5. 用 </tr> 标记结束第一行。

6. 用 <tr> 标记开始第二行。这一行只有一个 td 元素，因为第一列中的单元格已被"Cana Island Lighthouse"占用。

7. 编码 td 元素来包含文本 Automated: 1944。

8. 用 </tr> 标记结束第二行。

9. 用 <tr> 标记开始第三行。这一行只有一个 td 元素，因为第一列中的单元格已被 Cana Island Lighthouse 占用。

10. 编码 td 元素来包含文本 Tower Height: 65 feet。

11. 用 </tr> 标记结束第三行。

12. 编码结束 </table> 标记。

将文件另存为你喜欢的名字并在浏览器中查看。示例解决方案请参考学生文件 chapter9/9.2。注意，单元格中的文本 Cana Island Lighthouse 在垂直方向居中对齐，这是默认垂直对齐方式。可以用 CSS 修改垂直对齐，本章以后会说明。

? FAQ　能否通过 CSS 创建表格式网页布局？

未必，但正在研发新的 CSS 网页布局技术，其中包括 Flexible Box Layout Module 和 CSS Grid Layout Module。Flexible Box Layout Module (https://www.w3.org/TR/css-flexbox-1) 简称为 Flexbox，旨在实现灵活布局。可灵活地以水平或垂直配置 flex 容器中的元素。Flexbox 目前处于候选推荐阶段，浏览器对它的支持正日益完善。本书附录简单介绍了 Flexbox。CSS Grid Layout (http://www.w3.org/TR/css-grid-1) 旨在定义二维的行、列网格。该技术目前处于工作草案阶段，浏览器仅提供实验性支持。浏览器最新支持情况可参考 http://caniuse.com/#feat=css-grid。

在网页上组织信息时表格很有用。但如果看不到表格，只能依靠屏幕朗读器等辅助技术来读出表格内容，又该怎么办呢？默认会按编码顺序听到表格中的内容，一行接一行，一个单元格接一个单元格。这很难理解。本节要讨论增强表格无障碍访问能力的编码技术。

对于如图 9.9 所示的简单数据表，W3C 的建议如下：

▸ 使用表头元素 (<th> 标记) 指定列或行标题；
▸ 使用 caption 元素提供整个表格的标题。

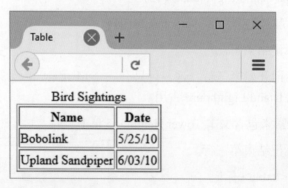

图 9.9　这个简单的数据表使用 <th> 标记和 caption 元素提供无障碍访问

示例网页请参考学生文件 chapter9/table5.html。HTML 代码如下所示：

```
<table border="1">
<caption>Bird Sightings</caption>
  <tr>
    <th>Name</th>
    <th>Date</th>
  </tr>
  <tr>
    <td>Bobolink</td>
    <td>5/25/10</td>
  </tr>
  <tr>
    <td>Upland Sandpiper</td>
    <td>6/03/10</td>
  </tr>
</table>
```

但对于较复杂的表格，W3C 建议将 td 单元格与表头关联。具体就是在 th 中定义 id，在 td 中通过 herders 属性引用该 id。以下代码配置图 9.9 的表格 (学生文件 chapter9/table6.html)：

```
<table border="1">
<caption>Bird Sightings</caption>
  <tr>
    <th id="name">Name</th>
    <th id="date">Date</th>
  </tr>
  <tr>
    <td headers="name">Bobolink</td>
    <td headers="date">5/25/10</td>
  </tr>
  <tr>
    <td headers="name">Upland Sandpiper</td>
    <td headers="date">6/03/10</td>
  </tr>
</table>
```

> **FAQ** 为什么不用 scope 属性?
>
> scope 属性用于关联单元格和行、列标题。它指定一个单元格是列标题(scope="col") 还是行标题(scope="row")。为了生成如图 9.9 所示的表格，可以像下面这样使用 scope 属性(学生文件 chapter9/table7.html)：
>
> ```
> <table border="1">
> <caption>Bird Sightings</caption>
>     <tr>
>       <th scope="col">Name</th>
>       <th scope="col">Date</th>
>     </tr>
>     <tr>
>       <td>Bobolink</td>
>       <td>5/25/10</td>
>     </tr>
>     <tr>
>        <td>Upland Sandpiper</td>
>        <td>6/03/10</td>
>     </tr>
> </table>
> ```
>
> 检查上述代码，会注意到如果使用 scope 属性提供无障碍访问，所需要的编码量要少于使用 headers 和 id 属性所编写的代码。但由于屏幕朗读器对 scope 属性的支持不一，WCAG 2.0 建议使用 headers 和 id 属性，而不是使用 scope 属性。

9.5 用 CSS 配置表格样式

过去普遍使用 HTML 属性配置表格的视觉效果。更现代的方式是用 CSS 配置表格样式。表 9.2 列出了和配置表格样式的 HTML 属性对应的 CSS 属性。

表 9.2 配置表格样式的 HTML 属性和 CSS 属性

HTML 属性	CSS 属性
align	为了对齐表格，要配置 table width 和 margin 属性。例如，以下代码可使表格居中： table { width: 75%; margin: auto; } 要对齐单元格中的内容，则使用 text-align 属性
width	width
height	height
cellpadding	padding
cellspacing	border-spacing 配置单元格边框之间的空白；数值 (px 或 em) 或者百分比。0 值应省略单位。一个值同时配置水平和垂直间距；两个值分别配置水平和垂直间距 border-collapse 配置边框区域。值包括 separate(默认) 和 collapse(删除表格边框和单元格边框之间的额外空白)
bgcolor	background-color
valign	vertical-align
border	border，border-style，border-spacing
无对应属性	background-image
无对应属性	caption-side 指定表题位置。值包括 top(默认) 和 bottom

 动手实作 9.3

这个动手实作将编码 CSS 样式规则来配置一个数据表。新建文件夹 ch9table，将 chapter9 文件夹中的 starter.html 文件复制到这里。在浏览器中打开 starter.html 文件，如图 9.10 所示。

Lighthouse Island Bistro Specialty Coffee Menu

Specialty Coffee	Description	Price
Lite Latte	Indulge in a shot of locally roasted espresso with steamed, skim milk.	$3.50
Mocha Latte	Chocolate lovers will enjoy a shot of locally roasted espresso, steamed milk, and dark, milk, or white chocolate.	$4.00
MCP Latte	A luscious mocha latte with caramel and pecan syrup.	$4.50

图 9.10 用 CSS 配置之前的表格

启动文本编辑器并打开 starter.html。找到 head 部分的 style 标记来编码嵌入 CSS。将光标定位到 style 标记之间的空行。

1. 配置 table 元素选择符使表格居中，使用深蓝色 5 像素边框，宽度 600px。

   table { margin: auto; border: 5px solid #000066; width: 600px; }

   将文件另存为 menu.html 并在浏览器中显示。注意表格现在有了深蓝色边框。

2. 配置 td 和 th 元素选择符。添加样式规则配置边框、填充和 Arial 或默认 sans-serif 字体。

   td, th { border: 1px solid #000066; padding: 5px;
        font-family: Arial, sans-serif; }

   保存文件并在浏览器中显示。注意所有单元格都有边框，且使用 sans-serif 字体。

3. 注意单元格边框之间的空白间距。可以用 border-spacing 属性消除这些空白。为 table 元素选择符添加 border-spacing: 0; 样式规则。保存文件并在浏览器中显示。

4. 使用 Verdana 或者默认 sans-serif 字体显示加粗的表格标题 (caption)，字号为 1.2 em，底部有 5 像素的填充。

   caption { font-family: Verdana, sans-serif; font-weight: bold;
        font-size: 1.2em; padding-bottom: 5px; }

5. 尝试为表行配置背景颜色，而不是为边框上色。修改样式规则，配置 td 和 th 元素选择符，删除边框声明，并将 border-style 设为 none。

   td, th { padding: 5px; font-family: Arial, sans-serif;
        border-style: none; }

6. 新建一个名为 altrow 的类来设置背景颜色。

   .altrow { background-color:#EAEAEA; }

7. 在 HTML 代码中修改 <tr> 标记，将表格第二行和第四行的 <tr> 元素分配为 altrow 类。保存文件并在浏览器中显示。现在的表格应该和图 9.11 相似。

Lighthouse Island Bistro Specialty Coffee Menu

Specialty Coffee	Description	Price
Lite Latte	Indulge in a shot of espresso with steamed, skim milk.	$3.50
Mocha Latte	Choose dark or milk chocolate with steamed milk.	$4.00
MCP Latte	A luscious mocha latte with caramel and pecan syrup.	$4.50

图 9.11 行配置了交替的背景颜色

可以看出，交替的背景颜色使网页增色不少。将你的作业与学生文件 chapter9/9.3 进行比较。

9.6　CSS3 结构性伪类

上一节用 CSS 配置表格，隔行应用类来配置交替背景颜色，或者经常说的"斑马条纹"。但这种配置方法有些不便，有没有更高效的方法？答案是肯定的！CSS3 结构性伪类选择符允许根据元素在文档结构中的位置 (比如隔行) 选择和应用类。CSS3 伪类得到了当前主流浏览器的支持，包括 Firefox，Opera，Chrome，Safari 和 Internet Explorer 9。IE 更早的版本不支持 CSS3 伪类，所以不要完全依赖这个技术，而是应该把它作为对网页的一种增强。表 9.3 列出了 CSS3 结构性伪类选择符及其用途。

表 9.3　常用 CSS3 结构性伪类

伪类	用途
:first-of-type	应用于指定类型的第一个元素
:first-child	应用于元素的第一个子
:last-of-type	应用于指定类型的最后一个元素
:last-child	应用于元素的最后一个子
:nth-of-type(n)	应用于指定类型的第 n 个元素。n 为数字、odd(奇) 或 even(偶)

为了应用伪类，在选择符之后写下它的名称。以下代码配置无序列表第一项使用红色文本。

```
li:first-of-type { color: #FF0000; }
```

 动手实作 9.4 ——————————————————————————

这个动手实作将修改上一个动手实作创建的表格，使用 CSS3 结构性伪类来配置颜色。

1. 在文本编辑器中打开你创建的 ch9table 文件夹中的 menu.html 文件 (或学生文件 chapter9/9.3)，另存为 menu2.html。

2. 查看源代码，注意，第二个和第四个 tr 元素分配给了 altrow 类。如使用 CSS3 结构化伪类选择符，就不需要这个类。所以，从这些 tr 元素中删除 class="altrow"。

3. 检查嵌入 CSS 并找到 altrow 类。修改选择符来使用结构性伪类，向表格的偶数行应用样式。如以下 CSS 声明所示，将 .altrow 替换为 tr:nth-of-type (even)：

`tr:nth-of-type(even) { background-color:#EAEAEA; }`

4. 保存文件并在浏览器中显示，如图 9.11 所示。

5. 用结构性伪类 :first-of-type 配置第一行显示深蓝色背景 (#006) 和浅灰色文本 (#EAEAEA)。添加以下嵌入 CSS：

```
tr:first-of-type {  background-color: #006;
                    color: #EAEAEA; }
```

6. 保存文件并在浏览器中显示，如图 9.12 所示。示例解决方案请参考学生文件 chapter9/9.4。

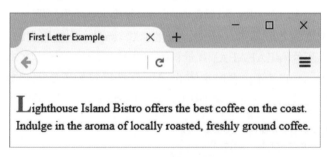

图 9.12　用 CSS3 伪类配置表行样式

配置首字母

怎样使一个段落的首字母有别于其他字母？使用 CSS2 伪类 :first-letter 很容易做到。以下代码配置如图 9.13 所示的文本：

```
p:first-letter {  font-size: 3em;
                  font-weight: bold; color: #F00; }
```

图 9.13　用 CSS 配置首字母

 访问以下资源进一步了解伪元素 :before，:after 和 :first-line：

▶　http://css-tricks.com/pseudo-element-roundup

▶　http://www.hongkiat.com/blog/pseudo-element-before-after

编码表格时有大量配置选项。表行可划分为三个组别：表头 (<thead>)，表格主体 (<tbody>) 以及表脚 (<tfoot>)。

要以不同方式 (属性或 CSS) 配置表格的不同区域，这种分组方式就相当有用。配置了 <thead> 或 <tfoot> 区域，就必须同时配置 <tbody>。反之则不然。

以下示例代码 (学生文件 chapter9/tfoot.html) 配置如图 9.14 所示的表格，演示如何用 CSS 配置具有不同样式的 thead、tbody 和 tfoot。

图 9.14　用 CSS 配置 thead，tbody 和 tfoot 元素选择符

CSS 配置表格宽度为 200 像素，居中，表格标题 (caption) 使用大的、加粗的字体；表头区域使用浅灰色 (#EAEAEA) 背景；表格主体区域使用较小文本 (.90em)，使用 Arial 或默认 sans-serif 字体；表格主体的 td 元素选择符配置 25px 的左侧填充，底部虚线边框；表脚区域的文本居中，使用浅灰色 (#eaeaea) 背景。CSS 代码如下所示：

```
table { width: 200px; margin: auto;}
table, th, td { border-style: none; }
caption { font-size: 2em; font-weight: bold; }
thead { background-color: #EAEAEA;}
tbody { font-family: Arial, sans-serif; font-size: .90em;}
tbody td { border-bottom: 1px #000033 dashed; padding-left: 25px;}
tfoot { background-color: #EAEAEA; font-weight: bold; text-align: center;}
```

表格的 HTML 代码如下所示：

```
<table border="1">
```

```
<caption>Time Sheet</caption>
<thead>
  <tr>
    <th id="day">Day</th>
    <th id="hours">Hours</th>
  </tr>
</thead>
<tbody>
  <tr>
    <td headers="day">Monday</td>
    <td headers="hours">4</td>
  </tr>
  <tr>
    <td headers="day">Tuesday</td>
    <td headers="hours">3</td>
  </tr>
  <tr>
    <td headers="day">Wednesday</td>
    <td headers="hours">5</td>
  </tr>
  <tr>
    <td headers="day">Thursday</td>
    <td headers="hours">3</td>
  </tr>
  <tr>
    <td headers="day">Friday</td>
    <td headers="hours">3</td>
  </tr>
</tbody>
<tfoot>
  <tr>
    <td headers="day">Total</td>
    <td headers="hours">18</td>
  </tr>
</tfoot>
</table>
```

这个例子演示了 CSS 在配置文档样式时的强大功能。每个表行分组 (thead，tbody
和 tfoot) 中的 <td> 标记都继承父分组元素的字体样式。注意后代选择符的用法，
只为 <tbody> 中的 <tr> 配置填充和边框。示例代码请参考学生文件 chapter9/tfoot.
html。花一些时间探索网页代码，并在浏览器中实际进行显示。

复习和练习

复习题

选择题

1. 哪一对 HTML 标记开始和结束表行？（   ）

   A. \<td\> \</td\>   B. \<tr\> \</tr\>

   C. \<table\> \</table\>   D. 以上都不对

2. 哪个 CSS 声明删除表格和单元格边框之间的额外空白？（   ）

   A. display: none;   B. border-style: none;

   C. border-spacing: 0;   D. border-collapse: 0;

3. 哪一对 HTML 标记将表行分组为表脚（table footer）？（   ）

   A. \<footer\> \</footer\>   B. \<tr\> \</tr\>

   C. \<tfoot\> \</tfoot\>   D. \<trfoot\> \</trfoot\>

4. 哪个 HTML 元素使用 border 属性显示带边框的表格？（   ）

   A. \<td\>   B. \<tr\>   C. \<table\>   D. \<tableborder\>

5. 哪一对 HTML 标记指定表格的行标题或列标题？（   ）

   A. \<td\> \</td\>   B. \<th\> \</th\>

   C. \<head\> \</head\>   D. \<tr\> \</tr\>

6. 哪个 CSS 属性代替 cellpadding 属性？（   ）

   A. cell-padding   B. border-spacing

   C. padding   D. border

7. 哪个 HTML 元素描述表格的内容？（   ）

   A. \<table\>   B. \<caption\>

   C. \<summary\>   D. \<thead\>

8. 表格在网页上的推荐用途是什么？（   ）

   A. 配置整个网页的布局   B. 组织信息

   C. 构建超链接   D. 配置简历

9. 哪个 CSS 属性指定表格背景色？（   ）

    A. background　　　　　　　　B. bgcolor

    C. background-color　　　　　　D. border-spacing

10. 哪个 HTML 属性将 td 单元格和 th 单元格关联？（   ）

    A. head　　　　B. headers　　　　C. align　　　　D. rowspan

动手练习

1. 写 HTML 代码创建一个包含两列的表格，在表格中填入你的朋友们的名字和生日。表格第一行要横跨两列并显示表头 Birthday List，至少在表格中填入两个人的信息。

2. 写 HTML 代码创建一个包含三列的表格，用以描述本学期课程。各列要包含课程编号、课程名称和任课教师姓名。表格第一行使用 <th> 标记并且加入相应的列标题。在表格中使用表行分组标记 <thead> 和 <tbody>。

3. 用 CSS 配置表格和所有单元格都有红色边框。写 HTML 代码创建 4 行、2 列的表格。在每一行的第一列中，单元格分别包含以下术语：contrast(对比)，repetition(重复)，alignment (对齐) 和 proximity(近似).。第二列的单元格包含与术语对应的定义 (参考第 3 章)。

4. 创建网页来描述你喜爱的棒球队，用一个两列的表格列出所有位置和首发球员。使用嵌入 CSS 配置表格边框和背景颜色，并配置表格在网页上居中。在 tfoot 区域显示你的电子邮件链接。将文件另存为 sport9.html。

5. 为你喜欢的一部电影创建网页，将电影详细信息放置在一个两列的表格中。用嵌入 CSS 配置表格边框和背景颜色。表格应该包含下列信息：

   ▶ 电影名称

   ▶ 导演或制片人

   ▶ 男主角

   ▶ 女主角

   ▶ 分级 (R、PG-13、PG、G、NR)

   ▶ 电影简介

   ▶ 指向该电影的一篇评论文章的绝对链接

在网页中添加电子邮件链接，将网页另存为 movie9.html。

聚焦网页设计

好的画家会欣赏和分析很多作品，好的作家会阅读和评价很多书籍。同样，好的网页设计师也会仔细查看研究很多网页。请在网上找出两个网页，一个能吸引你，另一个不能吸引你。打印这两个网页，对于每个网页，都创建一个网页来回答下面的问题。

A. 网页的 URL 是什么？

B. 网页是否使用了表格？如果是，作用是什么，页面布局、组织信息，还是其他用途？

C. 网页是否使用了 CSS？如果是，作用是什么，页面布局，文本和颜色配置，还是其他用途？

D. 网页能不能吸引人？给出三个理由。

E. 不吸引人的网页怎样改进？

案例学习：度假村 Pacific Trails Resort

这个案例学习将以第 8 章创建的 Pacific Trails 网站为基础，在 Yurts 页中添加数据表。完成之后的新网页如图 9.15 所示。

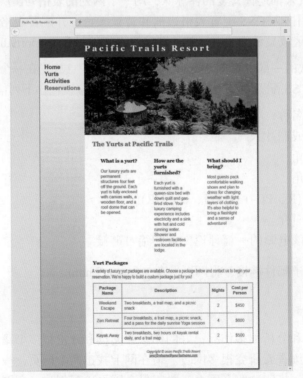

图 9.15   新的 Pacific Trails Yurts 网页包含表格

这个案例学习包含以下三个任务。

1. 为 Pacific Trails 案例学习新建文件夹。

2. 修改样式表 (pacific.css) 为新表格配置样式规则。

3. 修改 Yurts 页使用表格显示如图 9.15 所示的信息。

任务 1：创建文件夹 ch9pacific 来包含 Pacific Trails Resort 网站文件。从第 8 章案例学习创建的 ch8pacific 文件夹复制所有文件。

任务 2：配置 CSS。添加样式来配置 Yurts 页的表格。启动文本编辑器并打开 pacific.css 外部样式表文件。在媒体查询上方添加新的样式规则。

▶ 配置表格。为 table 元素选择符编码新的样式规则，配置 2 像素实线蓝色 (#3399CC) 边框，无 cellspacing (border-collapse: collapse;)。

▶ 配置表格单元格。为 td 和 th 元素选择符编码新的样式规则，配置 0.5em 填充，2 像素实线蓝色 (#3399CC) 边框。

▶ td 内容居中。为 td 元素选择符编码新的样式规则，使内容居中 (text-align: center;)。

▶ 配置 text 类。注意 Description 列的内容是文本描述，它们不应居中。所以，为名为 text 的类编码新的样式规则，覆盖 td 样式规则，使文本左对齐 (text-align: left;)。.

▶ 配置交替的行背景颜色。交替的背景颜色能增强表格可读性。但即使没有这种设计，表格仍然可读。应用 CSS3 伪类 :nth-of-type，配置奇数行使用浅蓝色 (#F5FAFC) 背景。

保存 pacific.css 文件。

任务 3：更新 Yurts 页。在文本编辑器中打开 yurts.html。

▶ 在起始 footer 标记上方添加一个空行。编码一个起始 div 标记，分配名为 special 的 id。

▶ 配置一个 h3 元素来显示文本"Yurt Packages"。

▶ 在新的 h3 元素下添加一个段落，显示以下文本：
A variety of luxury yurt packages are available. Choose a package below and contact us to begin your reservation. We're happy to build a custom package just for you!

▶ 现在可以开始配置表格了。段落下方另起一行，编码 4 行、4 列的表格。使用 table，th 和 td 元素。为包含详细描述信息的 td 元素分配 text 类。表格内容如下所示。

Package Name	Description	Nights	Cost per Person
Weekend Escape	Two breakfasts, a trail map, and a picnic snack.	2	$450
Zen Retreat	Four breakfasts, a trail map, a picnic snack, and a pass for the daily sunrise Yoga session	4	$600
Kayak Away	Two breakfasts, two hours of kayak rental daily, and a trail map.	2	$500

▶ 编码结束 div 标记。

保存 yurts.html 文件。启动浏览器测试新网页。结果如图 9.15 所示。如有必要，校验 CSS 和 HTML，纠错并重试。

案例学习：瑜珈馆 Path of Light Yoga Studio

这个案例学习将以第 8 章创建的 Path of Light Yoga Studio 网站为基础，修改课表页，添加两个表格来显示数据。完成后的网页如图 9.16 所示。这个案例学习包含以下三个任务。

1. 为案例学习：瑜珈馆 Path of Light Yoga Studio 新建文件夹。

2. 修改样式表 (yoga.css) 为新表格配置样式规则。

3. 修改课表页使用表格显示如图 9.16 所示的数据。

任务 1：创建文件夹 ch9yoga 来包含 Path of Light Yoga Studio 网站文件。从第 8 章案例学习创建的 ch8yoga 文件夹复制所有文件。

任务 2：配置 CSS。要添加样式来配置课表页的表格。启动文本编辑器并打开 yoga. css 外部样式表文件。在媒体查询上方添加新的样式规则。

▶ 配置表格。为 table 元素选择符编码新的样式规则，配置 1 像素紫色（#40407A）边框，1em 底部边距，400px 最小宽度，无 cellspacing(border-collapse: collapse;)。

▶ 配置表格单元格。为 td 和 th 元素选择符编码新的样式规则，配置 0.5em 填充和 1 像素紫色（#40407A）边框。

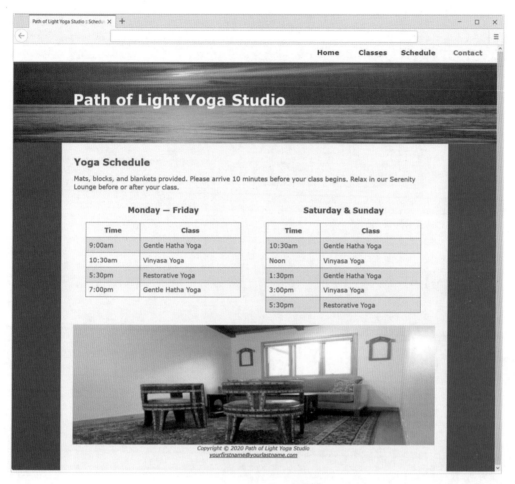

图 9.16 新的课表页包含表格

- 配置交替的行背景颜色。交替的背景颜色能增强表格的可读性。但即使没有这种设计，表格仍然是可读的。应用 CSS3 伪类 :nth-of-type，配置奇数行使用 #D7E8E9 背景色。

- 配置表格标题 (caption)。编码新的样式规则，设置 1em 边距，加粗文本和 120% 字号。

保存 yoga.css 文件。

任务 3：更新课表页。在文本编辑器中打开 schedule.html。课表目前使用 <h3>，<ul> 和 <li> 元素。修改网页用两个表格显示课表。将每个 table 元素都放到一个现有的 section 元素中。每个表格都用 caption 元素设置表格标题。如图 9.16 所示，每个表格都有两列，列标题分别是 Time 和 Class。保存网页并在浏览器中测试。如果有必要，校验 CSS 和 HTML，纠错并重试。

第 10 章

表单基础

表单在网上的用途相当广泛。搜索引擎用它们接收关键字，网上商店用它们处理购物车。网站也用表单实现大量功能，比如接收用户反馈、鼓励用户将文章分享给朋友或同事、为邮件列表收集邮件地址以及接收订单信息等。本章将为网站开发人员介绍一种功能非常强大的工具：用于从网页访问者那里接收信息的表单。

学习内容

▶ 了解网页表单常见用途

▶ 使用 form、input、textarea 和 select 元素创建表单

▶ 使用 label、fieldset 和 legend 元素关联表单控件和组

▶ 使用 CSS 配置表单样式

▶ 了解服务器端处理的特点和常见用途

▶ 在服务器端处理表单数据

▶ 配置 email, URL, datalist, range, spinner, calendar 和 color-well 等表单控件

10.1　概述

每当使用搜索引擎、下订单或加入邮件列表时，都是在使用表单。表单 (form) 是 HTML 元素，用于包含和组织称为表单控件 (form control) 的对象（比如文本框、复选框和按钮），并从网站访问者那里接收信息。

Shipping Address

Name:

Address Line 1:

Address Line 2:

City:

State:　　　▼　　Zip:

Country:　United States　▼

Continue

图 10.1　该表单接收送货地址

以 Google 搜索表单 (http://www.google.com) 为例。你可能用过很多次，但从未想过它是如何工作的。该表单十分简单，只有三个表单控件：一个用于接收搜索关键字的文本框和两个按钮。Google Search 按钮提交表单并调用一个进程来搜索 Google 数据库以显示结果页。I'm Feeling Lucky 按钮提交表单并直接显示符合关键字的第一个网页。

图 10.1 是一个用于获取送货信息的表单。该表单使用文本框接收姓名和地址等信息。选择列表（有时称下拉框）将值限定在少数几个正确值中，比如州和国家名称。访问者点击 Continue 按钮时，表单信息就被提交，订购过程继续。

无论用于搜索网页还是下订单，表单自身都无法进行全部处理。表单需要调用服务器上运行的程序或脚本，才能搜索数据库或记录订单信息。表单通常由以下两部分组成。

1. HTML 表单自身，它是网页用户界面。

2. 服务器端处理，它处理表单数据，可以发送电子邮件、向文本文件写入、更新数据库或在服务器上执行其他处理。

form 元素

基本了解了表单的用途之后，下面将重点放在用于创建表单的 HTML 代码上。form 元素包含一个完整表单。<form> 标记指定表单区域开始，</form> 标记指定表单区域结束。网页可包含多个表单，但不能嵌套。form 元素可配置属性，指定用于处理表单的服务器端程序或文件，表单信息发送给服务器的方式，以及表单名称。表 10.1 总结了这些属性。

表 10.1 form 元素的常用属性

属性名称	属性值	用途
action	服务器端处理脚本的 URL 或文件名 / 路径	该属性是必须的，指定提交表单时将表单信息发送到哪里。如果值为 mailto:youre- mailaddress，会启动访问者的默认电子邮件应用程序来发送表单信息
autocomplete	on	on 是默认值。浏览器将使用自动完成功能填写表单字段
	off	浏览器不使用自动完成功能填写表单字段
id	字母或数字，不能含空格。值必须唯一，不可与同网页中的其他 id 值重复	该属性可选。它为表单提供唯一的标识符
method	get	get 是默认值。使表单数据被附加到 URL 上并发送给 Web 服务器
	post	post 方式比较隐蔽，它将表单数据包含在 HTTP 应答主体中发送。此方式为 W3C 首选
name	字母或数字，不能含空格，要以字母开头。请选择一个描述性强且简短的表单名称。例如，OrderForm 要强于 Form1 或 WidgetsRUsOrderForm	该属性可选。它为表单命名以使客户端脚本语言能够方便地访问表单，比如在运行服务器端程序前使用 JavaScript 编辑或校验表单信息

例如，要将一个表单的名称设为 order，使用 post 方式发送数据，而且执行服务器 demo.php 脚本，代码是：

```
<form name="order" method="post" id="order" action="demo.php">
    . . . 这里是表单控件 . . .
</form>
```

表单控件

表单作用是从网页访问者那里收集信息；表单控件是接受信息的对象。表单控件的类型包括文本框、滚动文本框、选择列表、单选钮、复选框和按钮等。HTML5 提供了新的表单控件，包括专门为电邮地址、URL、日期、时间、数字和颜色选择定制的控件。将在随后的小节中介绍配置表单控件的 HTML 元素。

10.2　文本框

input 元素用于配置几种表单控件。该元素是独立元素 (或者称为 void 元素)，不编码成起始和结束标记。type 属性指定浏览器显示的表单控件类型。type="text" 将 input 元素配置成文本框，用于接收用户输入，比如姓名、E-mail 地址、电话号码和其他文本。图 10.3 是文本框的例子。下面是该文本框的代码：

E-mail: <input type="text" name="email" id="email">

图 10.2　在 <input> 标记中指定 type="text" 来创建文本框

表 10.2 列出了文本框的常用属性。required 属性告诉支持的浏览器执行表单校验。支持 required 属性的浏览器会自动校验文本框中是否输入了信息，条件不满足就显示错误消息。下面是一个例子：

E-mail: <input type="text" name="email" id="email" required="required">

图 10.3 是用户在 Firefox 中未输入任何信息点击表单的提交 (Submit) 按钮之后自动生成的错误消息。不支持 required 属性的浏览器会忽略该属性。

图 10.3　Firefox 浏览器提示未输入必须的字段

表 10.2　文本框的常用属性

属性名称	属性值	用途
type	text	配置成文本框
name	字母或数字，不能含空格，以字母开头	为表单控件命名，便于客户端脚本语言 (如 JavaScript) 或服务器端程序访问。名称必须唯一
id	字母或数字，不能含空格，以字母开头	为表单控件提供唯一标识符
size	数字	设置文本框在浏览器中显示的宽度。如果省略 size 属性，浏览器将按默认大小显示文本框
maxlength	数字	设置文本框所接收文本的最大长度
value	文本或数字字符	设置文本框显示的初始值。并接收在文本框中键入的信息。该值可由客户端脚本语言和服务器端程序访问
disabled	disabled	表单控件被禁用
readonly	readonly	表单控件仅供显示，不能编辑
autocomplete	on，off，token 值	支持的浏览器将使用自动完成功能填写表单控件。参考 http://www.w3.org/TR/html5/sec-forms.html#autofilling-form-controls-the-autocomplete-attribute
autofocus	autofocus	将光标定位到表单控件，设置成焦点
list	datalist 元素的 id 值	将表单控件与一个 datalist 元素关联
placeholder	文本或数值	占位符，帮助用户理解控件作用的简短信息
required	required	必填字段，浏览器验证是否输入信息
accesskey	键盘字符	为表单控件配置键盘热键
tabindex	数值	配置表单控件的制表顺序 (按 Tab 键时获得焦点的顺序)

?FAQ 为什么要在表单控件中同时使用 name 和 id 属性?

　　name 属性命名表单控件，以便客户端脚本语言 (比如 JavaScript) 或服务器端程序语言 (如 PHP) 访问。为表单控件的 name 属性指定的值必须在该表单内唯一。id 属性用于 CSS 和脚本编程。id 属性的值必须在表单所在的整个网页中唯一。表单控件的 name 和 id 值通常应该相同。

10.3　提交按钮和重置按钮

提交按钮

提交 (submit) 按钮用于提交表单。点击会触发 <form> 标记指定的 action，造成浏览器将表单数据 (每个表单控件的 "名称 / 值" 对) 发送给服务器。服务器调用 action 属性指定的服务器端程序或脚本。type="submit" 将 input 元素配置成提交按钮。示例如下：

```
<input type="submit">
```

重置按钮

重置 (Reset) 按钮将表单的各个字段重置为初始值。重置按钮不提交表单。

图 10.4　表单包含文本框、提交按钮和重置按钮

type="reset " 将 input 元素配置成重置按钮。示例如下：
<input type="reset ">

示例表单

图 10.4 的表单包含一个文本框、一个提交按钮和一个重置按钮。表 10.3 列出了提交和重置按钮的常用属性。

表 10.3　提交和重置按钮的常用属性

属性名称	属性值	用途
type	submit	配置成提交按钮
	reset	配置成重置按钮
name	字母或数字，不能含空格，以字母开头	为表单控件命名以使其能够方便地被客户端脚本语言 (如 JavaScript) 或服务器端程序访问。命名必须唯一
id	字母或数字，不能含空格，以字母开头	为表单控件提供唯一标识符
value	文本或数字字符	设置重置按钮上显示的文本。默认显示 Submit Query 或 Reset
accesskey	键盘字符	为表单控件配置键盘热键
tabindex	数值	为表单控件配置制表顺序

动手实作 10.1 ————————————————————

这个动手实作将编码一个表单。启动文本编辑器并打开模板文件 chapter1/template.
html。将文件另存为 join.html。创建如图 10.5 所示的表单。

1. 修改 title 元素，在标题栏显示文本 Form Example。

2. 配置一个 h1 元素，显示文本 Join Our Newsletter。

3. 现在准备好配置表单了。表单以 <form> 标记开头。在刚才添加的标题下方
另起一行，输入如下所示的 <form> 标记：

```
<form method="get">
```

通过前面的学习，你知道可以为 form 元素使用大量属性。在这个动手实作中，
要使用尽量少的 HTML 代码创建表单。

4. 为了创建供输入电邮地址的表单控件，在 form 元素下方另起一行，输入以
下代码：

```
E-mail: <input type="text" name="email" id="email"><br><br>
```

这样会在用于输入电邮地址的文本框前显示文本 E-mail:。将 input 元素的
type 属性的值设为 text，浏览器会显示文本框。name 属性为文本框中输入
的信息 (value) 分配名称 email，以便由服务器端进程使用。id 属性在网页中
对元素进行唯一性标识。
 用于换行。

5. 现在可以为表单添加提交按钮了。将 value 属性设为 Sign Me Up!：

```
<input type="submit" value="Sign Me Up!">
```

这导致浏览器显示一个按钮，按钮上的文字是 Sign Me Up!，而不是默认的
Submit Query。

6. 在提交按钮后面加入一个空格，为表单添加重置按钮：

```
<input type="reset">
```

7. 最后添加 form 元素的结束标记：

```
</form>
```

保存文件并在浏览器中测试，结果如图 10.5 所示。可将自己的作
业与学生文件 chapter10/10.1 比较。试着输入一些内容。点击提交按钮。
表单会重新显示，但似乎什么事情都没有发生。不用担心，这是因
为还没有配置服务器端处理方式。本章稍后会讲解如何将表单和服
务器端处理关联。但在此之前，我们先介绍更多的表单控件。

图 10.5 提交按钮上的文本设置

10.4 复选框和单选钮

复选框

这种表单控件允许用户从一组事先确定的选项中选择一项或多项。为 \<input\> 标记设置 type="checkbox"，即可配置复选框。复选框的示例见图 10.6。注意，复选框可多选。表 10.4 列出了复选框的常用属性。

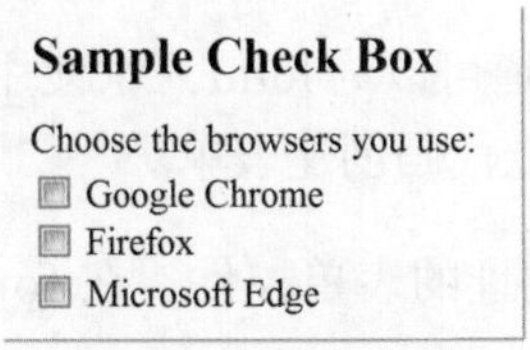

Sample Check Box

Choose the browsers you use:
- Google Chrome
- Firefox
- Microsoft Edge

图 10.6 复选框

HTML 代码如下所示：

```
Choose the browsers you use: <br>
<input type="checkbox" name="Chrome" id="Chrome" value="yes"> Google Chrome<br>
<input type="checkbox" name="Firefox" id="Firefox" value="yes"> Firefox<br>
<input type="checkbox" name="Edge" id="Edge" value="yes"> Microsoft Edge<br>
```

表 10.4 复选框的常用属性

属性名称	属性值	用途
type	checkbox	配置成复选框
name	字母或数字，不能含空格，以字母开头	为表单控件命名，以便客户端脚本语言或服务器端程序访问。每个复选框的命名必须唯一
id	字母或数字，不能含空格，以字母开头	为表单控件提供唯一标识符
checked	checked	在浏览器中显示时，该复选框默认为选中状态
value	文本或数字	复选框被选中时赋予它的值。该值可以由客户端脚本语言和服务器端程序访问
disabled	disabled	表单控件被禁用，不接收信息
autofocus	autofocus	浏览器将光标定位到表单控件，并设置成焦点
required	required	必填字段，浏览器验证是否输入信息
accesskey	键盘字符	表单控件的键盘热键
tabindex	数值	表单控件的制表顺序 (按 Tab 键时获得焦点的顺序)

单选钮

单选钮允许用户从一组事先确定的选项中选择唯一项。在同一组中，每个单选钮的 name 属性值一样，value 属性值则不能重复。由于名称相同，这些元素被认为在同一组中，它们中只能有一项被选中。

为 <input> 标记设置 type="radio" 即可配置单选钮。单选钮的示例见图 10.7，三个单选钮在同一组中，同时只能选择一个。表 10.5 列出了单选钮的常用属性。

Sample Radio Button

Select your favorite browser:
- Google Chrome
- Firefox
- Microsoft Edge

图 10.7 多选一时使用单选钮

HTML 代码如下所示：

```
Select your favorite browser:<br>
<input type="radio" name="fav" id="favCH" value="CH"> Google Chrome<br>
<input type="radio" name="fav" id="favFF" value="FF"> Firefox<br>
<input type="radio" name="fav" id="favME" value="ME"> Microsoft Edge<br>
```

表 10.5 单选钮的常用属性

属性名称	属性值	用途
type	radio	配置成单选框
name	字母或数字，不能含空格，以字母开头	这是必须有的属性；同一个组的单选钮必须有相同的 name；为表单控件命名，以便客户端脚本语言或服务器端程序访问
id	字母或数字，不能含空格，以字母开头	为表单控件提供唯一标识符
checked	checked	在浏览器中显示时，该单选钮默认为选中状态
value	文本或数字字符	单选钮被选中时赋予它的值。同一组的单选钮的 value 不能重复。该值可以由客户端脚本语言和服务器端程序访问
disabled	disabled	表单控件被禁用，不接收信息
autofocus	autofocus	浏览器将光标定位到表单控件，并设置成焦点
required	required	必填字段，浏览器验证是否输入信息
accesskey	键盘字符	表单控件的键盘热键
tabindex	数值	表单控件的制表顺序（按 Tab 键时获得焦点的顺序）

10.5 隐藏字段和密码框

隐藏字段

隐藏字段可以存储文本或数值信息，但在网页中不显示。隐藏字段可由客户端和服务器端脚本访问。

为 <input> 标记设置 type="hidden" 来配置隐藏字段。表 10.6 列出了隐藏字段的常用属性。以下 HTML 代码创建一个隐藏表单控件，将 name 属性设为 "sendto"，将 value 属性设为一个电子邮件地址：

```
<input type="hidden" name="sendto" id="sendto" value="order@site.com">
```

表 10.6　隐藏字段的常用属性

常用属性的名称	属性值	用途
type	"hidden"	配置成隐藏表单控件
name	字母或数字，不能含空格，要以字母开头	为表单控件命名以便客户端脚本语言(如 JavaScript) 或服务器端程序处理。命名必须唯一
id	字母或数字，不能含空格，要以字母开头	为表单控件提供唯一标识符
value	文本或数字字符	向隐藏控件赋值。该值可由客户端脚本语言和服务器端程序访问
disabled	disabled	表单控件被禁用

密码框

密码框表单控件和文本框相似，但它接收的是需要在输入过程中隐藏的数据，比如密码。为 <input> 标记使用 type="password，即可配置一个密码框。

在密码框中输入信息时，实际显示的是星号 (或其他字母，具体由浏览器决定)，而不是输入的字符，如图 10.8 所示。这样可防止别人从背后偷看输入的信息。输入的真实信息会被发送到服务器，但这些信息并不是真正加密或隐藏的。表 10.7 列出了密码框的常用属性。注意：浏览器可能用不同符号"隐藏"这些字符。

Sample Password Box

Password: ●●●●●●●

图 10.8　虽然输入的是 secret9，但浏览器不显示

HTML 代码如下所示：

Password: <input type="password" name="pword" id="pword">

表 10.7　密码框的常用属性

属性名称	属性值	用途
type	password	配置成密码框
name	字母或数字，不能含空格，要以字母开头	为表单控件命名以便客户端脚本语言或服务器端程序访问。命名必须唯一
id	字母或数字，不能含空格，要以字母开头	为表单控件提供唯一标识符
size	数字	设置密码框在浏览器中显示的宽度。如果省略 size 属性，浏览器就会按默认大小显示该密码框
maxlength	数字	可选。设置密码框接收文本的最大长度
value	文本或数字字符	设置密码框显示的初始值，并接收在密码框中输入的信息。该值可由客户端脚本语言和服务器端程序访问
disabled	disabled	表单控件被禁用
readonly	readonly	表单控件仅供显示，不能编辑
autocomplete	on，off，token 值	支持的浏览器将使用自动完成功能填写表单控件。参考 http://www.w3.org/TR/html5/sec-forms.html#autofilling-form-controls-the-autocomplete-attribute
autofocus	autofocus	浏览器将光标定位到表单控件，并设置成焦点
placeholder	文本或数值	占位符，旨在帮助用户理解控件作用的简短信息
required	required	必填字段，浏览器验证是否输入信息
accesskey	键盘字符	为表单控件配置键盘热键
tabindex	数值	配置表单控件的制表顺序（按 Tab 键时获得焦点的顺序）

10.6　textarea 元素

Sample Scrolling Text Box

Comments:
Enter your comments here

图 10.9　滚动文本框

滚动文本框接收无格式留言、提问或陈述文本。要用 textarea 元素配置滚动文本框。<textarea> 标记指示滚动文本框开始，</textarea> 标记指示滚动文本框结束。两个标记之间的文本会在文本框中显示。图 10.9 是示例滚动文本框。表 10.8 列出了常用属性。

表 10.8　滚动文本框的常用属性

属性名称	属性值	用途
name	字母或数字，不能含空格，要以字母开头	为表单控件命名以便客户端脚本语言 (如 JavaScript) 或服务器端程序访问。命名必须唯一
id	字母或数字，不能含空格，要以字母开头	为表单控件提供唯一标识符
cols	数字	设置以字符列为单位的滚动文本框宽度。如果省略了 cols 属性，浏览器将使用默认宽度显示滚动文本框
rows	数字	设置以行为单位的滚动文本框高度。如果省略了 rows 属性，浏览器将使用默认高度显示滚动文本框
maxlength	数字	能接受的最大字符数
disabled	disabled	表单控件被禁用
readonly	readonly	表单控件仅供显示，不能编辑
autofocus	autofocus	浏览器将光标定位到表单控件，并设置成焦点
placeholder	文本或数值	点位符，旨在帮助用户理解控件作用的简短信息
required	required	必填字段，浏览器验证是否输入信息
wrap	hard 或 soft	配置文本的换行方式
accesskey	键盘字符	表单控件的键盘热键
tabindex	数值	表单控件的制表顺序 (按 Tab 键时获得焦点顺序)

HTML 代码如下所示：

```
Comments:<br>
<textarea name="comments" id="comments" cols="40" rows="2">Enter your comments here</textarea>
```

动手实作 10.2 ————————————

这个动手实作将创建包含以下表单控件的联系表单：一个 First Name 文本框、一个 E-mail 文本框以及一个 Comments 滚动文本框。将以动手实作 10.1 创建的表单（图 10.5）为基础。

启动文本编辑器并打开学生文件 chapter10/10.1/join.html。将文件另存为 contact. html。新的联系表单如图 10.10 所示。

1. 修改 title 元素，在标题栏显示文本 Contact Form。

2. 配置 h1 元素，显示文本 Contact Us。

3. 已经编码好了用于输入 E-mail 地址的表单控件。如图 10.10 所示，需要在 E-mail 表单控件之前添加用于输入 First Name 和 Last Name 的文本框。将光标定位到起始 <form> 标记之后，按两下 Enter 键生成两个空行。添加以下代码来接收网站访问者的姓名：

图 10.10 一个典型的联系表单

```
First Name: <input type="text" name="fname"
id="fname"><br><br>
Last Name: <input type="text" name="lname"
id="lname"><br><br>
```

4. 接着在 E-mail 表单控件下方另起一行，用 <textarea> 标记向表单添加滚动文本框控件。代码如下所示：

```
Comments:<br>
<textarea name="comments" id="comments"></textarea><br><br>
```

保存文件并在浏览器中显示，这时看到的是滚动文本框的默认显示。注意，不同浏览器有不同的默认显示。有的浏览器一开始就显示垂直滚动条，而其他浏览器仅在必要时显示。表单控件的默认显示方式由浏览器引擎的开发者决定。

5. 下面配置滚动文本框的 rows 属性和 cols 属性。修改 <textarea> 标记，设置 rows="4" 和 cols="40"。如以下代码所示：

```
Comments:<br>
<textarea name="comments" id="comments" rows="4" cols="40"></textarea><br><br>
```

6. 接着修改提交按钮上显示的文本。将 value 属性设为 "Contac"。保存 form2. html 文件。在浏览器中测试网页，结果应该如图 10.10 所示。

将自己的作业与学生文件 chapter10/10.2 进行比较。试着在表单中输入信息。点击提交按钮。表单可能只是重新显示，似乎什么事情都没有发生。不用担心，这是因为尚未配置服务器端处理。本章稍后会讲解这方面的问题。

10.7 元素 select 和 option

如图 10.11 和图 10.12 所示的选择列表表单控件也称为选择框、下拉列表、下拉框和选项框。选择列表由一个 select 元素和多个 option 元素配置。

select 元素

select 元素用于包含和配置选择列表。选择列表以 <select> 标记开始，以 </select> 标记结束。可通过属性配置要显示的选项数量，以及是否允许多选。表 10.9 列出了常用属性。

表 10.9　select 元素的常用属性

属性名称	属性值	用途
name	字母或数字，不能含空格，以字母开头	为表单控件命名以便客户端脚本语言 (如 JavaScript) 或服务器端程序访问。命名必须唯一
id	字母或数字，不能含空格，以字母开头	为表单控件提供唯一标识符
size	数字	设置浏览器将显示的选项个数。如果设为 1，则该元素变成下拉列表。如果选项的个数超过了允许的空间，浏览器会自动显示滚动条
multiple	multiple	设置选择列表接受多个选项。默认只能选中选择列表中的一个选项
disabled	disabled	表单控件被禁用
tabindex	数值	表单控件的制表顺序 (按 Tab 键时获得焦点的顺序)

option 元素

option 元素用于包含和配置选择列表中的选项。每个选项以 <option> 标记开始，以 </option> 标记结束。可以通过属性配置选项的值以及是否预先选中。表 10.10 列出了常用属性。

表 10.10　option 元素的常用属性

属性名称	属性值	用途
valuc	文本或数字字符	为选项赋值。该值可以被客户端脚本语言和服务器端程序读取
selected	selected	浏览器显示时将某一选项设置为默认选中状态
disabled	disabled	表单控件被禁用

图 10.11 中选择列表的 HTML 代码如下所示：

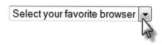

图 10.11　size 为 1 的选择列表在点击箭头后显示下拉框

```
<select size="1" name="favbrowser" id="favbrowser">
  <option>Select your favorite browser</option>
  <option value="Chrome">Chrome</option>
  <option value="Firefox">Firefox</option>
  <option value="Edge">Edge</option>
</select>
```

图 10.12 中选择列表的 HTML 代码如下所示：

```
<select size="4" name="jumpmenu" id="jumpmenu">
  <option value="index.html">Home</option>
  <option value="products.html">Products</option>
  <option value="services.html">Services</option>
  <option value="about.html">About</option>
  <option value="contact.html">Contact</option>
</select>
```

图 10.12　由于不止 4 个选项，所以浏览器显示滚动条

10.8 label 元素

label 元素是将文本描述和表单控件关联起来的容器标记。使用屏幕朗读器的人有时很难将一个文本描述与一个表单控件对应起来。label 元素则可以明确地将表单控件和文本描述关联。<label> 元素对于无法精确控制肌肉运动的人来说也很有用。点击表单控件或对应的文本标签，都能把光标焦点定位到该表单控件。

有两种不同的方法在标签和表单控件之间建立关联。

1. 第一种方法是将 label 元素作为容器来包含文本描述和 HTML 表单控件。注意，文本标签和表单控件必须是相邻的元素。例如：

<label>E-mail: <input type="text" name="email" id="email"></label>

2. 第二种方法是利用 for 属性将标签和特定 HTML 表单控件关联。这种方法更灵活，不要求文本标签和表单控件相邻。例如：

<label for="email">E-mail: </label>
<input type="text" name="email" id="email">

注意，label 元素的 for 属性值与 input 元素的 id 属性值一致，这在文本标签和表单控件之间建立了联系。input 元素的 name 和 id 属性的作用不同，name 属性可由客户端和服务器端脚本使用，而 id 属性创建的标识符可由 label 元素、锚元素和 CSS 选择符使用。

label 元素不在网页上显示，它在幕后工作以实现无障碍访问。

 动手实作 10.3 ————————————————————

这个动手实作将在动手实作 10.2 创建的表单 (如图 10.10 所示) 中为文本框和滚动文本区域添加标签。用文本编辑器打开学生文件 chapter10/10.2/contact.html 并另存为 label.html。

图 10.10　一个典型的联系表单

1. 找到 First Name 文本框。添加 label 元素来包含 input 元素，如下所示：

```
<label>First Name: <input type="text" name="fname" id="fname"></label>
```

2. 使用同样的方法，添加 label 元素来包含 Last Name 和 E-mail 这两个文本框。

3. 配置 label 元素来包含文本"Comments:"。将此标签与滚动文本框关联，如下所示：

```
<label for="comments">Comments:</label><br>
<textarea name="comments" id="comments" rows="4" cols="40"></textarea>
```

保存文件并在浏览器中测试，如图 10.10 所示。记住，label 元素不会改变网页的显示，只是方便残障人士使用表单。

将自己的作业与学生文件 chapter10/10.3 进行比较。试着在表单中输入信息。点击提交按钮。表单可能只是重新显示，似乎什么事情都没有发生。不用担心，这是因为尚未配置服务器端处理。本章稍后会讲解这方面的问题。

10.9 元素 fieldset 和 legend

fieldset 元素和 legend 元素结合使用，从视觉上分组表单控件以增强表单可用性。

fieldset 元素

为了创建让人爽心悦目的表单，一个办法是用 fieldset 元素对控件进行分组。浏览器会在用 fieldset 分组的表单控件周围加上一些视觉线索，比如一圈轮廓线或者一个边框。<fieldset> 标记指定分组开始，</fieldset> 标记指定分组结束。

legend 元素

legend 元素为 fieldset 分组提供文本描述。<legend> 标记指定文本描述开始，</legend> 标记指定文本描述结束。

以下 HTML 代码创建如图 10.13 所示的分组：

```
<fieldset>
  <legend>Billing Address</legend>
  <label>Street: <input type="text" name="street" id="street"
              size="54"></label><br><br>
  <label>City: <input type="text" name="city" id="city"></label>
  <label>State: <input type="text" name="state" id="state" maxlength="2"
              size="5"></label>
  <label>Zip: <input type="text" name="zip" id="zip" maxlength="5"
              size="5"></label>
</fieldset>
```

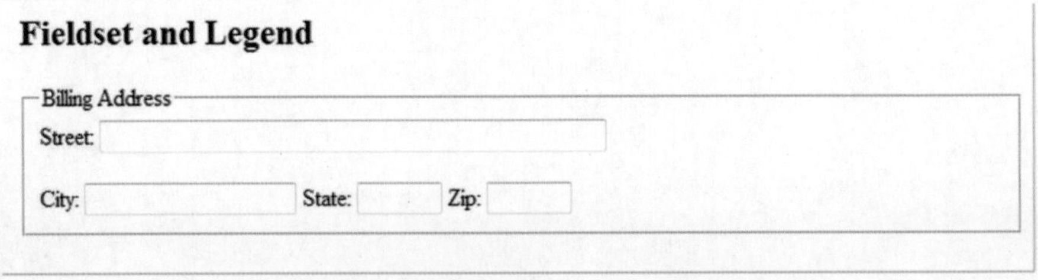

Fieldset and Legend

Billing Address
Street: _____
City: _____ State: _____ Zip: _____

图 10.13 这些表单控件都和一个邮寄地址有关

fieldset 元素的分组和视觉效果使包含表单的网页显得更有序、更吸引人。用 fieldset 元素和 legend 元素对表单控件进行分组，在视觉和语义上对控件进行了组织，从而增强了无障碍访问。fieldset 元素和 legend 元素可由屏幕朗读器使用，是在网页上对单选钮和复选框进行分组的一种有用的工具。

前瞻：用 CSS 配置 fieldset 分组样式

下一节才重点介绍如何用 CSS 配置表单样式，但不妨提前了解一下。图 10.13 和图 10.14 展示的是同一个的表单元素，但图 10.14 的表单样式是用 CSS 配置的。功能没变，但视觉效果更好。示例网页请参见学生文件 chapter10/fieldset.html。样式规则如下所示：

```
fieldset { width: 500px; border: 2px ridge #ff0000;
                 font-family: Arial, sans-serif; padding: 10px;}
legend { font-family: Georgia, "Times New Roman", serif; font-weight: bold; }
label { padding-left: 10px; }
```

Fieldset and Legend Styled with CSS

```
┌─Billing Address─────────────────────────────────────────┐
│  Street: [                                             ] │
│                                                          │
│  City: [              ]  State: [    ]  Zip: [        ]   │
└──────────────────────────────────────────────────────────┘
```

图 10.14　用 CSS 配置 fieldset，legend 和 label 元素

使用 HTML 元素 label，fieldset 和 legend 以增强网页表单的无障碍访问。这使有视觉和运动障碍的人能够更方便地使用表单页面。使用这些元素的另一个好处是能增强表单对于所有访问者的可读性和可用性。注意，一定要附上联系信息（邮件地址和／或电话号码）。万一某个访问者无法成功提交表单，他还可以请求你协助。

有的网页访问者操作鼠标可能有困难，所以他们用键盘访问表单。他们可能使用 Tab 键从一个表单控件跳到另一个表单控件。Tab 键的默认动作是按编码顺序在不同控件之间移动。这通常是没问题的。但是，如果需要改变某个表单的制表顺序，就要在每个表单控件中使用 tabindex 属性了。

要使表单设计有利于键盘操作，另一个方法是在表单控件中使用 accesskey 属性。将 accesskey 属性的值设为键盘上的某个字符（字母或数字），从而为网页访问者创建一个热键。热键被按下的时候，插入点就能马上移到对应的表单控件上。根据操作系统的不同，使用这一热键的方法也有所不同。Windows 用户要同时按 Alt 键和字符键，Mac 用户要按 Ctrl 键和字符键。选择 accesskey 值时，避免使用已被操作系统占用的热键（如 Alt+F 用于显示 File 菜单）。必须对热键进行测试。

图 10.15 的表单看起来有点乱，怎么改进？这时可以用 CSS 配置表单样式。多年以来，网页开发人员在用 CSS 配置表单的时候，主要采用的是框模型和 float 属性。本节将介绍该方法，下一节将介绍更时髦的方法：用 CSS 网格布局来配置表单的布局。

用 CSS 配置表单样式时，可用 CSS 框模型创建一系列矩形框，如图 10.16 所示。最外层的框定义了表单区域。其他框则代表 label 元素和表单控件。用CSS 配置这些组件。

图 10.15　对齐需改进

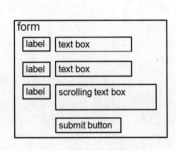

图 10.16　表单线框图

 动手实作 10.4

图 10.17　用 CSS 定义表单样式

这个动手实作练习用 CSS 配置表单。用文本编辑器打开 chapter10 文件夹中的 starter.html 文件并另存为 contactus.html。动手实作完成后的网页效果如图 10.17 所示。

表单的 HTML 如下所示。

```
<form>
   <label for="myName">Name:</label>
   <input type="text" name="myName" id="myName">
   <label for="myEmail">E-mail:</label>
   <input type="text" name="myEmail" id="myEmail">
   <label for="myComments">Comments:</label>
```

```
<textarea name="myComments" id="myComments" rows="2" cols="20"></textarea>
<input type="submit" value="Submit">
</form>
```

像下面这样配置嵌入 CSS。

1. form 元素选择符。为 form 元素配置 #EAEAEA 背景色，Arial 或 sans serif 字体，350px 宽度和 10px 填充。

```
form {  background-color: #EAEAEA;
         font-family: Arial, sans-serif;
         width: 350px; padding: 10px; }
```

2. label 元素选择符。配置标签元素左侧浮动，清除左侧浮动，并使用块显示。再设置 100px 宽度，10 像素右侧填充，10px 顶部边距，文本右对齐。

```
label {  float: left; clear: left; display: block;
         width: 100px; padding-right: 10px;
         margin-top: 10px; text-align: right; }
```

3. input 元素选择符。为 input 元素配置块显示和 10px 顶部边距。

```
input { display: block; margin-top: 10px; }
```

4. textarea 元素选择符。为 textarea 元素配置块显示和 10px 顶部边距。

```
textarea { display: block; margin-top: 10px; }
```

5. 提交按钮。在其他表单控件下方显示提交按钮，左侧 110px 边距。可配置一个新 id 或 class，再编辑 HTML，但还有更简便的方法。这需要用到一种新的选择符，称为属性选择符，它允许同时根据元素名称和属性值来选择。本例配置的 input 标记有一个 type 属性，属性值是 submit。

```
input[type="submit"] { margin-left: 110px; }
```

保存文件并在浏览器中测试，如图 10.17 所示。和学生文件 chapter10/10.4 比较。

属性选择符

配置具有特定属性值的元素时，如果不想创建新的 id 或 class，就可使用属性选择符。编码这种选择符时，要先写元素名称，再写一对方括号来包含属性名称和值。例如，input[type="radio"] 选择符配置单选钮表单控件，但不配置其他输入元素的样式。访问以下资源进一步了解属性选择符：http://css-tricks.com/attribute-selectors 和 https://www.w3.org/TR/CSS22/selector.html#attribute-selectors。

10.11 CSS 网格布局表单

CSS网格布局提供了配置表单布局的另一种方法。图10.18是一个典型表单的线框图。

如使用网格布局,最好先画好计划创建的网格。花些时间研究图10.19,这是和图10.18的线框图对应的网格布局草图。注意其中的水平行号、垂直行号、元素名称 (label,input 和 textarea) 以及属性值 (text 和 submit)。开始编码 CSS 来配置元素在网格行、列中的位置时,一份详细的网格草图是非常有帮助的。

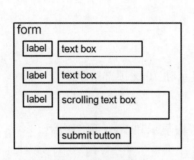

图 10.18　表单线框图

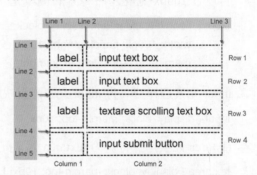

图 10.19　表单的网格草图

 动手实作 10.5

这个动手实作将以动手实作 10.4 创建的表单为基础,编码一个 CSS 特性查询,为支持的浏览器配置网格布局。不支持网格布局的浏览器不受影响,会用原先的 CSS 样式显示表单。支持的浏览器则会遵循新的网格布局样式。首行启动文本编辑器并打开动手实作 10.4 的文件 (或直接取用 chapter10/10.4/contactus.html)。将文件另存为 contact2.html。图 10.20 展示了完成这个动手实作后的表单。

下面列出表单的 HTML 供参考:

```
<form>
  <h2>
  <label for="myName">Name:</label>
  <input type="text" name="myName" id="myName">
  <label for="myEmail">E-mail:</label>
  <input type="text" name="myEmail" id="myEmail">
  <label for="myComments">Comments:</label>
  <textarea name="myComments" id="myComments"
    rows="2" cols="20"></textarea>
  <input type="submit" value="Submit">
</form>
```

图 10.20　用 CSS 网格布局定义表单样式

1. 找到结束 style 标记。在该标记之前、现有 CSS 之后编码新的 CSS。配置一个特性查询来测试网格布局支持：

```
@supports ( display: grid) {
}
```

2. 在特性查询中配置以下 CSS 为表单使用网格布局。

2-1　**form 元素选择符。**将 display 属性设为 grid，将行大小设为 auto，设置大小分别是 6em 和 1fr 的两列。再设置 1em 网格间隙、#EAEAEA 背景颜色、Arial 或默认 sans serif 字体、60% 宽度、20em 最小宽度以及 2em 填充。

```
form {  display: grid;
        grid-template-rows: auto;
        grid-template-columns: 6em 1fr;
        grid-gap: 1em; gap: 1em;
        background-color: #EAEAEA;
        font-family: Arial, sans-serif;
        width: 60%; min-width: 20em;
        padding: 2em; }
```

2-2　**提交按钮。**参考图 10.19 的网格草图，注意，除了提交按钮之外，网格中的其他元素都是一个接一个放置来填充网格的。提交按钮在网格第二列。用属性选择符定位提交按钮，把它显式放到网格第二列。同时将宽度设为 10em，将左边距设为 0。CSS 代码如下所示：

```
input[type="submit"] {  grid-column: 2 / 3;
                        width: 10em; margin-left: 0; }
```

保存文件并在浏览器中测试，效果如图 10.20 所示。可将自己的作业与 chapter10/10.5 中的学生文件比较。

10.12　服务器端处理

▶ 视频讲解：*Connect a form to Server-side Processing*

编码和测试本章的表单时，会注意到点击提交按钮时，表单只是重新显示，并不真正地做任何事情。这是由于还没有配置表单调用服务器端处理脚本。

浏览器向服务器请求网页和相关文件，服务器找到文件后发送给浏览器。然后，浏览器渲染返回的文件，并显示请求的网页。服务器和浏览器之间的通信如图 10.21 所示。

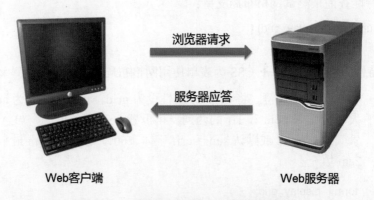

图 10.21　浏览器（客户端）与服务器协同工作

除了静态网页，网站有时还需提供更多功能，比如站点搜索、订单、电子邮件列表、数据库显示或其他类型的交互式动态处理。服务器端处理正是为此设计的。早期服务器使用名为"通用网关接口"(Common Gateway Interface，CGI) 的协议提供这个功能。CGI 是一种协议（或者说标准方法），服务器用这种协议将用户的请求（通常使用表单来发起）传送给应用程序，以及接收发送给用户的信息。服务器通常将表单信息传送给一个处理数据的小应用程序，并由该程序返回确认网页或消息。Perl 和 C 是 CGI 应用程序的常用编程语言。

服务器端脚本 (Server-side scripting) 技术在服务器上运行服务器端脚本程序，以便动态生成网页，例子包括 PHP，Ruby on Rails，Adobe ColdFusion，Sun JavaServer Pages 和 Microsoft .NET。服务器端脚本和 CGI 的区别在于它采用的是直接执行方式，脚本要么由服务器自身运行，要么由服务器上的一个扩展模块运行。

网页通过一个表单属性或者一个超链接(脚本文件 URL)来调用服务器端程序。当前所有表单数据都传给脚本程序。脚本处理完毕后,可能生成一个确认或反馈页面,其中包含请求的信息。调用服务器端脚本时,网页开发人员和服务器端的程序员必须协商好表单的 method 属性(get 还是 post),表单的 action 属性(服务器端脚本 URL),以及服务器端脚本所期待的任何特殊表单控件。

form 标记的 method 属性指定以何种方式将 name/value 对传给服务器。method 属性值 get 造成将表单数据附加到 URL 上,这是可见和不安全的。method 属性值 post 则不通过 URL 传送表单数据。相反,它通过 HTTP 请求的实体传送,这样隐密性更强。W3C 建议使用 post 方法。

form 标记的 action 属性指定服务器端脚本。和每个表单控件关联的 name 属性和 value 属性将传给服务器端脚本。name 属性可在服务器端脚本中作为变量名使用。

隐私和表单

旨在保护访问者隐私的指导原则称为"隐私条款"。网站要么将这些条款显示在表单页面上,要么创建一个单独的网页来描述这些隐私条款(和公司的其他条款)。

浏览 Amazon.com 或 eBay.com 等知名网站时,会在页脚区域找到指向隐私条款(有时称为隐私声明)的链接。例如,Better Business Bureau(商业改进局)的隐私策略是 https://www.bbb.org/us/privacy-policy。商业改进局建议在隐私条款中描述所收集的信息类型、收集信息的方法、信息的使用方式、保护信息的方法以及客户或访问者控制个人信息的手段。网站应包含隐私声明,告诉访问者你准备如何使用他们跟你分享的信息。这些建议具体可访问 https://www.bbb.org/greater-san-francisco/for-businesses/understanding-privacy-policy/sample-privacy-policy-template/。

免费远程主机表单处理

如果主机提供商不支持服务器端处理,可以考虑使用一些免费的远程脚本主机。例如 http://formbuddy.com 或者 http://www.formmail.com。

免费服务器端脚本

为了使用免费脚本程序,购买的主机要支持脚本所用的语言。联系主机提供商来了解具体的支持情况。注意,许多免费主机是不支持服务器端处理的(要花钱买)。免费脚本和相关资源请访问 http://scriptarchive.com 和 http://php.resourceindex.com。

动手实作 10.6 ———————————————————

这个动手实作将修改本章早些时候创建的表单页。将配置表单，使用 post 方法调用服务器端脚本程序。注意，为了测试自己的作品，计算机必须已经接入 Internet。post 方法比 get 方法更安全。post 方法不通过 URL 传送表单信息；它将这些信息包含在 HTTP 请求实体中进行传送，这使它的隐秘性更强。

使用服务器端脚本之前，要先从提供脚本的人或组织那里获取一些信息或文档。要知道脚本的位置，它是否要求表单控件使用特殊名称，而且要了解它是否要求任何隐藏表单控件。<form> 标记的 action 属性用于调用服务器端脚本。本书为学生们创建了一个供练习的服务器端脚本。网址是 https://webdevbasics.net/scripts/demo.php。服务器端脚本的说明文档列于表 10.11。

表 10.11　服务器端脚本的文档

脚本 URL	https://webdevbasics.net/scripts/demo.php
表单方法	post
脚本用途	该脚本接收表单输入，并显示表单控件的名称和值。这是学生作业的样板脚本，用于演示服务器端程序的调用过程。在真实的网站中，脚本执行的功能应包括发送电子邮件和更新数据库等

注意，脚本 URL 以 https:// 而不是 http:// 开头。在 action 中编码 https:// 网址会导致浏览器使用 HTTPS（Hypertext Transfer Protocol Secure，超文本传输安全协议）。HTTPS 为 HTTP 合并了一个称为 SSL（Secure Sockets Layer，安全套接字层）的安全和加密协议。第 12 章会对 SSL 进行简单介绍。表单中输入的数据会在发送给Web 服务器之前加密，所以 HTTPS 更安全、更保密。

启动文本编辑器，打开在动手实作 10.5 中创建的文件 (或学生文件 chapter10/10.5/contact2.html)。修改 <form> 标记，添加 method 属性，将值设为 "post"；再添加 action 属性，将值设为 "https://webdevbasics.net/scripts/demo.php"。修改后的<form> 标记的代码如下：

```
<form method="post" action="https://webdevbasics.net/scripts/demo.php">
```

保存网页并在浏览器中测试。结果应该和图 10.20 显示的页面相似。将你的作业与学生文件 chapter10/10.6/ mycontact.html 进行比较。

现在可以对表单进行测试了，必须连接上网才能成功测试表单。在表单的各个文本框中输入信息，然后点击提交按钮。应该看到一个确认页面，如图 10.22 所示。

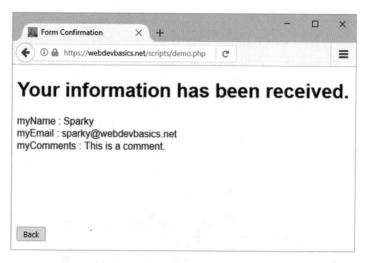

图 10.22　该页面由服务器端脚本程序创建以响应表单请求

demo.php 脚本程序创建网页来显示一条消息以及你输入的表单信息。换句话说，该确认页面是由 <form> 标记的 action 属性指向的服务器端脚本创建的。如何编写服务器端脚本超出了本书范围。如有兴趣，访问 https://webdevbasics.net/5e/chapter10. html 查看该脚本程序的源代码。

 测试表单时，如果什么也没发生，该怎么办？

试试下面这些诊断要点。

▶ 确保计算机已接入 Internet。

▶ 检查 action 属性中脚本地址的拼写。

▶ 细节决定成败！

10.14   更多文本表单控件

E-mail 地址输入表单控件

E-mail 地址表单控件与文本框相似。作用是接收电子邮件地址，比如 DrMorris2010
@gmail.com。为 <input> 元素设置 type="email" 配置一个 E-mail 地址表单控件。只
有支持 HTML5 email 属性值的浏览器才能验证用户输入的是不是电邮地址。其他浏
览器将其视为普通文本框。图 10.23(chapter10/email.html) 展示了假如输入的不是电
邮地址，Firefox 浏览器会提醒输入有误。注意，浏览器并不验证是否真实电邮地址，
只验证格式是否正确。HTML 代码如下所示：

```
<label for="myEmail">E-mail:</label>
<input type="email" name="myEmail" id="myEmail">
```

图 10.23   浏览器提醒输入有误

URL 表单输入控件

URL 表单输入控件与文本框相似。作用是接收 URL 或 URI，比如"https://
webdevbasics.net"。为 <input> 元素设置 type="url" 即可配置。只有支持 HTML5 url
属性值的浏览器才能验证用户输入的是不是 URL。其他浏览器将其视为普通文本框。
图 10.24(chapter10/url.html) 展示了假如输入的不是 URL，Firefox 会报告输入有误。
注意，浏览器并不验证是否真实 URL，只验证格式是否正确。HTML 代码如下所示：

```
<label for="myWebsite">Suggest a Website:</label>
<input type="url" name="myWebsite" id="myWebsite">
```

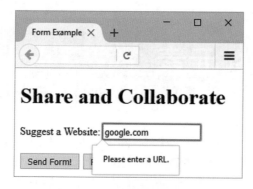

图 10.24　浏览器提醒输入有误

电话号码表单输入控件

电话号码表单输入控件与文本框相似。作用是接收电话号码。为 \<input\> 元素设置
type="tel"，即可配置一个电话号码表单控件。学生文件 chapter10/tel.html 展示了一
个例子。不支持 tel 值的浏览器将这个表单控件视为普通文本框。有的移动设备会
显示数字键盘以便输入电话号码。HTML 代码如下所示：

```
<label for="mobile">Mobile Number:</label>
<input type="tel" name="mobile" id="mobile">
```

搜索词输入表单控件

搜索词输入表单控件与文本框相似。作用是接收搜索词。为 \<input\> 元素设置
type="search"，即可配置一个搜索词输入表单控件。学生文件 chapter10/search.html
展示了一个例子。不支持 search 值的浏览器将这个表单控件视为普通文本框。
HTML 代码如下所示：

```
<label for="keyword">Search:</label>
<input type="search" name="keyword" id="keyword">
```

 我怎么知道浏览器是否支持新的 HTML5 表单元素？

　　　　　　　测试一下，全都知道。此外，以下资源介绍了浏览器对新的 HTML5 元素的支持
情况：

- ▶ http://caniuse.com(还介绍了浏览器对 CSS 的支持)
- ▶ http://findmebyip.com/litmus(还介绍了浏览器对 CSS 的支持)
- ▶ http://html5readiness.com
- ▶ http://html5test.com

10.15　datalist 元素

图 10.25 展示了 datalist 表单控件。注意，除了从列表中选择，还可在文本框中输入。可用 datalist 向用户推荐预定义的输入值。用三个元素配置 datalist：一个 input 元素、一个 datalist 元素以及一个或多个 option 元素。只有支持 HTML5 datalist 元素的浏览器才会显示和处理 datalist 中的数据项。其他浏览器会忽略 datalist 元素，将表单控件显示成文本框。

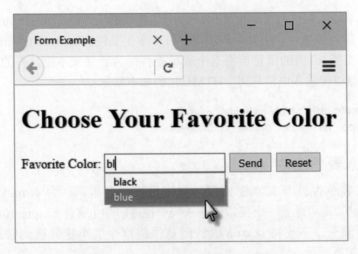

图 10.25　Firefox 正常显示 datalist 表单控件

这个 datalist 的源代码请参见学生文件 chapter10/list.html。HTML 代码如下所示：

```html
<label for="color">Favorite Color:</label>
<input type="text" name="color" id="color" list="colors">
<datalist id="colors">
  <option>black</option>
  <option>red</option>
  <option>green</option>
  <option>blue</option>
  <option>yellow</option>
  <option>pink</option>
  <option>cyan</option>
</datalist>
```

注意，input 元素的 list 属性的值和 datalist 元素的 id 属性的值相同。这就将文本框和 datalist 控件关联。可用一个或多个 option 元素向访问者提供预设选项。option 元素中的文本配置每个列表项显示的文本。用户可在文本框中一边输入，一边看到列表向用户推荐的值。用户可从列表中选择一个选项 (参见图 10.25)，也可直接在文本框中输入（参见图 10.23）。

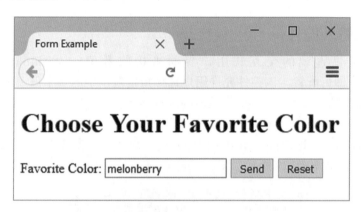

图 10.26　用户可在文本框中输入列表中没有的值

使用 datalist 表单控件可以灵活、方便地提供选项。截止本书写作时为止，当前版本的这几个浏览器 Internet Explorer，Edge，Firefox，Chrome 和 Opera 都支持这个新的 HTML5 元素。

不支持新 HTML5 表单控件的浏览器会发生什么？

　　即使浏览器不支持新的输入类型，也会把它们作为普通文本框显示，不支持的属性或元素会被忽略。图 10.27 展示了不支持 datalist 的 Internet Explorer 9 如何显示它。注意：和 Firefox 不同，浏览器没有显示列表，只显示了一个文本框。

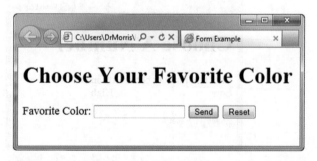

图 10.27　不支持 datalist 表单控件的浏览器显示一个文本框

slider 表单输入控件

slider 控件提供直观的交互式用户界面来接收数值。为 <input> 元素指定 type="range" 即可配置。该控件允许用户选择指定范围中的一个值。默认范围是 1 到 100。只有支持 HTML5 range 属性值的浏览器才会显示交互式的 slider 控件，如 图 10.28 所示 (chapter10/range.html)。注意滑块的位置，这是值为 80 时的位置。不 直接向用户显示值，这或许是 slider 控件的一个缺点。不支持该控件的浏览器将它 显示成文本框，如图 10.29 所示。

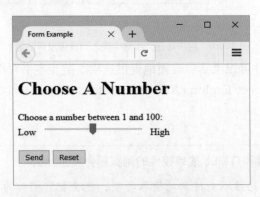

图 10.28　Firefox 浏览器正常显示 slider 控件

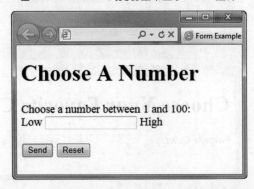

图 10.29　Internet Explorer 9 将 slider 控件显示成文本框

slider 控件接收表 10.2 和表 10.12 列出的属性。min, max 和 step 这三个属性是新增的。 使用 min 属性配置范围最小值，使用 max 配置最大值，使用 step 配置每次调整的最 小间隔，默认是 1。图 10.28 和图 10.29 的 slider 控件的 HTML 代码如下所示：

```
<label for="myChoice">Choose a number between 1 and 100:</label><br>
Low <input type="range" name="myChoice" id="myChoice"> High
```

spinner 表单输入控件

spinner 控件提供一个直观的交互式用户界面来接收数值信息，并向用户提供反馈。为 <input> 元素指定 type="number" 即可配置。用户要么在文本框中输入值，要么利用上下箭头按钮选择指定范围中的值。只有支持 HTML5 number 属性值的浏览器才会显示交互式的 spinner 控件，如图 10.30 所示 (chapter10/spinner.html)。不支持的浏览器显示成文本框。

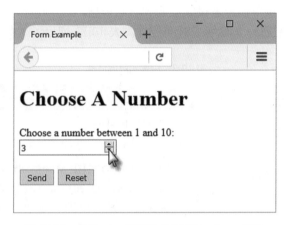

图 10.30　在 Firefox 浏览器中显示的 spinner 控件

spinner 控件接收表 10.2 和表 10.12 列出的属性。使用 min 属性配置最小值，使用 max 配置最大值，使用 step 配置每次调整的最小间隔，默认是 1。图 10.30 的 spinner 控件的 HTML 代码如下所示：

```
<label for="myChoice">Choose a number between 1 and 10:</label>
<input type="number" name="myChoice" id="myChoice" min="1" max="10">
```

表 10.12　Slider，Spinner 和 Date/Time 表单控件的附加属性

属性名称	属性值	用法
max	最大值	用于 range，number 和 date/time 输入控件的 HTML5 属性，指定最大值
min	最小值	用于 range，number 和 date/time 输入控件的 HTML5 属性，指定最小值
step	最小调整单位	用于 range，number 和 date/time 输入控件的 HTML5 属性，指定每次调整的最小间隔

HTML5 和渐进式增强

使用 HTML5 表单控件时要注意渐进式增强。不支持的浏览器看到这种表单控件会显示文本框。支持的会显示和处理新的表单控件。这正是渐进式增强的实际例子，所有人都得到一个能使用的表单，使用最新浏览器的人能够用得上增强功能。

日历输入表单控件

HTML5 提供了多种表单控件来接收日期和时间信息。为 <input> 元素的 type 属性指定不同的值，即可配置一个日期或时间控件。表 10.13 列出了这些属性值。

表 10.3　日期和时间控件

type 属性	属性值	格式
date	日期	YYYY-MM-DD 例如：January 2, 2020 表示成 "20200102"
datetime	日期和时间，加上时区信息 (UTC 偏移)	YYYY-MM-DDTHH:MM:SS-##:##Z 例如：January 2, 2020, at exactly 9:58 AM Chicago time (CST) 表示成 "2020-01-02T09:58:00-06:00Z"
datetime-local	日期和时间，无时区信息	YYYY-MM-DDTHH:MM:SS 例如：January 2, 2020, at exactly 9:58 AM 表示成 "2020-01-02T09:58:00"
time	时间，无时区信息	HH:MM:SS 例如：1:34 PM 表示成 "13:34"
month	年月	YYYY-MM 例如：January, 2020 表示成 "2020-01"
week	年周	YYYY-W##，其中的 ## 代表一年中的第多少周 例如：2020 年第三周表示成 "2020-W03"

图 10.31 的表单 (chapter10/date.html) 为 <input> 元素配置 type="date" 来配置一个日历控件。用户可从中选择一个日期。该控件的 HTML 代码如下：

```
<label for="myDate">Choose a Date</label>
<input type="date" name="myDate" id="myDate">
```

日期和时间控件接收表 10.2 和表 10.12 列出的属性。控件的具体实现取决于浏览器。Google Chrome 和 Opera 显示日历界面，而 Microsoft Edge 通过 spinner 界面选择日期。不支持的浏览器会显示成文本框。不过，将来对它们的支持会逐渐普及。

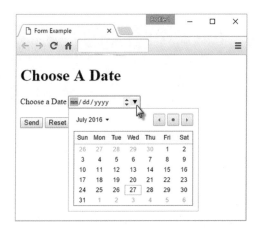

图 10.31　Google Chrome 浏览器中显示的日期控件

颜色池表单控件

颜色池 (color well) 控件方便用户选择颜色。为 input 元素指定 type="color" 即可配置。目前只有 Firefox，Google Chrome，Safari 和 Opera 浏览器才能显示颜色池控件，如图 10.32 所示 (chapter10/color.html)。不支持的浏览器会显示成文本框。图 10.32 的颜色池表单控件的 HTML 代码如下：

```
<label for="myColor">Choose a color:</label>
<input type="color" name="myColor" id="myColor">
```

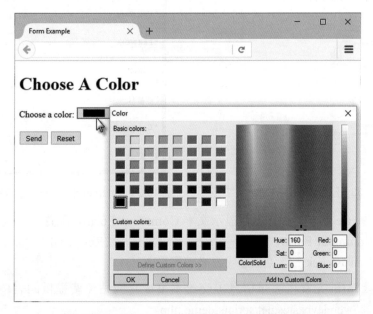

图 10.32　Google Chrome 浏览器支持颜色池控件

下一节继续练习使用表单控件。

动手实作 10.7

这个动手实作将编码表单来接收网站访问者输入的姓名、E-mail 地址、打分以及评论。图 10.33 显示了支持 HTML5 的 Firefox 浏览器所显示的表单。图 10.34 显示了不支持的 Internet Explorer 9 所显示的表单。注意，虽然表单在 Firefox 中得到了增强，但在两种浏览器中都能正常使用，这正是"渐进式增强"的意义。

启动文本编辑器并打开模板文件 chapter1/template.html，另存为 comment.html。将修改该文件来创建如图 10.33 和图 10.34 所示的网页。

图 10.33　Firefox 显示的表单

图 10.34　Internet Explorer 9 显示的表单

1. 修改 title 元素，在标题栏显示文本 Comment Form。配置 h1 元素来包含文本 Comment Form。添加一个段落来包含文本 "Required fields are marked with an asterisk *."（星号代表必填字段）。

2. 配置 form 元素将表单信息提交给本书配套网站免费提供的表单处理程序 https://webdevbasics.net/scripts/demo.php。

   `<form method="post" action="https://webdevbasics.net/scripts/demo.php">`

3. 编码表单标签和控件。配置姓名、电子邮件和评论是必填信息。使用星号提示用户必填字段。电邮地址编码成 type="email" 而不是 type="input"。为姓名和电子邮件表单控件使用 placeholder 属性，提示用户应该在这些字段中填写什么内容。添加一个 slider 控件 (type="range") 以便用户从 1 ~ 10 的分数中选择一个。HTML 代码如下所示：

```
<form method="post" action="https://webdevbasics.net/scripts/demo.php">
    <label for="myFirstName">* First Name</label>
    <input type="text" name="myFirstName" id="myFirstName"
            required="required" placeholder="your first name">
    <label for="myLastName">* Last Name</label>
    <input type="text" name="myLastName"
            id="myLastName" required="required"
            placeholder="your last name">
    <label for="myEmail">* E-mail</label>
    <input type="email" name="myEmail" id="myEmail"
            required="required"
            placeholder="you@yourdomain.com">
    <label for="myRating">Rating (1 &mdash; 10)</label>
    <input type="range" name="myRating" id="myRating" min="1" max="10">
    <label for="myComments">* Comments</label>
    <textarea name="myComments" id="myComments"
                rows="2" cols="40"
                required="required"
                placeholder="your comments here">
    </textarea>
    <input type="submit" value="Submit">
</form>
```

图 10.35　Firefox 浏览器提示输入有误

4. 编码嵌入 CSS。配置 label 元素选择符使用块显示和 20px 顶部边距。配置 input 元素选择符使用块显示和 20px 底部边距。CSS 代码如下所示：

```
label { display: block; margin-top: 20px; }
input { display: block; margin-bottom: 20px; }
```

5. 保存文件并在浏览器中测试。使用支持 HTML5 表单控件的浏览器会看到如图 10.33 所示的结果。使用不支持 HTML5 表单控件的浏览器 (如 Internet Explorer 9) 会看到如图 10.34 所示的结果。其他浏览器的显示取决于对 HTML5 的支持程度。

6. 如图 10.35 所示，假如提交表单但不输入任何信息，Firefox 会显示一条提示，告诉用户该字段必填。

将你的作业与学生文件 chapter10/10.7 进行比较。chapter10/10.7/flex.html 是使用 CSS 灵活框布局的一个例子。就像这个动手实作演示的那样，对新的 HTML5 表单控件的支持尚未统一。设计时要注意"渐进式增强"。

复习和练习

复习题

选择题

1. 浏览器遇到不支持的 HTML5 表单输入控件会发生什么？（   ）

    A. 电脑关机　　　　　　　　　B. 浏览器显示错误提示

    C. 浏览器崩溃　　　　　　　　D. 浏览器显示文本框

2. `<form>` 标记的哪个属性指定对表单字段值进行处理的脚本的名称和位置？
   （   ）

    A. action　　　　B. process　　　　C. method　　　　D. id

3. 表单包含各种类型的（   ），比如文本框和按钮，以便从访问者处接收信息。

    A. 隐藏元素　　　B. 标签　　　　C. 表单控件　　　　D. 图例

4. 以下 HTML 标记中，（   ）将文本框名称设为"city"，宽度设为 35 个字符。

    A. `<input type="text" id="city" width="35">`

    B. `<input type="text" name="city" size="35">`

    C. `<input type="text" name="city" space="35">`

    D. `<input type="text" name="city" width="35">`

5. 需要接收范围在 1 到 50 之间的一个数。用户要直观地看到他们选择的数字。
   以下哪个表单控件最适合？（   ）

    A. spinner　　　　　　　　　B. 单选钮

    C. 复选框　　　　　　　　　D. slider

6. 以下哪种表单控件最适合访问者输入电邮地址？（   ）

    A. 复选框　　　　　　　　　B. 选择列表

    C. 文本框　　　　　　　　　D. 滚动文本框

7. 以下哪种表单控件最适合发起投票，让访问者选出他们最喜爱的搜索引擎？
   （   ）

    A. 单选钮　　　　　　　　　B. 文本框

    C. 滚动文本框　　　　　　　D. 复选框

8. 以下哪个表单控件适合让访问者输入评论？（　　）

    A. 文本框　　　　　　　　　B. 选择列表

    C. 单选钮　　　　　　　　　D. 滚动文本框

9. 以下哪个配置名为 comments 的滚动文本框，高 4 行，宽 30 个字符？（　　）

    A. `<textarea name="comments" width="30" rows="4"></textarea>`

    B. `<input type="textarea" name="comments" size="30" rows="4">`

    C. `<textarea name="comments" rows="4" cols="30"></textarea>`

    D. `<textarea name="comments" width="30" rows="4">`

10. 以下哪个将 "E-Mail:" 标签与名为 email 的文本框关联？（　　）

    A. E-mail `<input type="textbox" name="email" id="email">`

    B. `<label>`E-mail: `<input type="text" name="email" id="email"></label>`

    C. `<label for="email">`E-mail `</label> <input type="text" name="email" id="email">`

    D. B 和 C 都对

动手练习

1. 写代码创建以下项目。

    1-1 一个名为 username 的文本框，用来从网页访问者那里接收用户名。该文本框最多允许输入 30 个字符。

    1-2 一组单选钮，让网站访问者选择一周里面他们最喜欢的一天。

    1-3 一个选择列表，让网站访问者选择他们最喜欢的社交网站。

    1-4 一个 fieldset，将 legend 文本设为 "Billing Address"，将下列表单控件包含在这个 fieldset 中：AddressLine1，AddressLine2，City，State 和 ZIP Code。

    1-5 一个名为 userid 的隐藏表单控件。

    1-6 一个名为 password 的密码输入控件。

2. 写代码创建表单，接收邮寄产品宣传册的请求。使用 required 属性配置浏览器验证所有字段均已输入。开始之前，先在纸上画好表单草图。

3. 写代码创建表单，接收网站访问者的反馈信息。使用 input type="email"，并用 required 属性配置浏览器验证所有字段均已输入。指定用户输入的评论最长为 1200 字符。开始之前，先在纸上画好表单草图。

4. 写代码创建表单，接收网站访问者姓名、E-mail 和生日。使用 type="date" 属性在支持的浏览器中显示日历控件。

聚焦网页设计

1. 在网上搜索包含 HTML 表单的网页。在浏览器中显示并打印，再打印它的源代码。在打印稿中，将与表单相关的标记高亮标示或者圈出来。在另一张纸上做笔记，列举找到的与表单相关的标记和属性，并简单描述它们的作用。

2. 选择本章讨论的一种服务器端技术：Ruby on Rails，PHP，JSP 或者 ASP.NET。以本章列举的资源为起点，在网络上搜索与你选择的服务器端技术相关的其他资源。创建一个网页，列举至少 5 项有用的资源，并附上每项资源的简单描述。提供每个资源站点的名称、URL、所提供服务的简单描述和一个推荐的页面 (比如教程、免费脚本等)。将你的姓名放在页面底部的电子邮件链接中。

案例学习：度假村 Pacific Trails Resort

本章的案例学习将以第 9 章创建的 Pacific Trails 网站为基础，将添加新的Reservations(预订) 页。网站结构请参考第 2 章的站点地图 (图 2.28)。Reservations页使用和网站的其他网页相同的双栏布局。创建网页的过程中，将运用本章学到的新知识在内容区域编码表单。

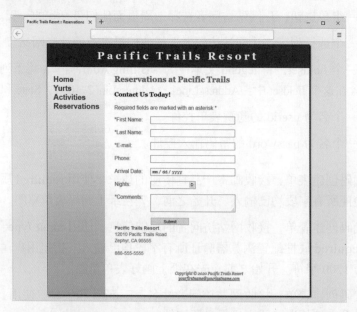

图 10.36　新的 Pacific Trails Reservations 页

这个案例学习有三个任务。

1. 为 Pacific Trails 网站创建文件夹。

2. 修改 CSS，配置 Reservations 页的样式规则。

3. 创建 Reservations 页 (reservations.html)。完成后的效果如图 10.36 所示

任务 1：创建文件夹 ch10pacific 来包含 Pacific Trails Resort 网站文件。我们将第 9 章案例学习创建的 ch9pacific 文件夹中的内容复制到这里。

任务 2：配置 CSS。图 10.37 是网格布局草图。注意，表单控件的文本标签位于内容区域左侧。还要注意每个表单控件之间的垂直间距。在窄视口中显示时，最好只显示一栏（一列），如图 10.38 所示。

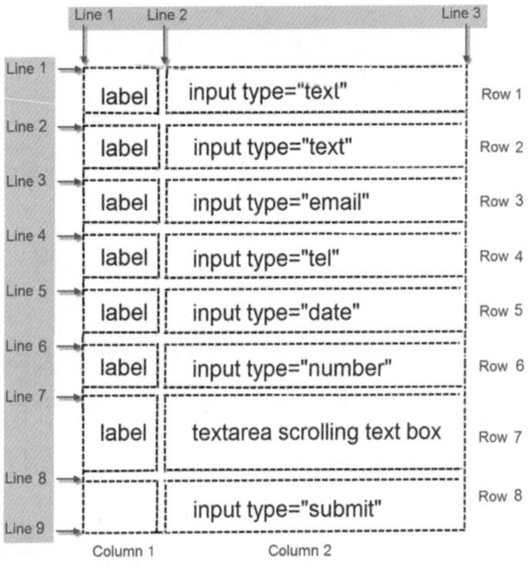

图 10.37　表单网格布局草图

在文本编辑器中打开 pacific.css 文件并像下面这样配置 CSS。

1. 用灵活框配置窄视口的单栏显示。在媒体查询上方添加以下 CSS，将 form 元素选择符配置成只有一列的灵活容器。同时为 input 和 textarea 元素选择符设置 .5em 底部边距。

```
form { display: flex; flex-flow: column nowrap; }
input, textarea { margin-bottom: .5em; }
```

2. 用网格布局配置双栏显示。为第一个媒体查询添加 CSS。

2-1 配置一个 form 元素选择符。设置成网格，60% 宽度，1em 网格间隙，两列 (宽度分别是 6em 和 1fr)，并将行的大小设为 auto。

2-2 为提交按钮配置一个属性选择符。用 grid-column 属性把该按钮放到第二列。将宽度设为 9em。

保存 pacific.css 文件。

任务 3：创建 Reservations 页。基于现有网页创建新网页可提高效率。新的 Reservations 网页将以 index.html 为基础。用文本编辑器打开 index.html 并另存为 reservations.html，保存到 ch10pacific 文件夹。

现在开始编辑 reservations.html 文件。

图 10.38　用于窄视口的单栏显示

- 修改网页标题。将 \<title\> 标记中的文本更改为 "Pacific Trails Resort :: Reservations"。
- 预订页没有大图，所以删除分配了 homehero id 的 div 元素。
- 将 \<h2\> 标记中的文本更改为 Reservations at Pacific Trails。
- 删除段落和无序列表。不要删除网站 logo、导航、联系信息和页脚区域。
- 在 h2 元素下另起一行。配置一个 h3 元素，显示文本 Contact Us Today!。
- 在 h3 元素下添加一个段落，提醒用户星号代表必填字段：Required fields are marked with an asterisk *.
- 再另起一行，现在开始配置表单。输入 \<form\> 标记，使用 post 方法，action 属性调用服务器端脚本程序 https://webdevbasics.net/scripts/pacific.php。
- 配置输入 First Name 信息的表单控件。创建一个 \<label\> 元素来包含文本 * First Name:。创建一个文本框，将 id 属性和 name 属性设为 "myFName"。配置 required 属性。用 for 属性关联标签和表单控件。
- 以类似方式配置以下表单控件和标签：
  a. 用于 Last Name 的表单控件和标签
  b. 用于 E-mail 地址的表单控件和标签
  c. 用于 Phone Number 的表单控件和标签（非必填项）。将电话号码表单控件的 maxlength 设为 12
  d. 用于 Arrival Date（入住日期）的日历表单控件和标签（非必填项）
  e. 用于 Nights（入住晚数）的 spinner 表单控件和标签（非必填项）。配置该控件接受 1 到 14(含) 的值。
- 配置表单的 Comments(评论) 区域。创建 label 元素来包含文本 "* Comments:"。创建 textarea 元素，将 id 和 name 属性设为 "myComments"。 rows 设为 2，cols 设为 30。用 for 属性关联标签和表单控件。
- 配置提交按钮。
- 在提交按钮后面的一个空行上编码结束标记 \</form\>。

保存 reservations.html 网页并在浏览器中测试，结果应该如图 10.36 所示。收窄浏览器视口，应该能获得如图 10.38 所示的效果。不填或者填写格式有误的电子邮件，然后提交表单。取决于浏览器对 HTML5 的支持程度，浏览器可能执行校验并显示错误消息。图 10.39 是电子邮件格式错误的情况下由 Firefox 显示的 Reservations 页。

图 10.39　浏览器检查必填信息

为所有表单控件填写信息并单击提交按钮。如果已连接到互联网，这些信息会发送给 <form> 标记配置的服务器端脚本。会显示如图 10.40 所示的网页，其中列出了表单控件名称以及你输入的值。

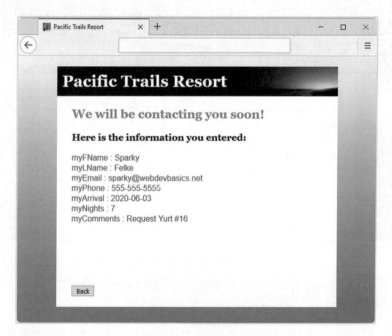

图 10.40　表单确认页

这个案例学习编码了一个表单并定义了它的样式，配置了表单处理，完成了 Pacific Trails Resort 网站的最后一个网页。

案例学习：瑜珈馆 Path of Light Yoga Studio

这个案例学习将以第 9 章创建的 Path of Light Yoga Studio 网站为基础，将添加新的 Contact（联系）页。网站结构参考第 2 章的站点地图（图 2.32）。Contact 页使用和网站其他网页相同的布局。创建网页的过程中，将运用本章学到的新知识来编码表单。

这个案例学习有三个任务。

1. 为 Path of Light Yoga Studio 网站创建文件夹。

2. 修改样式表 (yoga.css)，配置 Contact 页的样式规则。

3. 创建 Contact 页 (contact.html)。完成后的效果如图 10.41 所示。

图 10.41 新的 Contact 页

任务 1：创建文件夹 ch10yoga 来包含 Path of Light Yoga Studio 网站文件。将第 9 章案例学习创建的 ch9yoga 文件夹中的内容复制到这里。

任务 2：配置 CSS。图 10.42 是表单布局草图。注意，表单控件的文本标签位于内容区域左侧。还要注意每个表单控件之间的垂直间距。在窄视口中显示时，最好只显示一栏（一列），如图 10.43 所示。

在文本编辑器中打开 yoga.css 文件并像下面这样配置
CSS：

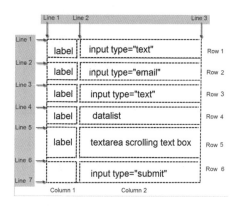

图 10.42　表单网格布局草图

1. 用灵活框配置窄视口的单栏显示。在媒体查询
上方添加以下 CSS，将 form 元素选择符配置成
只有一列的灵活容器。同时为 input，datalist 和
textarea 元素选择符设置 .5em 底部边距。

```
form { display: flex; flex-flow: column nowrap; }
input, datalist textarea { margin-bottom: .5em; }
```

2. 用网格布局配置双栏显示。为第一个媒体查询添
加 CSS：

　2-1 配置一个 form 元素选择符。设置成网格，
　　　60% 宽度，40em 最大宽度，1em 网格间隙，
　　　两列（宽度分别是 9em 和 1fr），并将行的大小
　　　设为 auto。

　2-2 为提交按钮配置一个属性选择符。用 grid-
　　　column 属性把该按钮放到第二列。将宽度设
　　　为 9em。

保存 yoga.css 文件。

图 10.43　用于窄视口的单栏显示

任务 3：创建 Contact 页。新网页在 Classes（课程）页
基础上修改。用文本编辑器打开 classes.html 并另存为
contact.html。参考图 10.41 来修改 contact.html 文件。

▸ 修改网页标题。将 <title> 标记中的文本更改为
合适的文字。

▸ Contact 页将在 main 元素中显示表单。删除
main 元素中的所有 HTML 和内容，只保留
<h2> 元素及其文本。

▸ 将 <h2> 元素中的文本修改成 Contact Path of Light Yoga Studio。

▸ 在 h2 元素下方添加一个段落，提醒用户星号代表必填字段：
Required fields are marked with an asterisk *.

▸ 现在编码表单区域的 HTML。输入 <form> 标记，使用 post 方法，action
属性调用服务器端脚本程序 https://webdevbasics.net/scripts/yoga.php。

▸ 配置输入 Name 信息的表单控件。创建 <label> 元素来包含文本 *Name:。
创建文本框，将 id 属性和 name 属性设为 myName。用 for 属性关联标签
和表单控件。配置 required 属性。

▸ 配置输入 E-mail 信息的表单控件（type="email"）。创建 <label> 元素来
包含文本"* E-mail:"。创建文本框，将 id 和 name 属性的值设为"myEmail"。

用 for 属性关联标签和表单控件。配置 required 属性。

- 创建 <label> 元素来包含文本 "How did you hear about us?"（你是从哪里知道我们的？）。配置它和一个 datalist 表单控件关联。datalist 列出的选项包括：Google，Bing，Facebook，Friend 和 Radio Ad。
- 配置表单的评论区域。创建 <label> 元素来包含文本 *Comments:。创建一个 textarea 元素，将 id 和 name 属性的值设为 "myComments"。将 rows 设为 2，cols 设为 20。用 for 属性关联标签和表单控件。配置 required 属性。
- 配置提交按钮，上面显示 Send Now。
- 在提交按钮后面的一个空行上编码结束标记 </form>。

保存 contact.html 网页并在浏览器中测试，结果应该如图 10.41 和图 10.43 所示（具体取决于浏览器视口宽度）。不填或填写格式有误的电子邮件，然后提交表单。取决于浏览器对 HTML5 的支持程度，浏览器可能执行校验并显示错误消息。图 10.44 是电子邮件格式错误的情况下由 Firefox 显示的 Contact 页。

图 10.44　浏览器检查必填信息

为所有表单控件填写信息并单击提交按钮。如果已连接到互联网，这些信息会发送给 <form> 标记配置的服务器端脚本。会显示如图 10.45 所示的网页，其中列出了表单控件名称以及你输入的值。

图 10.45 表单确认页

这个案例学习编码了一个表单并定义了它的样式，配置了表单处理，完成了 Path of Light Yoga Studio 网站的最后一个网页。

第11章
媒体和交互性基础

在网页上加入视频和声音可以使其显得更生动、更具吸引力。本章介绍网页上的多媒体和交互元素，指导你在网页上添加音频、视频和 Flash 动画l。还要讨论各种类型的媒体的来源、在网页上添加媒体所需的 HTML 代码以及各种媒体的推荐用法。将使用 CSS 创建交互式图片库，创建下拉菜单，并探索更多 CSS 属性。在网页上添加适当的交互性可吸引更多访问者。

学习内容

▶ 了解网上使用的多媒体文件的类型

▶ 配置指向多媒体文件的超链接

▶ 配置网页上的音频和视频

▶ 配置 Flash 动画

▶ 使用 CSS transform 属性和 transition 属性

▶ 配置交互式下拉菜单

▶ 用 details 和 summary 元素配置交互式 widget

▶ 了解 JavaScript 和 jQuery 的功能和常见用途

▶ 了解 HTML5 API 的作用，包括地理位置、存储、Manifest、Service Workers 和 canvas

辅助应用程序和插件

浏览器设计用于显示特定类型的文件，包括 .html，.htm，.gif、.jpg 和 .png 等。如果某种媒体不属于这些类型，浏览器会搜索用于显示该文件类型的插件 (plug-in) 或辅助应用程序 (helper application)。在访问者的计算机上找不到合适的插件或辅助应用程序 (后者在独立于浏览器的一个窗口中运行)，浏览器会询问访问者是否将文件保存到他们的计算机上。最常用的插件如下。

- Adobe Flash Player(http://www.adobe.com/products/flashplayer)。Flash Player 可以显示 .swf 格式的文件。这些文件可以包含音频、视频和动画，还能提供交互功能。

- Adobe Shockwave Player(http://www.adobe.com/products/ shockwaveplayer)。Shockwave Player 可以显示用 Adobe Director 软件制作的高性能多媒体文件。

- Adobe Reader(https://get.adobe.com/cn/reader)。Adobe Reader 用于交流保存在 .pdf 格式的文件中的信息，比如可打印的宣传手册、说明书和白皮书等。

- Java Runtime Environment(http://www.java.com/en/download/manual.jsp)。Java Runtime Environment (JRE) 用于运行使用 Java 技术编写的应用程序和小程序。

- Windows Media Player (https://support.microsoft.com/en-us/help/14209/get-windows-media-player)。Windows Media Player 插件可以播放流格式的音频、视频、动画和多媒体演示文稿等。

上述插件和辅助应用程序在网上已有多年的使用历史。HTML5 视频和音频的创新之处在于，它们由浏览器原生支持，无需安装插件。使用原生 HTML5 视频和音频时，需要注意容器 (由文件扩展名决定) 和 codec(即编码 / 解码器，用于定义媒体压缩算法)。不存在一款所有主流浏览器都支持的 codec。例如，H.264 codec 要求支付许可证费用，所以 Firefox 和 Opera 浏览器不支持。相反，它们支持的是无版权费用的 Vorbis 和 Theora。表 11.1 和表 11.2 列出了常见的媒体文件扩展名、容器名称以及 codec 信息。

表 11.1　常用音频文件类型

扩展名	容器	描述
.wav	Wave	这种格式最初由 Microsoft 发明，是 PC 平台的标准文件格式，但 Mac 平台也支持
.aiff 或 .aif	Audio Interchange	这是 Mac 平台最流行的音频文件格式，PC 平台也支持
.mid	Musical Instrument Digital Interface	这种文件包含了重建乐器声音的指令，而非对声音本身的数字录音。这种紧凑的文件格式的优点是文件尺寸较小，缺点是能重现的声音类型数量有限
.au	Sun UNIX Sound file	这是比较古老的声音文件类型，效果通常比新的音频文件格式差
.mp3	MPEG-1 Audio Layer-3	流行的音乐文件格式，支持双声道和高级压缩
.ogg	Ogg	使用 Vorbis codec 的开源音频文件格式。详情请访问 http://www.vorbis.com
.m4a	MPEG 4 Audio	这种纯音频的 MPEG-4 格式使用 Advanced Audio Coding (AAC) codec；得到了 QuickTime，iTunes 和 iPod/iPad 等移动设备的支持

表 11.2　常用视频文件类型

扩展名	容器	描述
.mov	QuickTime	这种格式最早由 Apple 发明并用于 Macintosh 平台。后来 Windows 也支持
.avi	Audio Video Interleaved	PC 平台上原始的标准视频格式
.flv	Flash Video	Flash 兼容视频文件容器；支持 H.264 codec
.wmv	Windows Media Video	Microsoft 开发的一种视频流技术。Windows Media Player 支持这种文件格式
.mpg	MPEG	MPEG 技术标准在活动图片专家组 (Moving Picture Experts Group，MPEG) 的资助下进行开发，请参见 http://www.chiariglione.org/mpeg。Windows 和 Mac 平台都支持
.m4v 和 .mp4	MPEG-4	MPEG4 (MP4) codec；H.264 codec；由 QuickTime，iTunes 和 iPod/iPad 等移动设备播放
.3gp	3GPP Multimedia	H.264 codec；在 3G 无线网络中传输多媒体文件的标准格式
.ogv 或 .ogg	Ogg	这种开源视频文件格式 (http://www.theora.org) 使用 Theora codec
.webm	WebM	这种开源媒体文件格式 (http://www.webmproject.org) 由 Google 赞助，使用 VP8 视频 codec 和 Vorbis 音频 codec

访问音频或视频文件

要向访问者呈现音频或视频文件，创建指向该文件的链接即可。以下 HTML 代码链接到一个名为 WDFpodcast.mp3 的声音文件：

```
<a href="WDFpodcast.mp3">Podcast Episode 1</a> (MP3)
```

访问者点击链接，计算机中安装的 .mp3 文件插件 (比如 QuickTime) 就会在一个新的浏览器窗口或者标签页中出现。访问者可利用这个插件来播放声音。

 动手实作 11.1 ━━━━━━━━━━━━━━━━━━━━━━━━━━━━━

这个动手实作将创建如图 11.1 所示的网页，其中包含一个 h1 标记和一个 MP3 文件链接。网页还提供了该音频文件的文字稿链接，以增强无障碍访问。最好告诉访问者文件类型是什么 (比如 MP3)，还可选择显示文件大小。

图 11.1　点击 Podcast Episode 1 链接会在浏览器中启动默认 MP3 播放器

将 chapter11/starters 文件夹中的 podcast.mp3 和 podcast.txt 文件复制一个新建的名为 podcast 的文件夹中。以 chapter1/template.html 文件为基础创建网页，将 title 设为 Podcast，添加 h1 标题来显示 Web Design Podcast，添加 MP3 文件链接，再添加文字稿链接。将网页另存为 podcast.html 并在浏览器中测试。用不同的浏览器和它们的不同版本测试网页。单击 MP3 链接时，会启动一个音乐播放器 (具体取决于浏览器配置的是什么播放器或插件) 来播放该文件。单击文字稿链接，会在浏览器中显

示 .txt 文件的文本。一个已完成的示例文件请参见学生文件 chapter11/11.1/podcast.html。

多媒体和无障碍访问

应考虑为网站上使用的媒体文件提供替代内容，包括文字稿、字幕或者可打印的 PDF 格式。

1. 为"播客"等音频文件提供文字稿。一般以播客文字稿为基础创建 PDF 格式的文字稿文件，并上传到网站。

2. 为视频文件提供字幕。将视频上传到 YouTube 能自动生成字幕 (允许手动纠正)。还可为现有的 YouTube 视频创建文字稿或字幕 (参考 https://support.google.com/youtube/topic/3014331)。

多媒体和浏览器兼容问题

为访问者提供链接来下载并保存媒体文件，这是最基本的媒体访问方法，但要求访问者需安装相应的应用程序 (比如 Apple iTunes 或 Windows Media Player) 才能播放下载的文件。由于需依赖访问者安装相应播放器，所以许多网站都用流行的 Adobe Flash 文件格式共享视频和音频文件。

为解决浏览器插件兼容问题，同时减少对 Adobe Flash 等专利技术的依赖，HTML5 引入了新的 audio 元素和 video 元素，它们是浏览器原生的。但由于旧的浏览器不支持 HTML5，所以网页设计者仍需提供备选项，比如提供媒体文件链接，或显示多媒体内容的 Flash 版本。本章稍后会探讨 Flash 和 HTML5 视频 / 音频。

> **? FAQ 为什么我的声音或视频文件无法播放?**
>
> 播放网络视频或音频文件需依赖访问者的浏览器中安装的插件。在你的计算机上正常工作的网页并不一定能在所有访问者的计算机上正常工作。要看他们计算机的配置如何。有的访问者可能没有正确安装插件，有的则是将文件类型与错误的插件进行了关联，或者插件的安装有误。有的访问者可能网速较慢，必须等很长时间才能完成媒体文件的下载。发现规律没有? 网上的多媒体内容有时会造成麻烦。

Flash 通过幻灯片、动画和其他多媒体效果为网页添加视觉元素和交互性。可用 Adobe Flash 和 Adobe Animate CC 应用程序创建 Flash 多媒体内容。Flash 动画可以是交互式的，使用一种名为 ActionScript 的语言编写代码来响应鼠标点击、接收文本框中的信息以及调用服务器端脚本程序。Flash 还可播放视频和音频文件。Flash 动画文件使用 .swf 文件存储，要求浏览器安装 Flash Player 插件。

虽然大多数桌面 Web 浏览器都安装了 Flash 播放器，但注意移动设备的用户看不了 Flash 多媒体。正是因为移动设备的支持有限，造成网页上的 Flash(.swf) 内容越来越少。Adobe 公司已宣布终结 Flash。2020 年底之后，Adobe Flash Player 将不再进行任何更新和发布。

embed 元素

embed(嵌入) 元素是一种自包容元素 (或称 void 元素、独立元素)，作用是为需要插件或播放器的外部内容 (比如 Flash) 提供一个容器。虽然许多年来一直用于在网页上显示 Flash，但在 HTML5 之前，embed 元素一直没有成为正式的 W3C 元素。HTML5 的设计原则之一是 "延续既有道路"。也就是说，对浏览器已经支持，但未成为 W3C 正式标准的技术进行巩固和强化，使其最终成为标准。图 11.2(学生文件 chapter11/flashembed.html) 的网页使用 embed 元素显示一个 Flash .swf 文件。

图 11.2　用 embed 元素配置 Flash 媒体

表 11.3 总结了用 embed 元素显示 Flash 媒体时的常用属性。

表 11.3　embed 元素的属性

属性名称	描述和值
src	Flash 媒体的文件名 (.swf 文件)
height	指定对象区域的高度，以像素为单位
type	对象的 MIME 类型，要设置成 type="application/x-shockwave-flash"
width	指定对象区域的宽度，以像素为单位
quality	可选；描述媒体的质量；通常使用值 high
title	可选；提供简短文本描述，以便浏览器或辅助技术显示

动手实作 11.2

这个动手实作中将创建网页来显示 Flash 幻灯片。
网页效果如图 11.3 所示。

新建名为 embed 的文件夹，将 chapter11/ starters
文件夹中的 lighthouse.swf 文件复制到这里。以
chapter1/template.html 文件为基础创建一个网页，
将 title 和一个 h1 标题设为 Door County Lighthouse
Cruise，再添加 <embed> 标记来显示 Flash 文件
lighthouse.swf。该对象宽 320 像素，高 240 像素。
下面是一个例子。

```
<embed type="application/x-shockwave-flash"
       src="lighthouse.swf" quality="high"
       width="320" height="240"
       title="Door County Lighthouse Cruise">
```

图 11.3　用 embed 元素配置 Flash 幻灯片

注意 embed 元素的 title 属性值。这些描述性文本可由屏幕朗读器等辅助技术访问。

将网页另存为 index.html，保存到 embed 文件夹，在浏览器中测试。将你的作业与
示例文件 chapter11/11.2/embed.html 进行比较。

FAQ 访问者的浏览器不支持 Flash 会发生什么？

如果使用本节的代码在网页上显示 Flash 媒体，但访问者的浏览器不支持 Flash，
浏览器通常会显示一条消息，告诉访问者需安装插件。本节的代码能通过 W3C HTML5 校验，
而且是在网页上显示 Flash 媒体所需的最起码的代码。

FAQ Adobe Animate CC 除了创建 Flash 媒体还能做什么？

Adobe Animate CC 是 Adobe Flash Professional 的最新版本，可用多种格式导出动
画和交互功能，包括 Flash .swf 文件、HTML5 Canvas 和 Scalable Vector Graphics (SVG)。

Explore FURTHER Scalable Vector Graphics (SVG) 是用 XML 来描述矢量二维图形。可在一个 SVG
中包含矢量形状、图像和文本对象。可自由伸缩而不会损失清晰度。SVG 内容
存储在 .svg 文件中，可交互和动画。Adobe Illustrator 和 Adobe Animate CC 可生成 SVG。还
可试用联机 SVG 编辑器 http://editor.method.ac。SVG 的更多知识请参考 https://www.w3.org/
TR/2018/CR-SVG2-20181004/intro.html 和 https://alistapart.com/article/practical-svg。

11.4 元素 audio 和 source

audio 元素

audio 元素支持浏览器中的原生音频文件播放功能，无须插件或播放器。audio 元素以 <audio> 标记开始，以 </audio> 标记结束。表 11.4 列出了 audio 元素的属性。

表 11.4　audio 元素的属性

属性名称	属性值	说明
src	文件名	可选；音频文件的名称
type	MIME 类型	可选；音频文件的 MIME 类型，比如 audio/mpeg 或 audio/ogg
autoplay	autoplay	可选；指定音频是否自动播放；使用需谨慎
controls	controls	可选；指定是否显示播放控件；推荐
loop	loop	可选；指定音频是否循环播放
preload	none, auto, metadata	可选；none(不预先加载), metadata(只下载媒体文件的元数据), auto(下载媒体文件)
title		可选；由浏览器或辅助技术显示的简单文字说明

可能需要提供音频文件的多个版本，以适应浏览器对不同 codec 的支持。至少用两个不同的容器 (包括 ogg 和 mp3) 提供音频文件。一般在 audio 标记中省略 src 属性和 type 属性，改为使用 source 元素配置音频文件的多个版本。

source 元素

source 是自包容 (void) 元素，用于指定媒体文件和 MIME 类型。src 属性指定媒体文件的文件名。type 属性指定文件的 MIME 类型。MP3 文件编码成 type="audio/mpeg"，使用 Vorbis codec 的音频文件编码成 type="audio/ogg"。要为音频文件的每个版本都编码一个 source 元素。将 source 元素放在结束标记 </audio> 之前。以下代码配置如图 11.4 所示的网页 (学生文件 chapter11/audio.html)。

```
<audio controls="controls">
    <source src="soundloop.mp3" type="audio/mpeg">
    <source src="soundloop.ogg" type="audio/ogg">
    <a href="soundloop.mp3">Download the Audio File</a> (MP3)
</audio>
```

主流浏览器的最新版本都支持 HTML5 audio 元素。不同浏览器显示的播放插件不同。在上述代码中，注意结束标记 </audio> 之前提供的链接。不支持 HTML5 audio 元素的浏览器会显示这个位置的任何 HTML 元素。这称为"替代内容"。不支持 audio 元素的浏览器会显示文件的 MP3 版本下载链接。

图 11.4　Firefox 浏览器支持 HTML5 audio 元素

 动手实作 11.3

这个动手实作将启动文本编辑器来创建如图 11.5 所示的网页，它显示了一个音频控件，可以用来播放一个"播客"(podcast)。

创建文件夹 audio，将 chapter11/starters 文件夹中的 podcast.mp3，podcast.ogg 和 podcast.txt 文件复制到这里。以 chapter1/template.html 文件为基础创建网页，将网页 title 和一个 h1 元素的内容设为"Web Design Podcast"，添加一个音频控件 (使用一个 audio 元素和两个 source 元素)，

图 11.5　用 audio 元素显示音频文件的播放界面

添加文字稿链接，再配置 MP3 文件链接作为替代内容。audio 元素的代码如下所示：

```
<audio controls="controls">
    <source src="podcast.mp3" type="audio/mpeg">
    <source src="podcast.ogg" type="audio/ogg">
    <a href="podcast.mp3">Download the Podcast</a> (MP3)
</audio>
```

将网页另存为 index.html，同样保存到 audio 文件夹。在浏览器中显示。在不同浏览器和浏览器的不同版本中测试网页。点击文字稿链接，会在浏览器中显示文本。将你的作业与 (chapter11/11.3/audio.html) 进行比较。

FAQ 如何将音频文件转换成 Ogg Vorbis codec ?
开源 Audacity 程序支持 Ogg Vorbis。访问 https://www.audacityteam.org 来下载。将音频内容上传到 Internet Archive(http://archive.org) 并共享，会自动生成 .ogg 格式的文件。

11.5 元素 video 和 source

视频讲解：*HTML5 Video*

video 元素

video 元素支持浏览器原生视频文件播放功能，无须插件或播放器。video 元素以
<video> 标记开始，以 </video > 标记结束。表 11.5 列出了 video 元素的属性。

表 11.5 video 元素的属性

属性名称	属性值	说明
src	文件名	可选；视频文件的名称
type	MIME 类型	可选；视频文件的 MIME 类型，比如 video/mp4 或 video/ogg
autoplay	autoplay	可选；指定视频是否自动播放；使用需谨慎
controls	controls	可选；指定是否显示播放控件；推荐
height	数字	可选；视频高度 (以像素为单位)
loop	loop	可选；指定音频是否循环播放
poster	文件名	可选；指定浏览器不能播放视频时显示的图片
preload	none, auto, metadata	可选；none(不预先加载)，metadata(只下载媒体文件的元数据)，auto(下载媒体文件)
title		可选；由浏览器或辅助技术显示的简单文字说明
width	数字	可选；视频宽度 (以像素为单位)

可能需要提供视频文件的多个版本，以适应浏览器对不同 codec 的支持。至少用两
个不同的容器提供视频文件，包括 mp4 和 ogg(或 ogv)。要想了解浏览器兼容情况，
请访问 http://caniuse.com/video。一般在 video 标记中省略 src 属性和 type 属性，改
为使用 source 元素配置视频文件的多个版本。

source 元素

source 是自包容 (void) 元素，用于指定媒体文件和 MIME 类型。src 属性指定媒体文件的文件名。type 属性指定文件的 MIME 类型。使用 MP4 codec 的视频文件编码成 type="video/mp4"，使用 Theora codec 的视频文件编码成 type="video/ogg"。要为视频文件的每个版本都编码一个 source 元素。将 source 元素放在结束标记 </video > 之前。以下代码配置如图 11.6 所示的网页 (学生文件 chapter11/sparky.html)。

```
<video controls="controls" poster="sparky.jpg"
        width="160" height="150">
  <source src="sparky.m4v" type="video/mp4">
  <source src="sparky.ogv" type="video/ogg">
  <a href="sparky.mov">Sparky the Dog</a> (.mov)
</video>
```

图 11.6   video 元素

主流浏览器的最新版本都支持 HTML5 video 元素。不同浏览器显示的播放插件不同。虽然从 Internet Explorer 9 开始也支持 video 元素，但老版本不支持。

在上述代码中，注意结束标记 </video> 之前提供的链接。不支持 HTML5 video 元素的浏览器会显示这个位置的任何 HTML 元素。这称为 "替代内容"。在本例中，如果不支持 video 元素，就会显示文件的 .mov 版本的下载链接。另一个替代方案是配置 embed 元素来播放视频的 Flash .swf 版本，虽然 Flash 日渐式微。

11.6   练习视频播放

 动手实作 11.4 ————————————————

这个动手实作将启动文本编辑器来创建如图 11.7 所示的网页，它显示了一个视频控件，可以用来播放影片。

图 11.7   video 元素

创建文件夹 video，将 chapter11/starters 文件夹中的 lighthouse.m4v、lighthouse.ogv、lighthouse.swf 和 lighthouse.jpg 文件复制到这里。

将 chapter1/template.html 文件另存为 index.html 并保存到 video 文件夹。像下面这样编辑 index.html。

1. 将网页 title 和一个 h1 元素的内容配置为 Lighthouse Cruise。

2. 配置视频控件 (使用一个 video 元素和两个 source 元素) 来显示灯塔视频。

   2-1 配置一个 embed 元素将 Flash 文件 lighthouse.swf 作为替代内容显示。

   2-2 将 lighthouse.jpg 配置成 poster 图片 (视频最初显示的海报)，由支持 video 元素但不能播放视频文件的浏览器显示。

   2-3 video 元素的代码如下所示：

```
<video controls="controls" poster="lighthouse.jpg"
    <source src="lighthouse.m4v" type="video/mp4">
    <source src="lighthouse.ogv" type="video/ogg">
    <embed type="application/x-shockwave-flash"
            src="lighthouse.swf" quality="high" width="320" height="240"
            title="Door County Lighthouse Cruise">
</video>
```

3. 注意，video 元素没有设置 height 和 width 属性。第 8 章讲过配置灵活图像的方法，也可以用 CSS 配置灵活 HTML5 视频。在网页的 head 部分编码一个 style 元素。配置以下样式规则将宽度设为 100%，高度设为 auto，并将最大宽度设为 320 像素 (视频的实际宽度)。

```
video { width: 100%; height: auto; max-width: 320px; }
```

保存 index.html 并在浏览器中显示。用不同浏览器和浏览器的不同版本来测试。将你的作业与图 11.7 和 chapter11/11.4/video.html 进行比较。

?FAQ **怎样用新的 codec 转换视频文件?**

可以使用 Zamzar(https://www.zamzar.com/convert/mp4-to-ogg/) 将 MP4 转换成 Ogg。使用免费的 Online-Convert(http://video.online-convert.com/convert-to-webm) 转换成 WebM。

11.7 iframe 元素

内联框架 (inline frames) 广泛运用于市场营销,包括显示横幅广告,播放外部服务器上的多媒体,以及显示合作网站的内容。内联框架的一个优点在于控制分离。动态内容 (比如横幅广告或多媒体剪辑) 在任何时候都可以由合作网站修改。例如,YouTube 就可以动态配置本节要创建的网页上的视频格式。

iframe 元素

iframe 元素配置内联框架,以便在网页文档中显示另一个网页的内容。这称为嵌套式浏览。iframe 元素以 <iframe> 标记开头,以 </iframe> 标记结束。替代内容应放在这两个标记之间。不支持内联框架的浏览器将显示替代内容,比如文本描述或指向实际网页的链接。图 11.8 的网页在 iframe 元素中显示 YouTube 视频。

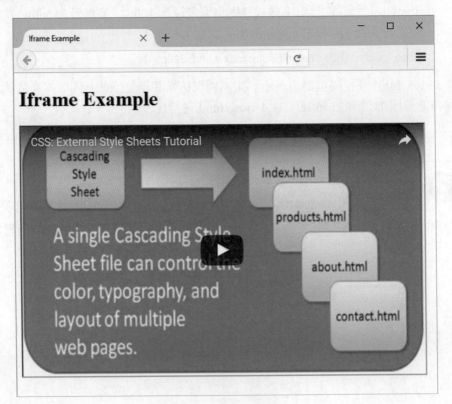

图 11.8 iframe 的例子

表 11.6 列出了 iframe 元素的属性。

表 11.8　iframe 元素的属性

属性名称	说明
src	在内联框架中显示的网页的 URL
height	内联框架的高度 (以像素为单位)
width	内联框架的宽度 (以像素为单位)
id	可选；指定文本名称，要求字母或数字，以字母开头，不允许空格。值必须唯一，不能和同一个网页文档中的其他 id 值重复
name	可选；指定文本名称，要求字母或数字，以字母开头，不允许空格。用于命名内联框架
sandbox	可选；用于禁用插件、脚本程序、表单等功能 (HTML5 新增)
title	可选；提供简单文字说明，由浏览器或辅助技术显示

 动手实作 11.5

▶ 视频讲解：*Configure an Inline Frame*

这个动手实作将启动文本编辑器来创建网页，在 iframe 元素中显示一个 YouTube 视频 (https://www.youtube.com/watch?v=2CuOug8KDWI)。如果不想嵌入该视频，也可选择其他视频。请打开上述网址来显示 YouTube 网页。复制 URL 的 = 之后的视频标识符，本例是 2CuOug8KDWI。

以 chapter1/template.html 为基础。将网页 title 和一个 h1 元素的内容设为 YouTube Video。配置一个 iframe 元素，src 设为 http://www.youtube.com/embed/，后跟视频标识 2CuOug8KDWI。可将视频标识替换成你想要的，在 YouTube 上找到对应的标识即可。本例将 src 设为 http://www.youtube.com/embed/2CuOug8KDWI。配置 YouTube 视频页面链接作为替代内容。显示图 11.8 的视频所需的代码如下所示：

```
<iframe src="http://www.youtube.com/embed/2CuOug8KDWI"
    width="640" height="385">
    <a href="http://www.youtube.com/embed/2CuOug8KDWI">YouTube Video</a>
</iframe>
```

将网页另存为 youtubevideo.html 并在浏览器中显示。将你的作业与图 11.8 以及学生文件 chapter11/11.5.html 进行比较。

11.8 CSS 的 transform 属性

图 11.9　变换属性的实际运用

CSS 提供了一个方法来改变或者说"变换"(transform) 元素的显示。transform 属性允许旋转、伸缩、扭曲或移动元素。主流浏览器的最新版本都支持 transform 属性。二维和三维变换都支持。表 11.7 总结了常用 2D 变换属性值及其作用。完整列表参见 http://www.w3.org/TR/css3-transforms/#transform-property。本节的重点是旋转和伸缩变换。

表 11.7　transform 属性值

值	作用
rotate(degree)	使元素旋转指定度数
scale(number, number)	沿 X 和 Y 轴 (X,Y) 伸缩或改变元素大小；如只提供一个值，就同时配置水平和垂直伸缩量
scaleX(number)	沿 X 轴伸缩或改变元素大小
scaleY(number)	沿 Y 轴伸缩或改变元素大小
skewX(number)	沿 X 轴扭曲元素的显示
skewY(number)	沿 Y 轴扭曲元素的显示
translate(number, number)	沿 X 和 Y 轴 (X,Y) 重新定位元素
translateX(number)	沿 X 轴重新定位元素
translateY(number)	沿 Y 轴重新定位元素

CSS 旋转变换

rotate() 变换函数获取一个度数。正值正时针旋转，负值逆时针旋转。旋转围绕原点进行，默认原点是元素中心。图 11.9 的网页演示如何使用 CSS 变换属性使图片稍微旋转。

CSS 伸缩变换

scale() 变换函数在三个方向改变元素大小：X 轴、Y 轴和 XY 轴。用无单位数字指定改变量。例如，scale(1) 不改变元素大小，scale(2) 改变成两倍大小，scale(3) 改变成三倍大小，scale(0) 不显示元素。

 动手实作 11.6

这个动手实作将配置如图 11.9 所示的旋转和伸缩变换。新建文件夹 transform，从 chapter11/starters 文件夹复制 light.gif 和 lighthouse.jpg。用文本编辑器打开 chapter11 文件夹中的 starter.html 文件，另存为 transform 文件夹中的 index.html。在浏览器中查看文件，结果如图 11.10 所示。

图 11.10　变换之前

在文本编辑器中打开 index.html 并查看嵌入 CSS。找到 figure 元素选择符。要为 figure 元素选择符添加新的样式声明，配置一个 3 度的旋转变换。新的 CSS 代码加粗显示。

```
figure {  margin: auto; padding: 8px; width: 265px;
          background-color: #FFF; border: 1px solid #CCC;
          box-shadow: 5px 5px 5px #828282;
          transform: rotate(3deg); }
```

找到 #offer 选择符，它在页脚上方配置 Special Offer 这个 div。要为 #offer 选择符添加样式声明，配置浏览器显示两倍大的元素。新的 CSS 代码加粗显示。

```
#offer {  background-color: #EAEAEA;
          width: 10em;
          margin: 2em auto 0 auto;
          text-align: center;
          transform: scale(2); }
```

保存文件并在浏览器中显示。应看到图片稍微旋转，下方显示较大的 Special Offer 文本。将你的作业与图 11.9 和学生文件 chapter11/11.6/index.html 进行比较。

本节简单介绍变换。访问 http://www.westciv.com/tools/transforms/index.html 了解如何生成 CSS 代码来进行元素的旋转 (rotate)、伸缩 (scale)、移动 (translate) 和扭曲 (skew)。更多关于变换的信息，请访问 http://www.css3files.com/transform 和 http://developer.mozilla.org/en/CSS/Using_CSS_transforms。

11.9 CSS 的 transition 属性

CSS "过渡" (transition) 是指修改属性值，在指定时间内以更平滑的方式显示。主流浏览器的最新版本 (包括 Internet Explorer 10 和更高版本) 都支持过渡。许多 CSS 属性都可应用过渡，包括 color，background-color，border，font-size，font-weight，margin，padding，opacity 和 text-shadow。适用的完整属性请参见 http://www.w3.org/TR/css3-transitions。为属性配置过渡时需配置 transition-property，transition-duration，transition-timing-function 和 transition-delay 属性的值。所有这些值可合并到单个 transition 简写属性中。表 11.8 总结了过渡属性及其作用。表 11.9 总结了常用的 transition-timing-function 值及其作用。

表 11.8 CSS transition 的属性

属性名称	说明
transition-property	指定将过渡效果应用于哪个 CSS 属性
transition-duration	指定完成过渡所需的时间，默认为 0，表示立即完成过渡；否则用一个数值指定持续时间，一般以秒为单位
transition-timing-function	描述属性值的过渡速度。常用的值包括 ease(默认，逐渐变慢)，linear(匀速)，ease-in(加速)，ease-out(减速)，ease-in-out(加速再减速)
transition-delay	指定过渡的延迟时间；默认值是 0，表示无延迟；否则用一个数值指定延迟时间，一般以秒为单位
transition	这是简化属性，按顺序列出 transition-property，transition-duration，transition-timing-function 和 transition-delay 的值，以空格分隔。默认值可省略，但第一个时间单位应用于 transition-duration

表 11.9 常用的 transition-timing-function 值

值	作用
ease	默认值。过渡效果刚开始比较慢，逐渐加速，最后再变慢
linear	匀速过渡
ease-in	过渡效果刚开始比较慢，逐渐加速至固定速度
ease-out	过渡效果以固定速度开始，逐渐变慢
ease-in-out	过渡效果刚开始比较慢，逐渐加速再减速

动手实作 11.7

本书以前讲过，可用CSS 的 :hover 伪类配置鼠标移到元素上方时显示的样式。但这个显示的变化显得有点突兀。可以利用CSS 过渡来更平滑地呈现鼠标悬停时的样式变化。这个案例学习要为导航链接配置过渡效果。

新建文件夹 transition，从 chapter11/starters 文件夹复制 light.gif 和 lighthouse.jpg。用文本编辑器打开 chapter11 文件夹中的 starter.html 文件，

图 11.11　过渡效果使链接的背景颜色逐渐变化

另存为 transition 文件夹中的 index.html。在浏览器中查看文件，结果如图 11.10 所示。注意，当鼠标放到导航链接上时，背景颜色和文本颜色一下子就变了。

在文本编辑器中打开 index.html 并查看嵌入 CSS。找到 nav a:hover 选择符，注意已配置了 color 和 background-color 属性。将为 nav a 选择符添加新的样式声明，在鼠标移至链接上方时使背景颜色渐变。新的 CSS 加粗显示。

```
nav a { text-decoration: none;
        display: block;
        padding: 1em 2em;
        transition: background-color 2s linear; }
```

保存文件并在浏览器中显示。鼠标放到导航链接上方，注意，虽然文本颜色立即改变，但背景颜色是逐渐变化的。将你的作业与图 11.11 和 chapter11/11.7/index.html 进行比较。

 表 11.9 只展示了部分过渡效果控制。还可以为 transition-timing-function 使用贝塞尔曲线值。图形应用程序经常使用贝塞尔曲线描述运动。欲知详情，请访问以下资源：

- http://www.the-art-of-web.com/css/timing-function
- http://roblaplaca.com/blog/2011/03/11/understanding-css-cubic-bezier
- http://cubic-bezier.com

11.10 练习过渡

 动手实作 11.8 ————————————————————————————

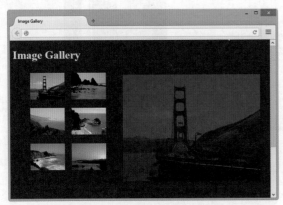

图 11.12 刚开始的图片库

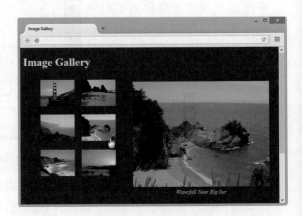

图 11.13 图片逐渐显示

这个动手实作将使用 CSS positioning，opacity 和 transition 属性配置交互式图片库。该版本和动手实作 7.10 创建的稍有不同。

图 11.12 是图片库最初的样子 (学生文件 chapter11/11.8/gallery.html)。大图半透明。将鼠标放到缩略图上，会在右侧逐渐显示完整尺寸的图片，并显示相应的图题，如图 11.13 所示。点击缩略图，图片将在另一个浏览器窗口中显示。

新建文件夹 g11，复制 chapter11/starters/gallery 文件夹中的所有图片文件。启动文本编辑器并修改 chapter1/template.html 文件来进行以下配置。

1. 为网页 title 和一个 h1 标题配置文本 Image Gallery。

2. 编码 id 为 gallery 的一个 div。该 div 包含占位用的 figure 元素和一个无序列表，用于包含缩略图。

3. 在 div 中配置 figure 元素。figure 元素将包含占位用的 img 元素来显示 photo1.jpg。

4. 在 div 中配置无序列表。编码 6 个 li 元素，每个缩略图一个。缩略图要作为图片链接使用，分配一个 :hover 伪类，以便当鼠标放在上面时显示大图。为此，要配置超链接元素来同时包含缩略图和 span 元素。span 元素由较大的图片和图题构成。例如，第一个 li 元素的代码如下所示：

```
<li><a href="photo1.jpg"><img src="photo1thumb.jpg" width="100" height="75"
    alt = "Golden Gate Bridge">
    <span><img src="photo1.jpg" width="400" height="300"
    alt = "Golden Gate Bridge"><br>Golden Gate Bridge</span></a>
</li>
```

5. 以类似方式配置全部 6 个 li 元素。将 href 和 src 的值替换成每个图片文件的实际名称。为每张图撰写自己的图题。第二个 li 元素使用 photo2.jpg 和 photo2thumb.jpg。第三个 li 元素使用 photo3.jpg 和 photo3thumb.jpg，以此类推。将文件另存为 g11 文件夹中的 index.html。在浏览器中显示网页。应该看到由缩略图、大图以及说明文字构成的无序列表。

6. 现在添加 CSS。在文本编辑器中打开文件，在 head 区域添加 style 元素。像下面这样配置嵌入 CSS。

　6-1 配置 body 元素选择符，使用深色背景 (#333333) 和浅灰色文本 (#EAEAEA)。

　6-2 配置 gallery id 选择符。将 position 设为 relative。这不会改变图片库的位置，但会设置 span 元素显示的大图相对于它的容器 (#gallery) 而不是相对于整个网页。

　6-3 配置 figure 元素选择符。将 position 设为 absolute，left 设为 280px，text-align 设为 center，opacity 设为 .25。这会造成大图最开始显示为半透明。

　6-4 配置 #gallery 中的无序列表，宽度设为 300 像素，无列表符号。

　6-5 配置 #gallery 中的 li 元素内联显示，左侧浮动，以及 10 像素填充。

　6-6 配置 #gallery 中的 img 元素不显示边框

　6-7 配置 #gallery 中的 a 元素无下划线，文本颜色 #eaeaea，倾斜文本。

　6-8 配置 #gallery 中的 span 元素，将 position 设为 absolute，将 left 设为 -1000px(造成它们最开始不在浏览器视口中显示)，将 opacity 设为 0。还要配置 3 秒的 ease-in-out 过渡。

```
#gallery span {  position: absolute; left: -1000px; opacity: 0;
                transition: opacity 3s ease-in-out; }
```

　6-9 配置 #gallery 中的 span 元素在鼠标移至缩略图上方时显示。position 设为 absolute，top 设为 15px，left 设为 320px，居中文本，opacity 设为 1。

```
#gallery a:hover span { position: absolute; top: 16px; left: 320px;
                text-align: center; opacity: 1; }
```

保存文件并在浏览器中显示。将你的作业与图 11.12、图 11.13 和学生文件 chapter11/11.8/gallery.html 进行比较。

11.11 CSS 下拉菜单

 动手实作 11.9 ─────────────────────────────

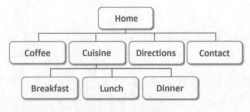

图 11.14 站点地图

这个动手实作将配置一个交互式导航菜单，能在鼠标放在上面时显示下拉菜单。图 11.14 是网站的站点地图。注意，Cuisine 页有三个子页：Breakfast，Lunch 和 Dinner。鼠标悬停在 Cuisine 上方时将显示下拉菜单，如图 11.15 所示。

新建文件夹 mybistro 并从 chapter11/bistro 文件夹复制所有文件。注意主菜单项包括 Home、Coffee、Cuisine、Directions 和 Contact 等超链接。将编辑 CSS 和每个网页来配置 Cuisine 的子菜单来显示到三个网页 (Breakfast，Lunch 和 Dinner) 的链接。

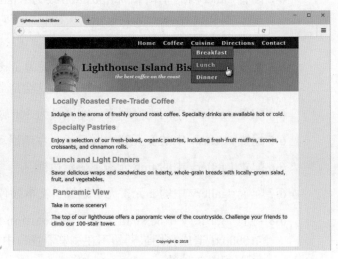

图 11.15 显示下拉菜单

任务 1：配置 HTML

用文本编辑器打开 index.html。将修改 nav 区域添加一个新的无序列表来包含 Breakfast，Lunch 和 Dinner 网页链接。将在 Cuisine li 元素中配置一个新的 ul 元素来包含 3 个 li。新的 HTML 代码加粗显示。

```
<nav>
<ul>
  <li><a href="index.html">Home</a></li>
  <li><a href="coffee.html">Coffee</a></li>
  <li><a href="cuisine.html">Cuisine</a>
```

```
    <ul>
      <li><a href="breakfast.html">Breakfast</a></li>
      <li><a href="lunch.html">Lunch</a></li>
      <li><a href="dinner.html">Dinner</a></li>
    </ul>
  </li>
  <li><a href="directions.html">Directions</a></li>
  <li><a href="contact.html">Contact</a></li>
</ul>
</nav>
```

保存文件并在浏览器中显示。导航区域有些混乱。不用担心,将在任务 2 配置子菜单 CSS。接着,采用和 index.html 一样的方式编辑每个网页 (coffee.html, cuisine.html, breakfast.html, lunch.html, dinner.html, directions.html 和 contact.html) 的 nav 区域。

任务 2: 配置 CSS

用文本编辑器打开 bistro.css 文件。

1. 用绝对定位配置子菜单。第 7 章讲过,绝对定位是指精确指定元素相对于其第一个非静态父元素的位置,此时元素将脱离正常流动。nav 元素的位置默认静态,所以为 nav 元素选择符添加以下样式声明:

   ```
   position: relative;
   ```

2. 用 nav 区域现有 ul 元素中的一个新 ul 元素配置 Breakfast, Lunch 和 Dinner 链接。配置后代选择符 nav ul ul 并编码以下样式声明:绝对定位,#5564A0 背景色,0 填充,文本左对齐,并将 display 设为 none。CSS 代码如下所示:

   ```
   nav ul ul {  position: absolute; background-color: #5564A0;
           padding: 0; text-align: left; display: none; }
   ```

3. 配置后代选择符 nav ul ul li 来编码子菜单中的每个 li 元素的样式:边框,块显示,8em 宽度,1em 左填充和 0 左边距。CSS 代码如下所示:

   ```
   nav ul ul li {  border: 1px solid #00005D;
             display: block; width: 8em;
             padding-left: 1em; margin-left: 0; }
   ```

4. 配置 li 元素在触发 :hover 时显示子菜单 ul:

   ```
   nav li:hover ul { display: block; }
   ```

在浏览器中测试网页,应看到如图 11.15 所示的下拉菜单。将你的作业与学生文件 chapter11/11.9/horizontal 进行比较。学生文件 chatper11/11.9/vertical 还提供了垂直飞出菜单的一个例子。

11.12 元素 details 和 summary

配合使用 details 和 summary 元素来配置交互式 widget 以隐藏和显示信息。

details 元素

details 元素配置浏览器来渲染一个交互式 widget，其中包含一个 summary 元素和详细信息 (可以是文本 HTML 标记的组合)。details 元素以 <details> 标记开头，以 </details> 标记结束。

summary 元素

在 details 元素中编码 summary 元素来用于包含文本总结 (一般是某种类型的术语或标题)。summary 元素以 <summary> 标记开头，以 </summary> 标记结束。

details 和 summary widget

图 11.16 和图 11.17 展示了由 Chrome 浏览器渲染的 details 和 summary 元素。图 11.16 是网页最初的样子，Chrome 浏览器为每个 summary 项 (本例是 Repetition，Contrast，Proximity 和 Alignment 等术语) 显示了一个三角符号。

在图 11.17 中，用户选中了第一个 summary 项 (Repetition)，造成浏览器显示那一项的详细信息。可再次选择该 summary 项隐藏细节或选择另一个 summary 项来显示对应的详细信息。

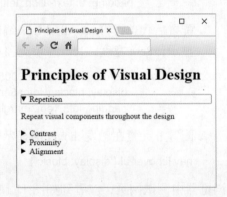

图 11.16　最初的浏览器显示　　　图 11.17　显示详细信息

不支持 details 和 summary 元素的浏览器会直接显示全部信息，不提供交互功能。截止本书写作时为止，仅 Chrome 和 Firefox 这两个浏览器支持。访问 http://caniuse.com/details 了解最新支持情况。

动手实作 11.10 ————————————————————————————————

这个动手实作将创建如图 11.16 和图 11.17 所示的网页, 用 details 和 summary 元素配置一个交互式 widget。新建文件夹 ch11details。用文本编辑器打开 chapter1/template.html 并另存为 ch11details 文件夹中的 index.html。像下面这样修改网页。

1. 在 title 和一个 h1 元素中配置文本 Principles of Visual Design。

2. 在主体中添加以下代码:

```
<details>
    <summary>Repetition</summary>
    <p>Repeat visual components throughout the design</p>
</details>
<details>
    <summary>Contrast</summary>
    <p>Add visual excitement and draw attention</p>
</details>
<details>
    <summary>Proximity</summary>
    <p>Group related items</p>
</details>
<details>
    <summary>Alignment</summary>
    <p>Align elements to create visual unity</p>
</details>
```

保存文件并在 Chrome 中测试, 最初网页如图 11.16 所示。点击一个术语或箭头将显示 details 元素中编码的信息。例如, 选择 Repetition, 浏览器显示如图 11.17 所示。不支持新元素的浏览器会获得图 11.18 所示的效果。示例解决方案参考 chapter11/11.10 文件夹。

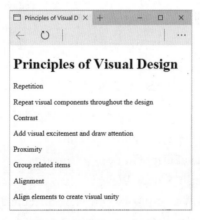

图 11.18　不支持的浏览器的显示

11.13　JavaScript 和 jQuery

JavaScript

虽然网页的部分交互功能可用 CSS 实现，但大多数交互功能用 JavaScript 实现。最初由 Netscape 公司的 Brendan Eich 开发的 JavaScript 是由网页浏览器解释的一种基于对象的客户端脚本语言。基于对象是因为它操作的是和网页文档关联的对象，包括浏览器窗口、文档本身和各种元素 (比如表单、图片和超链接)。

JavaScript 语句可放到单独的 .js 文件中，由网页浏览器或者从 HTML script 元素中访问。script 元素可直接包含脚本语句，也可指定包含脚本语句的一个文件。有的 JavaScript 语句还可在 HTML 中编码。无论什么情况，最后都由浏览器解释 JavaScript 语句。正是这个原因，所以 JavaScript 被认为是一种客户端编程语言。

可用 JavaScript 响应鼠标移动、按钮点击和网页加载等事件。经常用这个技术编辑和校验 HTML 表单控件 (文本框、复选框和单选钮等) 的输入。JavaScript 的其他用途包括弹出窗口、幻灯片 、动画、日期处理和计算等。图 11.19 的网页 (chapter11/date.html) 使用 JavaScript 判断和显示当前日期。JavaScript 语句直接包含在 .html 文件的一个 script 元素中。示例代码如下所示：

```html
<h2>Today is
<script>
    var myDate = new Date()
    var month = myDate.getMonth() + 1
    var day = myDate.getDate()
    var year = myDate.getFullYear()
    document.write(month + "/" + day + "/" + year)
</script>
</h2>
```

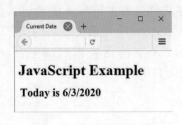

图 11.19　JavaScript 示例

JavaScript 作为一种强大的脚本语言，是值得深入学习的好工具。网上有许多免费的 JavaScript 代码和教程：

- JavaScript 教程：http://echoecho.com/javascript.htm
- Mozilla Developer Network JavaScript Guide：
  https://developer.mozilla.org/en-US/docs/Web/
- JavaScript/GuideJavaScript 教程：http://www.w3schools.com/JavaScript
- JavaScript for Designers: http://rachelnabors.com/javascript-for-designers/

jQuery

网页开发人员经常需要在网页上配置一些常见的交互功能，比如幻灯片、表单校验和动画。一个办法是自己写 JavaScript 代码并在多种浏览器和操作系统中测试。这很费时。2006 年，莱西格 (John Resig) 开发了免费开源 jQuery JavaScript 库来简化客户端编程。自愿者组织 jQuery Foundation 负责 jQuery 的后续开发并提供 jQuery 文档，网址是 https://api.jquery.com。

应用程序编程接口 (Application Programming Interface，API) 是允许软件组件相互通信 (交互和共享数据) 的一种协议。jQuery API 用于配置多种交互功能，包括：

- 幻灯片
- 动画 (移动、隐藏和渐隐)
- 事件处理 (鼠标移动和点击)
- 文档处理

虽然先对 JavaScript 有一个基本理解，再用 jQuery 会更有效率，但许多网页开发人员和设计人员都认为使用 jQuery 比自己写 JavaScript 更容易。jQuery 库的优势是兼容所有最新浏览器。许多流行网站都在使用 jQuery，包括 Amazon，Google 和 Twitter 等。由于 jQuery 是开源库，任何人都能写新的 jQuery 插件来扩展 jQuery 库，提供新的或增强的交互功能。例如，jQuery Cycle 插件 (http://jquery.malsup.com/cycle) 支持多种过渡效果。图 11.20(https://webdevfoundations.net/jQuery) 演示了如何使用 jQuery 和 Cycle 插件创建幻灯片。有许多 jQuery 插件可供选择，提供的功能包括幻灯片、工具提示和表单校验等。详细列表请访问 jQuery Plugin Registry(https://plugins.jquery.com)。也可在直接在网上搜索 jQuery 插件。

图 11.20　用 jQuery 插件实现幻灯片放映

网上有许多免费教程和资源帮助你学习 jQuery，例如：

- How jQuery Works：https://learn.jquery.com/about-jquery/how-jquery-works/
- jQuery Fundamentals：http://jqfundamentals.com/chapter/jquery-basics
- jQuery Tutorials for Web Designers：
  http://webdesignerwall.com/tutorials/jquery- tutorials-for-designers

11.14　HTML5 API

前面说过，API 的作用是实现软件组件之间的通信，包括交互和共享数据。目前处于开发和 W3C 批准阶段的有多个 API 能与 HTML5，CSS 和 JavaScript 配合使用。本节将讨论部分新 API：

- 地理位置
- Web 存储
- 渐进式 Web 应用程序
- 2D 绘图

地理位置

地理位置 API(http://www.w3.org/TR/geolocation-API/) 允许访问者共享地理位置。浏览器首先确认访问者想要共享位置。然后，根据 IP 地址、无线网络连接、本地信号塔或 GPS 硬件 (具体取决于设备和浏览器) 来确定其位置。JavaScript 用于处理浏览器提供的经纬度坐标。具体例子可参考 https://developers.google.com/maps/documentation/javascript/examples/map-geolocation。

网络存储

网络开发人员过去常用 JavaScript cookie 对象以"键 / 值"对形式在客户端计算机存储信息。网络存储 API(http://www.w3.org/TR/webstorage) 提供在客户端存储信息的两种新形式：本地存储和会话存储。Web 存储的一个好处是增大了可存储的数据量 (每个域 5MB)。localStorage 对象存储的数据无失效期。sessionStorage 对象存储的数据则只在当前浏览器会话期间有效。用 JavaScript 处理 localStorage 和 sessionStorage 这两个对象中存储的值。具体例子可参考 https://webdevfoundations.net/storage 和 https://html5demos.com/storage。

渐进式 Web 应用程序

你也许用过手机上的原生应用 (apps)。这种应用专为目标平台生成和分发。例如，同一个应用需要创建 iPhone 和 Android 的两个版本。相反，用 HTML，CSS 和 JavaScript 编写的应用程序可在任何浏览器上运行——只要联网就行。渐进式 Web 应用程序 (Progressive Web Application，PWA) 则更进一步，提供了和移动设备上的原生应用相似的丰富体验。用户可选择将网站图标添加到主屏幕。此时即便没有联网，网站也能提供某种程度的功能。

渐进式 Web 应用程序的一个早期方案是通过一个应用程序缓存来通知浏览器需自动下载和更新哪些文件，资源未缓存时应显示哪些备用文件，以及哪些文件仅在联机时可用 (https://www.w3.org/TR/2011/WD-html5-20110525/offline.html)。但这个方案存在一些问题，W3C 正在开发一套新的 API 来强化 PWA。这些 API 包括 Manifest 和 Service Workers。

Manifest API(https://www.w3.org/TR/appmanifest) 包含有关 PWA 的信息，其中包括将 PWA 的图标添加到设备主屏所需的数据。Service Workers API(https://www.w3.org/TR/service-workers-1/) 为网站提供执行持久性后台处理的方式，比如 push 通知和后台数据同步。service worker 是后台运行的 JavaScript 代码。它和网页是分开的，会侦听安装、激活、消息、fetch、同步和 push 等事件。为了增强安全性，service workers 必须在 HTTPS 上运行。

PWA 的详情请参考以下资源：

- https://developer.mozilla.org/en-US/docs/Web/Apps/Progressive/Introduction
- https://developers.google.com/web/progressive-web-apps/
- https://medium.com/samsung-internet-dev/a-beginners-guide-to-making-progressive-web-appsbeb56224948e

用 canvas 元素绘图

HTML5 canvas 元素是动态图形容器，以 <canvas> 标记开始，以 </canvas> 标记结束。canvas 元素用 Canvas 2D Context API 配置 (http://www.w3.org/TR/2dcontext2)，可用它动态绘制和变换线段、形状、图片和文本。除此之外，canvas 元素还允许和用户的操作 (比如移动鼠标) 进行交互。

Canvas API 提供了用于二维位图绘制的方法，包括线条、笔触、曲线、填充、渐变、图片和文本。然而，不是使用图形软件以可视的方式绘制，而是写 JavaScript 代码以程序化的方式绘制。图 11.21 展示了用 JavaScript 在 canvas 中绘图的一个简单例子 (chapter11/canvas.html)。

canvas 元素的宗旨是实现与 Adobe Flash 一样复杂的交互行为。主流浏览器 (包括 Internet Explorer 9 和更高版本) 目前都支持 canvas 元素。访问 https://codepen.io/CraneWing/pen/egaBze 体验 canvas 元素。

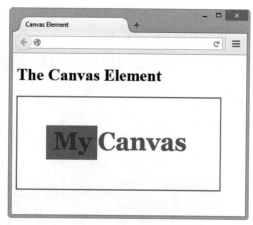

图 11.21　canvas 元素

复习和练习

复习题

选择题

1. 哪个属性用于旋转、伸缩、扭曲或移动元素？（　　）

    A. display   B. transition

    C. transform   D. list-style-type

2. .webm，.ogv 和 .m4v 是哪种类型的文件？（　　）

    A. 音频文件   B. 视频文件

    C. Flash 文件   D. 以上都不是

3. 浏览器不支持 <video> 或 <audio> 元素会发生什么？（　　）

    A. 计算机崩溃   B. 网页不显示

    C. 显示替代内容 (如果有的话)   D. 以上都不对

4. 哪个属性使属性值在指定时间内逐渐变化？（　　）

    A. transition   B. transform

    C. display   D. opacity

5. 哪个是开源视频 codec ？（　　）

    A. Theora   B. MP3

    C. Vorbis   D. Flash

6. 哪个是基于对象的客户端脚本语言？（　　）

    A. HTML   B. CSS

    C. JavaScript   D. API

7. 哪个 HTML API 在客户端上存储信息？（　　）

    A. 地理位置   B. Web 存储

    C. 客户端存储   D. canvas

8. 哪个配置交互式 widget ？（　　）

    A. hide 和 show   B. details 和 summary

    C. display 和 hidden   D. title 和 summary

9. 哪个做法能增强可用性和无障碍访问？（　　）

    A. 多用视频和音频

    B. 为网页上的音频和视频文件提供文字说明

    C. 绝不使用音频和视频文件

    D. 以上都不对

10. 哪个元素能嵌套显示其他网页文档的内容？（　　）

    A. iframe   B. div

    C. document   D. object

动手练习

1. 写 HTML 代码，链接到名为 sparky.mov 的视频。

2. 写 HTML 代码，在网页上嵌入 soundloop.mp3 音频，访问者可控制音频播放。

3. 写 HTML 代码在网页上显示视频。视频文件名为 prime.m4v、prime.webm 和 prime.ogv。宽为 213 像素，高为 163 像素。poster 图片为 prime.jpg。

4. 写 HTML 代码在网页上显示包含三项的 details 和 summary widget。

5. 写 HTML 代码配置内联框架，在其中显示 https://webdevbasics.net 主页。

 虽然可配置内联框架显示另一网站，但一般仅在获得授权后才这样做。

---

6. 创建网页介绍你喜爱的一部电影,其中包含你对该电影进行介绍的音频文件。使用自己喜欢的软件进行录音 (访问 http://audacity.sourceforge.net/download 免费下载 Audacity)。在网页上放置你的 E-mail 链接。将网页另存为 review. html。

7. 创建网页来介绍你喜爱的一个乐队，添加你的简单评论音频或者乐队的音频剪辑。使用自己喜欢的软件进行录音 (访问 http://audacity.sourceforge.net/ download 免费下载 Audacity)。在网页上放置 E-mail 链接。将网页另存为 music.html。

8. 访问本书网站 (https://webdevbasics.net/flashcs5)，按指示创建 Flash 横幅标识 (logo banner)。

9. 为 Lighthouse Bistro 主页 (chapter11/11.7/index.html) 创建新的过渡效果。配置 opacity 属性以 50% 的不透明度显示灯塔图片。鼠标放到图片上时，缓慢变成 100% 不透明。

聚焦网页设计

本章提到"延续"是 HTML5 的设计原则之一。你可能想知道其他设计原则是什么。W3C 在 http://www.w3.org/TR/html-design-principles 列出了 HTML5 设计原则。访问该网页，用一页纸的篇幅进行总结，概述这些原则对于网页设计师的意义。

案例学习：度假村 Pacific Trails Resort

这个案例学习将以现有的 Pacific Trails(第 10 章) 网站为基础来创建网站的新版本，在其中集成多媒体和交互性。有 3 个任务。

1. 为 Pacific Trails 案例学习创建新文件夹。

2. 修改外部样式表文件 (pacific.css) 为导航链接颜色配置过渡。

3. 为主页 (index.html) 添加视频并更新外部 CSS 文件。

任务 1：创建文件夹 ch11pacific 来包含 Pacific Trails Resort 网站文件。复制第 10 章案例学习的 ch10pacific 文件夹中的文件。从 chapter11/casestudystarters 文件夹复制以下文件：pacifictrailsresort.mp4，pacifictrailsresort.ogv，pacifictrailsresort.jpg 和 pacifictrailsresort.swf。

任务 2：用 CSS 配置导航过渡。启动文本编辑器并打开 pacific.css。找到 nav a 选择符。编码额外的样式声明，为 color 属性配置 3 秒 ease-out 过渡。保存文件。在支持过渡的浏览器中测试任何网页。如图 11.22 所示，鼠标移到导航链接上方，链接文本的颜色应逐渐变化。

任务 3：配置视频。在文本编辑器中打开主页 (index.html)。在 h2 元素下方编码一个 HTML5 video 控件。配置 video，source 和 embed 元素来使用以下文件：pacifictrailsresort.mp4，pacifictrailsresort.ogv，pacifictrailsresort.swf 和 pacifictrailsresort.jpg。视频宽 320 像素，高 240 像素。保存文件。使用 W3C 校验器 (http://validator.w3.org) 检查 HTML 语法并纠错。

接着配置 CSS。在文本编辑器中打开 pacific.css。在媒体查询上方编码 CSS，配置 video 和 embed 元素选择符的样式规则：

```
video, embed { float: right; padding-left: 20px; }
```

保存 pacific.css 文件并在浏览器中测试 index.html，结果如图 11.23 所示。

图 11.22　导航链接有过渡效果

图 11.23　Pacific Trails Resort 主页

案例学习：瑜珈馆 Path of Light Yoga Studio

这个案例学习将以现有的 Path of Light Yoga Studio(第 10 章) 网站为基础来创建网站的新版本，在其中集成多媒体和交互性。有 3 个任务。

1. 为瑜珈馆 Path of Light Yoga Studio 创建新文件夹。

2. 修改外部样式表文件 (yoga.css) 配置导航背景颜色的过渡。

3. 配置课程页 (classes.html) 显示音频控件并更新外部 CSS 文件。

任务 1：创建文件夹 ch11yoga 来包含 Path of Light Yoga Studio 网站文件。复制第 10 章案例学习的 ch10yoga 文件夹中的文件。从 chapter11/casestudystarters 文件夹复制 savasana.mp3 和 savasana.ogg。

任务 2：用 CSS 配置标题链接过渡。启动文本编辑器并打开 yoga.css。找到 header a 选择符。编码样式声明，将伪类 a:hover 的背景色设为 #8F92B2。为文本颜色配置 10 秒 ease-out 过渡。保存文件。在支持过渡的浏览器中测试任何网页。鼠标移到标题区域的文本上方，文本颜色应发生渐变。

任务 3：配置音频。在文本编辑器中打开课程页 (classes.html)。修改 classes.html，在 id 分别为 flow 和 mathero 的两个 div 之间添加一个标题、一个段落和一个 HTML5 音频控件 (参考图 11.24)。h2 元素显示文本 Relax Anytime with Savasana。添加段落显示以下文本：

Prepare yourself for savasana. Lie down on your yoga mat with your arms at your side with palms up. Close your eyes and breathe slowly but deeply. Sink into the mat and let your worries slip away. When you are ready, roll on your side and use your arms to push yourself to a sitting position with crossed legs. Place your hands in a prayer position. Be grateful for all that you have in life. Namaste.

参考动手实作 11.3 创建音频控件。配置 audio 元素和 source 元素使用 savasana.mp3 和 savasana.ogg。配置到 savasana.mp3 的链接，以防浏览器不支持 audio 元素。保存文件。使用 W3C 校验器 (http://validator.w3.org) 检查 HTML 语法并纠错。

接着配置 CSS。在文本编辑器中打开 yoga.css。在媒体查询上方为 audio 元素选择符配置一个样式，设置 1em 底部边距。保存 yoga.css 并在浏览器中测试 classes.html，结果如图 11.24 所示。

图 11.24 新的 Path of Light Yoga Studio 课程页

本章简单介绍了 JavaScript。JavaScript 常用于响应鼠标移动、按钮点击和网页加载等事件。JavaScript 还是 AJAX 中的"J"。AJAX 的全称是"异步 JavaScript 和 XML"(Asynchronous JavaScript and XML),它用于实现许多交互式 Web 应用,比如 Gmail (http://gmail.google.com)。回忆一下第 1 章和第 10 章讲过的客户端/服务器模型。浏览器向服务器发送请求(通常由点击链接或提交按钮触发),服务器返回一个全新网页让浏览器显示。AJAX 使用 JavaScript 和 XML 为客户端(浏览器)分配更多的处理任务,并经常向服务器发送"幕后"的异步请求来刷新浏览器窗口的某些部分,而不是每次都刷新整个网页。其中关键在于,使用 AJAX 技术,JavaScript 代码(它们在客户端计算机上运行,在浏览器的限制之下)可直接与服务器通信以便交换数据,并修改网页的部分显示,同时不必重新加载整个网页。

例如,一旦网站访问者在表单中输入邮政编码,系统就可以通过 AJAX 利用这个值在邮政编码数据库中自动查找对应的城市/州名,所有这些都是在访问者点击提交按钮之前,输入表单信息的过程中发生的。结果是让访问者觉得这个网页的响应更灵活、交互性更强。访问以下网站来深入探索该主题:

- http://www.w3schools.com/ajax/ajax_intro.asp
- http://www.alistapart.com/articles/gettingstartedwithajax
- http://www.tizag.com/ajaxTutorial

第 12 章

网上发布

设计好网站后，还有许多事情要做。需要获取域名，选择主机，发布网站，并向搜索引擎提交网站。除了讨论这些任务，本章还要介绍如何对网站的无障碍访问和可用性进行评估。

学习内容

- 选择主机
- 获取域名
- 网站文件组织的最佳实践
- 创建指向网页中的特定位置的超链接
- 使用 FTP 发布网站
- 设计对搜索引擎友好的网页
- 向搜索引擎提交网站
- 判断网站是否符合无障碍访问要求
- 评估网站的可用性

12.1 文件组织

casita
index.html
contact.html
casita.css

images
logo.gif
scenery.jpg

rooms
canyon.html
javelina.html

events
weekend.html
festival.html

杂乱无章的网站经常包含很长的一个文件列表，时间久了会变得难以维护。最好为网站使用的图片创建单独的文件夹。另外，用文件夹按主题组织网页也是一个好主意。本节介绍如何为包含多个文件夹的网站编码相对链接。

如第 2 章所述，可用相对链接创建指向网站内部其他网页的链接。但当时是链接到同一个文件夹中的网页。许多时候需要链接到其他文件夹中的网页。以提供房间和活动的一个民宿网站为例。图 12.1 展示了文件夹和文件列表。网站主文件夹是 casita，网页开发人员在它下面创建了 images，rooms 和 events 子文件夹来组织网站。

图 12.1 用文件夹组织网站

相对链接的例子

要写指向同一个文件夹中的某个文件的链接，将文件名作为 href 属性的值就可以了。例如，为了从主页 (index.html) 链接到 contact.html，像下面这样编码锚标记：

    <a href="contact.html">Contact</a>

要链接到当前目录的某个子目录中的文件，则要在相对链接中添加子目录名称。例如，以下代码从主页 (indext.html) 链接到 rooms 文件夹中的 canyon.html：

    <a href="rooms/canyon.html">Canyon</a>

如图 12.1 所示，canyon.html 在 casita 目录的 rooms 子目录中。相反，为了链接到当前目录的上一级目录中的文件，则要使用 ../ 表示法。例如，以下代码从 canyon.html 链接到主页：

    <a href="../index.html">Home</a>

最后，为了链接到和当前目录同级的某个目录中的文件，则要先用 ../ 回上一级目录，再添加目标目录名。例如，以下代码从 rooms 文件夹的 canyon.html 链接到同级的 events 目录中的 weekend.html：

    <a href="../events/weekend.html">Weekend Events</a>

不熟悉 ../ 也没关系。本书大多数练习要么使用指向其他网站的绝对链接，要么使用指向同一个文件夹的其他文件的相对链接。可以参考学生文件 chapter12/CasitaExample 来熟悉如何编码指向不同文件夹的链接。

动手实作 12.1 —————————————

这个动手实作练习编码指向不同文件夹的链接。只练习配置网页
的导航和布局，不添加实际内容。重点是导航区域。图 12.2 展示
了 Casita 网站主页的一部分，左侧有一个导航区域。

图 12.3 展示了 rooms 文件夹中的新文件 juniper.html。要新建
Juniper Room 网页 juniper.html 并把它保存到 rooms 文件夹。然后，
要更新所有现有网页的导航区域，添加指向新的 Juniper Room 页
的链接。

图 12.2 导航区域

1. 复制 chapter8/CasitaExample 文件夹，重命名为 casita。

2. 在浏览器中显示 index.html，试验一下导航链接。查看网
   页源代码，注意锚标记的 href 值如何配置成指向不同文件
   夹中的文件。

3. 在文件编辑器中打开 canyon.html 文件。将以它为基础创建
   新的 Juniper Room 页。将文件另存为 juniper.html，保存到
   rooms 文件夹。

   3-1 编辑网页 title 和 h2 文本，将 Canyon 改成 Juniper。

   3-2 在导航区域添加一个新的 li 元素，在其中包含指向
       juniper.html 文件的超链接。

       `<li><a href="juniper.html">Juniper Room</a></li>`

   将这个链接放到 Javelina Room 和 Weekend Events 链接之
   间，如图 12.4 所示。保存文件。

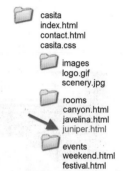

图 12.3 新增的 juniper.
html 文件

4. 在以下网页的导航区域以类似的方式添加 Juniper Room 链接：

   index.html
   contact.html
   rooms/canyon.html
   rooms/javalina.html
   events/weekend.html
   events/festival.html

保存所有 .html 文件并在浏览器中测试。从其他所有网页都应该能
正确链接到新的 Juniper Room 页。而在新的 Juniper Room 页中，
也应该能正确链接到其他网页。示例解决方案请参考学生文件
(chapter12/12.1 文件夹)。

图 12.4 新的导航区域

12.2　用链接来定位

浏览器显示网页默认从顶部开始。但有时希望在点击一个链接后跳转到网页的特定部分。这就需要编码指向一个区段标识符 (也称为命名区段或区段 id) 的超链接。所谓区段标识符，其实就是一个设置了 id 属性的 HTML 元素。

使用区段标识符需编码两样东西。

1. 代表命名区段的一个标记。必须为它分配一个 id。例如：

```
<div id="content">
```

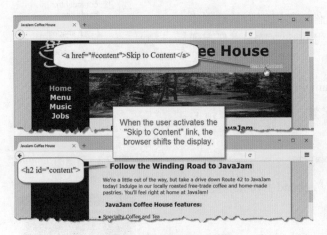

图 12.5　"跳转到内容"链接

2. 指向命名区段的锚标记。

"常见问题" (FAQ) 列表经常使用区段标识符跳转到网页的特定部分并显示某个问题的答案。长网页也经常使用这个技术。例如，可以使用"返回顶部"链接回到网页顶部。区段标识符还常用于提供无障碍访问。例如，可以在实际的网页内容开始处安排一个区段标识符。一旦访问者点击"跳转到内容"链接，就可直接显示网页的内容区域。如图 12.5 所示，屏幕朗读程序可利用这种"跳转到内容"或者"跳过导航"链接跳过重复性的导航链接。

以下是实际的编码步骤。

1. 建立目标。创建区段标识符，即区段起始元素的 id。例如：

```
<h2 id="content">.
```

2. 要通过链接跳转到目标时，就编码一个锚元素，其 href 属性的值是 # 符号加区段标识符。例如，以下锚元素跳转到命名区段"content"：

```
<a href="#content">Skip to Content</a>.
```

表明浏览器应该在同一个页面里搜索 id。如果忘了输入 #，浏览器不会在同一个页面中进行查找；它会试图查找一个外部文件。

警告，旧网页可能使用 name 属性，或者所谓的"命名锚点"，而不是使用命名区段标识符。这种编码方式已过时，在 HTML5 中无效。命名锚点使用 name 属性标识或命名一个区段。例如：

```
<a name="content" id="content"></a>。
```

 动手实作 12.2

这个动手实作将练习使用区段标识符。用文本编辑器打开 chapter12/starter1.html 文件并另存为 favorites.html。图 12.6 是该文件在浏览器中的效果。检查源代码，注意，网页顶部包含一个无序列表，罗列了要展开描述的一些"喜爱网站"类别，包括 Hobbies，HTML5 和 CSS。后续每个 h2 元素下方都显示了一个描述列表，罗列了属于该类别的网站名称和链接。我们希望点击每个类别名称都跳转到对应的区域。这是使用区段标识符的一个理想例子。

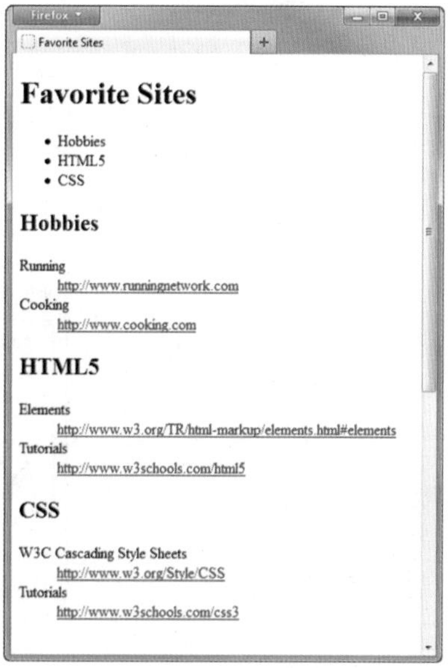

像下面这样修改网页。

1. 为每个 h2 元素都编码一个命名区段。例如：

```
<h2 id="hobbies">Hobbies</h2>
```

2. 顶部的无序列表中，将每一项都变成链接，跳转到对应的 h2 元素。

3. 在接近网页顶部的地方添加一个命名区段。

4. 在 favorites.html 网页接近底部的地方添加一个链接以便跳回网页顶部。

保存文件并测试。将你的作业与学生文件 chapter12/12.2 进行比较。

图 12.6　需添加跳转到区段标识符的超链接

有时需要链接到其他网页的命名区段。为此，请在文件名后添加 # 和 id。例如，以下代码链接到 favorites.html 网页中 id 为 hobbies 的区段：

```
<a href="favorites.html#hobbies">Hobbies</a>
```

 为什么有时无法链接到命名区段？

如网页内容没有超过浏览器窗口的高度，便无法产生"跳转"到网页中间的一个地方显示的效果。如命名区段下方的内容不够多，该命名区段便无法显示在页面顶部。为了解决这个问题，可尝试在网页底部加些空行（用
 标记），然后保存文件并重新测试。

图 12.7 域名是你在网上的标志

选择域名

要真正在网上"安身立命",选好域名至关重要,它的作用是在网上定位你的网站,如图 12.7 所示。如果是新公司,一般在确定公司名称的时候就能选好域名。相反,如果是老公司,就应选择和现有品牌形象相符的域名。虽然许多好域名都被占用了,但是仍然有大量选择可以考虑。

- 企业描述。虽然长时间以来的一个趋势是使用比较"有趣"的字眼作为域名(如 yahoo.com,google.com,bing.com,woofoo.com 等),但在真正这样做之前务必三思。传统行业所用的域名是企业在网上"安身立命"的基础,应清楚说明企业的名称或用途

- 尽量简短。虽然现在大多数人都通过搜索引擎发现新网站,但还是有一些访问者会在浏览器中输入你的域名。短域名比长域名好,访问者更容易记忆。

- 避免连字符("-")。域名中的连字符使域名很难念,输入也不易,很容易不小心输成竞争对手的网址。应尽量避免在域名中使用连字符。

- 并非只有 .com。虽然 .com 是目前商业和个人网站最流行的顶级域名(TLD),但还可以考虑其他 TLD 注册自己的域名,如 .biz、.net、.us、.cn、.mobi 等。商业公司应避免使用 .org 这个 TLD,它是非赢利性公司的首选。没必要为自己注册的每个域名都创建一个独立网站。可利用域名注册公司(比如

register.com 和 godaddy.com) 提供的功能将对多个域名的访问都重定向到你的网站实际所在的地址。这称为"域名重定向"。

- 对潜在关键字进行"头脑风暴"。从用户的角度想一下，当他们通过搜索引擎查找你这种类型的公司或组织时，会输入什么搜索关键字。把想到的内容作为你的关键字列表的起点 (将来会用到这个列表)。如有可能，用其中一个或多个关键字组成域名 (还是要尽量简短)。

- 避免使用注册商标中的单词或短语。美国专利商标局 (U.S. Patent and Trademark Office，USPTO) 对商标的定义是：生产者、经营者为使自己的商品与他人的商品相区别并标示商品来源而使用或者打算使用的文字、名称、符号、图形以及上述要素的组合。研究商标的一个起点是 USPTO 的商标电子搜索系统 (Trademark Electronic Search System，TESS)，网址是 http://tess2.uspto.gov。

- 了解行业现状。了解你希望使用的域名和关键字在 Web 上的使用情况。一个比较好的做法是在搜索引擎中输入你希望使用的域名 (以及关联词)，看看现状如何。

- 检查可用性。利用域名注册公司的网站检查域名是否可用。下面列举了一些域名注册公司：
  https://register.com
  https://networksolutions.com
  https://godaddy.com

所有网站都提供了 WHOIS 搜索功能，方便用户了解域名是否可用；如果被占用，还会报告被谁占用。对于被占用的域名，网站会列出一些推荐的备选名称。不要放弃，总能找到适合你的域名。

注册域名

确定理想的域名后，不要犹豫，马上注册。各家公司的域名注册费有所不同，但都不会很贵。.com 域名一年的注册费用最高为 35 美元 (如果多注册几年，或者同时购买 Web 主机服务，还会有一定优惠)。即便不是马上就要发布网站，域名注册也是越早越好。许多公司都在提供域名注册服务，上一节已经列举了几个。注册域名时，联系信息 (比如姓名、电话号码、邮寄地址和 E-mail 地址) 会输入 WHOIS 数据库，每个人都可以看见 (除非选择了隐私保护选项)。虽然隐私保护 (private registration) 的年费要稍多一些，但为了防止个人信息泄露，也许是值得的。

获取域名只是进军互联网的一部分。还要在某个服务器上实际地托管网站。下一节介绍如何选择主机。

主机提供商为你的网站文件提供存储空间，同时提供服务让别人通过互联网访问这些文件。你的域名 (比如本书网站 webdevbasics.net) 和一个 IP 地址关联，该 IP 地址指向你存储在主机提供商的服务器上的网站。

主机提供商一般除了收取开通费，还要收取每个月的主机费。主机费从低到高都有。最便宜的主机商不一定是最好的。商业网站绝对不要考虑 "免费" 主机提供商。小孩、大学学生和业余爱好者适合这些免费站点，但它们很不专业。你肯定不希望你的客户感觉到你不专业，或者不认真对待自己的事业。选择主机提供商时，不妨打一下它们的支持电话，或者用 E-mail 联系，了解客服的响应情况。口碑、搜索引擎和一些网上名录 (比如 www.hosting-review.com) 都是可以利用的资源。

Web 主机的类型

▸ 虚拟主机 (或者共享主机) 是小网站的流行选择，如图 12.8 所示。主机提供商的服务器划分为许多虚拟域，多个网站共存于同一台机器。你有权更新自己网站空间的文件。主机提供商负责维护服务器和网络连接。

图 12.8   虚拟主机

▸ 专用主机。这种主机放在主机提供商那里，硬盘空间和网络连接都由客户专用。访问量很大 (比如每天上千万次) 的网站一般都需要专用服务器。客户可以远程配置和操作主机，也可以付钱让主机提供商帮你管理。

▸ 托管主机。机器由企业自己购买并配置，放到主机提供商那里连接到互联网。机器由企业自己管理。

选择虚拟主机

选择主机时有许多因素可以考虑。表 12.1 提供了一个核对表。

表 12.1　主机核对表

类别	名称	描述
操作系统	☐ UNIX ☐ Linux ☐ Windows	有些主机提供了这些操作系统供选择。如果需要将网站与自己商业系统结合，请为这两者选择相同的操作系统
Web 服务器	☐ Apache ☐ IIS	这是两种最受欢迎的服务器软件。Apache 通常在 UNIX 或 Linux 操作系统上运行，IIS(Internet Information Services，Internet 信息服务) 是与 Microsoft Windows 的部分版本捆绑在一起的
流量	☐ _____ GB/ 月 ☐ 超过收费 _____	有些主机会详细监控你的数据传输流量，对超出部分要额外收费。虽然不限流量最好，但不是所有主机都允许。一个典型的低流量网站每个月的流量在 100 ～ 200 GB 之间，中等流量的网站每月 500 GB 流量也应该足够了
技术支持	☐ E-mail ☐ 聊天 ☐ 论坛 ☐ 电话	可以在 Web 主机服务提供商的网站上查看他们的技术支持说明。它是否一个星期 7 天、一天 24 小时都可以提供服务？发一封 E-mail 或问个问题试试他们的服务。如果对方没有把你视为未来的客户，有理由怀疑他们以后的技术支持不怎么可靠
服务协议	☐ 正常运行时间保证 ☐ 自动监测	主机如果能提供一份 SLA(Service Level Agreement，服务等级协议) 和正常运行时间保证，那么就说明他们非常重视服务和可靠性。使用自动监测可以在服务器运转不正常的时候自动通知主机技术支持人员
磁盘空间	☐ _____GB	许多虚拟主机通常都提供 100 GB 以上的磁盘存储空间。如果只是有一个小网站而且图片不是很多，那么可能永远也不会使用超过 50 MB 的磁盘空间
E-mail	☐ _____ 个邮箱	大部分虚拟主机会给每个网站提供多个邮箱，它们可以用来将信息进行分类过滤，户服务、技术支持、一般咨询等
上传文件	☐ FTP 访问 ☐ 基于网页的文件管理器	支持用 FTP 访问的主机将能够给你提供最大的灵活性。另外有些主机只是支持基于网页的文件管理器程序。有些主机两种方式都提供
配套脚本	☐ 表单处理	许多主机提供配套的、事先编好的脚本以帮助你处理表单信息
脚本支持	☐ PHP ☐ .NET ☐ ASP	如果计划在网站上使用服务器端脚本，那么就要先确定你的主机是否支持和支持什么脚本语言
数据库支持	☐ MySQL ☐ SQL Server	如果计划在脚本程序中访问数据库，先要确定主机是否支持和支持什么数据库
电子商务软件包	☐ _____	如果打算进行电子商务，主机能提供购物车软件包就会方便很多。核实是否能能提供该服务
SSL	☐ 开通费 _____ ☐ 月费 _____	了解主机是否提供 SSL。以后可能想用 https 提高安全性
可扩展性	☐ 脚本 ☐ 数据库 ☐ 电子商务	你可能会为第一个网站制定一个基本的 (简陋的) 方案。注意主机的可扩展性，随着网站规模的增长，它是否还有其他方案，比如脚本语言、数据库、电子商务软件包和额外流量或磁盘空间供扩展
备份	☐ 每天 ☐ 定期 ☐ 没有备份服务	大部分主机会定期备份你的文件。请检查一下备份的频率是怎么样的，还有你是否可以拿到备份文件。自己也一定要经常备份
网站统计数据	☐ 原始日志文件 ☐ 日志报告 ☐ 无法获取日志	服务器日志包含了许多有用信息，如访问者信息、他们是如何找到你的网站的和他们都浏览了哪些页面等。请检查一下你是否可以看到这些日志。有的主机可以提供日志报告
域名	☐ 已包含 ☐ 可以自行注册	有些主机提供的产品捆绑了域名注册服务。你最好是自己注册域名 (例如 http://register.com 或 http://networksolutions.com) 并保留域名账户的控制权
价格	☐ 开通费 _____ ☐ 月费 _____	把价格因素列在本清单的结尾处是有原因的。不要只是根据价格来选择主机，"一分钱一分货"是千真万确的真理。一种常见方式是支付一次性的开通费，再定期支付每月、每季或每年的使用费

12.5 安全套接字层 (SSL)

安全套接字层(Secure Sockets Layer, SSL)是允许数据通过公共网络安全交换的协议。最早由网景 (Netscape) 于 1994 年开发用于加密客户端 (通常是网页浏览器) 和服务器之间传送的数据。

后来人们又开发了传输层安全协议 (Transport Layer Security, TLS), 作为对 SSL 的改进和替换。然而, 目前人们还是常用 SSL 这个缩写词描述 Web 浏览器和 Web 服务器之间的加密安全通信。SSL 通过下面这些东西来提供客户端和服务器之间的安全通信:

- 用于身份验证的服务器和 (可选) 客户端数字证书;
- 用一个"会话密钥"实现对称密钥加密, 用于批量加密;
- 公钥加密, 用于传输会话密钥;
- 消息摘要 (哈希函数), 用于验证传输的完整性。

网站是否使用 SSL 可通过查看浏览器地址上的协议部分来了解, 它显示 https 而不是 http。如果 URL 以 https:// 开头, 就表明浏览器正在使用 HTTPS, 即超文本传输安全协议 (Hypertext Transfer Protocol Secure)。HTTPS 结合了 HTTP 和 SSL。除了显示 https 协议名称, 浏览器通常还会显示一个锁的图标或代表 SSL 的其他符号, 如图 12.9 所示。

? FAQ 浏览器在显示一些网站时, 地址栏为什么会出现不同的底色?

如果显示绿色地址栏, 表明正在使用扩展校验 SSL(Extended Validation SSL, EV SSL)。EV SSL 表明数字证书是通过更严格的背景审核来取得的, 要验证下面几项:

- 申请人拥有该域名
- 申请人为组织工作
- 申请人有权更新网站
- 组织拥有有效的、能确认的办公场所

数字证书

SSL 通过数字证书来进行身份验证, 确保两台计算机之间的安全通信。数字证书是非对称密钥的一种形式, 其中还包含了和证书相关的信息、证书持有者以及证书颁发机构。

数字证书的内容包括：

- ▶ 公钥
- ▶ 证书生效日期
- ▶ 证书到期日期
- ▶ 关于证书颁发机构的细节
- ▶ 关于证书持有者的细节
- ▶ 证书内容摘要

VeriSign(https://www.verisign.com)，Thawte(https://www.thawte.com) 和 Entrust(https://
www.entrust.net) 都是著名证书颁发机构。为获取自己的数字证书，需要生成一个证
书签署请求 (Certificate Signing Request，CSR) 和一对私钥 / 公钥 (具体过程请参考
https://www.digitalocean.com/community/tutorials/how-to-install-an-ssl-certificate-from-
a-commercial-certificate-authority)。然后要从证书颁发机构申请证书，支付申请费用，
并提供你的 CSR 和公钥。证书颁发机构会验证你的身份。可能有一个等待期，而你
可能需要支付年费。完成验证后，证书颁发机构会签署并颁发证书给你。你需要将
证书存储到自己的软件中，比如服务器、浏览器或者 E-Mail 应用程序中。链接到自
己的安全网页时，在绝对链接中使用 https 而不是 http。

图 12.9　浏览器显示正在使用 SSL

? FAQ　我有必要申请证书吗？

　　如果要在自己的网站上接收任何敏感的个人信息，比如信用卡号，就应该使
用 SSL。使用 SSL 不仅能增强网站安全性，还有利于网站推广。谷歌的 PageRank 算法
对安全网页是有加权的。但是，你可能不需要申请自己的证书。因为还有其他选择。
Cloudflare(https://www.cloudflare.com/ssl/) 提供了一个在线的内容交付网络 (Content Delivery
Network，CDN) 服务，能通过他们的服务器分发并通过 SSL 加密你的网页拷贝。有几个价
格不等的服务套餐，也包括一个免费的基础套餐。另外，许多 Web 主机提供商都为你免费
提供基本 SSL。调查自己的 Web 主机提供商了解他们是否提供该服务。

12.6　用 FTP 发布

建立主机后可开始上传文件。虽然主机可能提供了基于 Web 的文件管理器，但上传文件更常用的方法是使用"文件传输协议"(File Transfer Protocol，FTP)。"协议"是计算机相互通信时遵循的一套约定或标准。FTP 的作用是通过 Internet 复制和管理文件 / 文件夹。FTP 用两个端口在网络上通信，一个用于传输数据 (一般是端口 20)，一个用于传输命令 (一般是端口 21)。请访问 http://www.iana.org/assignments/port-numbers 查看各种网络应用所需的端口列表。

FTP 应用程序

有许多 FTP 应用程序可供下载或购买，表 12.2 列出了其中一部分。

表 12.2　FTP 应用程序

应用程序	平台	URL	价格
FileZilla	Windows，Mac，Linux	http://filezilla-project.org	免费下载
SmartFTP	Windows	http://www.smartftp.com	免费下载
CuteFTP	Windows，Mac	http://www.cuteftp.com	免费试用，学生有优惠
WS_FTP	Windows	http://www.ipswitchft.com	免费试用

用 FTP 连接

主机提供商会告诉你以下信息 (可能还有其他规格，比如 FTP 服务器要求使用主动模式还是被动模式)：

 ▶ 　FTP 主机地址
 ▶ 　用户名
 ▶ 　密码

使用 FTP

本节以 FileZilla 为例，它是一款免费 FTP 应用程序，提供了 Windows、Mac 和 Linux 版本。请访问 http://filezilla-project.org 免费下载。下载后按提示安装。

启动和登录

启动 FileZilla 或其他 FTP 应用程序。输入连接所需的信息，比如 FTP 主机地址、用户名和密码。连接主机。图 12.10 是用 FileZilla 建立连接的例子。

图 12.10   FileZilla FTP 应用程序

在图 12.10 中，靠近顶部的是 Host，Username 和 Password 这三个文本框。下方显示了来自 FTP 服务器的信息，根据这些信息了解是否成功连接以及文件传输的结果。在下方划分为左右两个面板。左侧显示本地文件系统，可选择自己机器上的不同驱动器、文件夹和文件。右侧显示远程站点的文件系统，同样可以切换不同的文件夹和文件。

上传文件

很容易将文件从本地计算机上传到远程站点，在左侧面板中选择文件，拖放到右侧面板即可。

下载文件

和上传相反，将文件从右侧面板拖放到左侧，即可进行文件下载。

删除文件

要删除网站上的文件，在右侧面板中选择文件，按 Delete 键即可。

进一步探索

FileZilla 还提供了其他许多功能。右击 (Mac 是 Ctrl+ 点击) 文件，即可在一个上下文关联菜单中选择不同的选项，包括重命名文件、新建目录和查看文件内容等。

搜索引擎是在网上导航和查找网站的常用方式。被搜索引擎收录能够帮助顾客找到你的网站。它们是非常好的营销工具。为了更好地驾驭搜索引擎,有必要了解一下它们是如何工作的。

根据 NetMarketShare 的报告 (https://www.netmarketshare.com/search-enginemarket-share.aspx?qprid=4&qpcustomd=0),谷歌 (http://www.google.com) 近一个月来最流行的搜索引擎。其中,Google 占据桌面市场的绝大份额 (77.98%)。其他大的搜索引擎还有 Bing(7.81%),百度 (7.71%) 和雅虎 (5.05%)。Google 的流行程度自 20 世纪 90 年代末公司成立以来就持续提高。简单的界面,加上快速检索到的有用结果,使其深受网民的喜爱。最新统计数据请访问 https://marketshare.hitslink.com。

搜索引擎的组成

搜索引擎的组成包括搜索机器人、数据库和搜索表单。它们分别获取网页信息,存储网页信息,并提供图形用户界面来输入搜索关键字和显示搜索结果。

机器人

机器人 (有时称为蜘蛛或 bot) 是一种能通过检索网页文档,并沿着页面中的超链接自动遍历网页超文本结构的程序。它就像一只机器蜘蛛在网上移动,访问并记录网页内容。机器人对网页内容进行分类,然后将关于网站和网页的信息记录到数据库中。要想进一步了解网页机器人,请访问 The Web Robots Pages(http://www.robotstxt.org)。

数据库

数据库是组织信息的地方,它结构特别,便于访问、管理和更新。数据库管理系统 (Database Management System,DBMS),比如 Oracle、Microsoft SQL Server、MySQL 或 IBM DB2 用于配置和管理数据库。显示搜索结果的网页称为搜索引擎结果页,它列出了来自搜索引擎数据库的信息。

搜索表单

在搜索引擎的各个组成部分中,搜索表单是你最熟悉的。你也许已经多次使用过搜索引擎但从来没有想过其幕后机制。搜索表单是允许用户输入要搜索的单词或短语的图形化用户界面。它通常只是一个简单的文本输入框和一个提交按钮。搜索引擎访问者在文本框中输入与他/她所要搜索的内容相关的词语(称为关键字)。表单提交之后，文本框中的数据就被发送给服务器端脚本，然后服务器端脚本就在数据库中进行搜索用户输入的关键字。搜索结果(也称为结果集)是一个信息列表，比如符合条件的网页 URL 等。该结果集的格式一般包括指向每个页面的链接和一些额外信息，比如页面标题、简单介绍、文本的前几行或网页文件的大小等。在结果页面中，各个条目的显示顺序可能要根据付费广告、字母排序和链接受欢迎程度来决定，每个搜索引擎都有它自己的搜索结果排序规则。注意，这些规则会随着时间的推移而改变。

在搜索引擎中列出你的网站

搜索引擎的机器人程序会遍历网页，最后应访问到你的网站，但整个过程可能会花一些时间。可以向搜索引擎手动提交你的网站来加快这一过程。按以下步骤操作让搜索引擎收录你的网站。

第 1 步：访问搜索引擎网站并找到"添加网站"或"收录 URL"链接，它通常在搜索引擎的主页上。要有耐心，这种链接有时并不那么明显。如果没有找到这种链接，可直接在搜索引擎上搜索"提交到谷歌"或"提交到必应"。向必应提交网站请访问 https://www.bing.com/toolbox/submit-site-url，向谷歌提交请访问 https://www.google.com/submityourcontent/website-owner/ 并选择 Add your URL。

第 2 步：按页面中列出的指示来做并提交表单，请求将你的网站添加到搜索引擎中。目前向必应和谷歌提交网站免费。

第 3 步：来自搜索引擎的机器人程序将对你的网站进行索引，这可能需要几周时间。

第 4 步：提交网站几周之后，请检查搜索引擎或搜索分类目录有没有收录你的网站。没有请检查你的页面，看它们是否针对搜索引擎进行了优化(参见下一节)，而且是否能在主流浏览器中显示。

? FAQ **在搜索引擎上打广告值得吗?**

视情况而定。让自己的公司在搜索结果的第一页出现，应该值多少钱? 要在搜索引擎上打广告，你需要选择触发广告的关键字。还要设置每个月的大致预算以及为每次点击支付的最大金额。不同搜索引擎的收费政策是不同的。截止本书写作时为止，谷歌是按每次点击来收费的。建议访问 http://google.com/adwords，了解更多信息。

12.8　搜索引擎优化

按照推荐的网页设计规范来操作，你现在肯定已经设计出了吸引人的网页。但怎样才能最好地与搜索引擎配合呢？本节介绍一些在搜索引擎上获得较好排名的建议和技巧，这个过程称为搜索引擎优化 (Search Engine Optimization，SEO)。

关键字

花点时间集思广益，想一些别人可能用来查找你的网站的术语或短语，这些描述网站或经营内容的术语或短语就是你的关键字。为它们创建一个列表，而且不要忘了在列表中加上这些关键字常见的错误拼法。

网页标题

描述性的网页标题 (<title> 标记间的文本) 应该包含你的公司和 / 或网站名称，这有助于网站对外界推广自己。搜索引擎的一个常见的做法是在结果页中显示网页标题文本。访问者收藏你的网站时，网页标题会被默认保存下来。另外，在打印网页时，也通常会打印网页标题。要避免为每一页都使用一成不变的标题；最好在标题中添加适合当前页的关键字。

标题标记

使用结构标记 (比如 <h1> 和 <h2> 等标题标记) 组织页面内容。如果合适，可以在标题标题中包含一些关键字。如果关键字在页面标题或内容标题中出现，有的搜索引擎将会把网站列在较前面的位置。但不要写垃圾关键字，也就是说，不要一遍又一遍地重复列举。搜索引擎背后的程序变得越来越聪明了，如果发现你不诚实或试图欺骗系统，完全可能拒绝收录你开发的网站。

描述

网站有什么特殊的地方可以吸引别人来浏览呢？以此为前提，写几个句子，描述一下你的网站或经营范围。这种网站描述应该有吸引力，有意思，这样在网上搜索的人才会从搜索引擎或搜索分类目录提供的列表中选择你的网站。有些搜索引擎会将网站描述显示在搜索结果中。

关键字和描述通过在 head 区域添加 meta 标记插入网页。

meta 标记

meta 标记是放在 head 区域的独立标记。以前曾用 meta 标记指定字符编码，meta 标记还有其他许多用途，这里讨论如何用它为搜索引擎提供网站描述。提供网站描述的 meta 标记的内容会在 Google 等搜索引擎的结果页中显示。name 属性指定 meta 标记的用途，content 属性指定该特定用途的值。例如，一个名为 Acme Design 的网站开发咨询公司的网站可以这样添加描述 meta 标记：

```
<meta name="description" content="Acme Design, a web consulting
    group that specializes in e-commerce, website design,
    development, and redesign.">
```

> **?FAQ** 如果不想让搜索引擎索引某个页面，应该怎么做？
>
> 不想让搜索引擎索引某些页面，而且不要跟随链接，就不要在网页中添加任何关键字或者描述 meta 标记。相反，按如下方式添加一个 meta 标记 robots：
>
> ```
> <meta name="robots" content="noindex, nofollow">
> ```
>
> 不想让搜索引擎索引整个网站，请使用 http://www.robotstxt.org 描述的 Robots Exclusion Protocol。创建文本文件 robots.txt 并保存到网站顶级文件夹，在其中写以下语句：
>
> ```
> User-agent: *
> Disallow: /
> ```

链接

验证所有超链接都能正常工作，没有断链。网站上的每个网页都能通过一个文本超链接抵达。文本应具有描述性，要避免使用"更多信息"和"点击此处"这样的短语。而且应包含恰当的关键字。来自外部网站的链接也是决定网站排名的一个因素。网站的链接受欢迎程度会决定在搜索结果页中的排名。

图片和多媒体

注意，搜索引擎的机器人"看"不见图片和多媒体中嵌入的文本。要为图片配置有意义的替代文本。要在替代文本中包含贴切的关键字。虽然有的机器人(比如 Google 的 Googlebot)最近添加了对 Flash 多媒体中的文本和超链接进行索引的功能，但要注意，依赖于 Flash 和 Silverlight 等技术的网站对于搜索引擎来说"可见性"较差，可能影响排名。

有效代码

搜索引擎不要求 HTML 和 CSS 代码通过校验。但是，有效而且结构良好的代码可以被搜索引擎的机器人更容易地处理。这有利于提高网站的排名。

有价值的内容

SEO 最基本、但常被忽视的一个方面就是提供有价值的内容，这些内容应该遵循网页设计最佳实践(参见第 3 章)。网站应该包含高质量的、良好组织的、对访问者来说有价值的内容。

12.9　无障碍访问测试

通用设计和无障碍访问

通用设计中心 (Center for Universal Design) 将通用设计 (universal design) 定义为"在设计产品和环境时尽量方便所有人使用，免除届时进行修改或特制的必要"。符合通用设计原则的网页所有人都能无障碍地访问，其中包括有视力、听力、运动和认知缺陷的人。正如本书一直强调的那样，无障碍访问是网页设计不可分割的一部分，编码时就应想到这个问题，不要事后弥补。我们配置了标题和副标题，无序列表导航，图片替代文本，多媒体替代文本，以及文本和表单控件的关联。所有这些技术都能增强网页的无障碍访问。

Web 无障碍访问标准

第 3 章说过，本书推荐的无障碍设计要满足《联邦康复法案》Section 508 条款和 W3C 的 Web 内容无障碍指导原则 (WCAG)。

Section 508 条款

Section 508 条款是对 1973 年颁布的《联邦康复法案》的改进，它规定所有由联邦政府发展、取得、维持或使用的电子和信息技术都必须能让残障人士"无障碍访问"。详情请访问 http://www.access-board.gov。

WCAG

WCAG 2.1(http://www.w3.org/TR/WCAG21) 认为能无障碍访问的网页应该是可感知的、可操作的以及可理解的。网页应该足够"健壮"，能适应大范围的浏览器、其他用户代理 (比如屏幕朗读器等辅助技术) 以及移动设备。WCAG 2.1 的指导原则如下所示。

1. 内容必须可感知 (不能出现用户看不到或听不到内容的情况)。

2. 界面组件必须可操作。

3. 内容和控件必须可理解。

4. 内容应该足够健壮，当前和将来的用户代理 (包括辅助技术) 能够顺利处理这些内容。

> **? FAQ 什么是辅助技术和屏幕朗读器?**
>
> 任何工具如果能帮助人克服身体上的不便来使用计算机，就称为辅助技术。例如屏幕朗读器和特制键盘 (如单手键盘) 等。屏幕朗读器能大声朗读屏幕内容。访问 https://www.youtube.com/watch?v=VvWCnFjAGgo 观看屏幕朗读器的介绍视频。JAWS 是一款流行的屏幕朗读器，访问 https://www.freedomscientific.com/Downloads/JAWS 下载有时间限制的免费版本。访问 http://www.nvda-project.org 下载开源的 NVDA 屏幕朗读器。

测试无障碍设计相容性

没有单一的测试工具能自动测试所有 Web 标准。测试网页无障碍设计的第一步是校验编码是否符合 W3C 标准。这需要用到 (X)HTML 校验器)http://validator.w3.org) 和 CSS 语法校验器 (http://jigsaw.w3.org/css-validator)。

自动无障碍设计测试

自动工具代替不了手动测试，但可以用它快速找出网页中的问题。WebAim Wave (https://wave.webaim.org) 和 ATRC AChecker(https://www.achecker.ca/checker) 是两款流行的免费在线无障碍设计测试工具。联机应用一般要求提供网页的 URL，并会生成一份无障碍设计报告。有些浏览器工具条可以用来检查无障碍设计，包括 Web Developer Extension(http://chrispederick.com/work/web-developer)、WAT Toolbar (http://www.wat-c.org/tools) 和 AIS Web Accessibility Toolbar(http://www.visionaustralia.org.au/ais/toolbar)。浏览器工具栏是多功能的，能够校验 HTML、校验 CSS、禁用图片、查看替代文本、勾划块级元素、改变浏览器窗口大小、禁用样式等。图 12.11 展示的是 Web Developer Extension 工具。

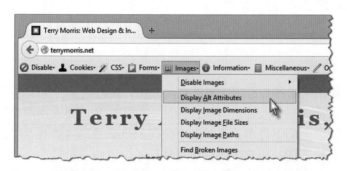

图 12.11　选择 Images > Display Alt Attributes 功能

手动无障碍测试

一定不要完全依赖自动化测试，自己的网页自己要检查。例如，虽然自动测试能检查 alt 属性是否存在，但机器无法判断 alt 属性的文本是否适当。

12.10　可用性测试

除了无障碍设计，通用设计的另一个方面是网站的可用性 (usability)。可用性衡量的是用户与网站交互时的体验。目标是让网站容易使用，效率高，而且让访问者感到愉快。Usability.gov 描述了影响用户体验的 5 个因素：学习的容易程度；使用的方便程度；记忆的容易程度；出错频率和严重程度；主观满意度。

学习的容易程度学习使用网站有多么容易？导航直观吗？新的访问者在网站上执行基本任务是否感到方便，他们是否感到挫折？

- **使用的方便程度**
  有经验的用户对网站的感觉如何。如果他们觉得习惯，是否能高效和快速地完成任务，他们是否感到挫折？

- **记忆的容易程度**
  访问者回到网站时，是否有足够深的印象记得如何使用它，访问者是否需要重新学习 (并感到挫折) ？

- **出错频率和严重程度**
  导航或填写表单时，网站访问者是否犯错？是严重的错误吗？是否容易从错误中恢复，访问者是否感到挫折？

- **主观满意度**
  用户 "喜欢" 使用网站吧？他们感到满意吗？为什么？

进行可用性测试

测试人们如何使用网站称为可用性测试 (Usability Testing)。它可以在网站开发的任何一个阶段进行，而且一般要进行多次测试。可用性测试要求用户在网站上完成一些任务，比如要求他们下订单、查找某个公司的电话号码或查找某个产品。网站不同，具体的任务也不同。用户尝试执行这些任务的过程会被监测。要求他们说出心里有哪些疑虑和犹豫，结果会记录下来 (通常用视频) 并与网页设计团队进行讨论。根据测试结果，开发人员要修改导航栏和页面布局。

如果在网站开发的早期阶段进行可用性测试，可能需要使用画在纸上的页面布局和站点地图。如果开发团队正在为某项设计事宜犯难，一次可用性测试也许有助于决定出最佳方案。如果在网站开发后期 (比如测试阶段) 进行可用性测试，测试的就是实际的网站。根据测试结果，可以确认网站的易用性和设计是否成功。如果发现问题，可以对网站进行最后一分钟的修改，或者安排在不远的将来对网站进行改进。

动手实作 12.3 ————————————————————

与另一组学生联合进行小规模的可用性测试。决定哪些人是"典型用户"，哪些是测试人员，哪些是观察人员。对自己学校的网站进行可用性测试。

- "典型用户"是测试主体。
- 测试人员监督可用性测试，强调测试的不是用户而是网站。
- 观察人员记录用户的反应和评论。

步骤 1：测试人员欢迎用户，向他们介绍要测试的网站。

步骤 2：针对以下每一种情形，测试人员都进行介绍，并在用户完成任务的过程中提问。测试人员要求用户在感到疑惑、混淆或者挫折时说明。观察人员做笔记。

- 情形 1：找出学校 Web 开发团队的联系人电话号码。
- 情形 2：调查下学期注册什么时候开始。
- 情形 3：调查 Web 开发或相关领域的学位 / 证书有什么要求。

步骤 3：测试人员和观察人员组织结果，写一份简单的报告。如果这是真实网站的可用性测试，要和开发团队会面来审查结果并讨论必要的改进措施。

步骤 4：递交小组的可用性测试结果。用文字处理软件完成报告。每种情形不要超过一页。写一页学校网站的改进意见。

——

 访问以下资源探索可用性测试主题：

- Keith Instone 的有关如何测试可用性的著名演讲稿"Classic Presentation on How to Test Usability"(http://instone.org/files/KEI-Howtotest-19990721.pdf)
- Advanced Common Sense—可用性专家克鲁格 (Steve Krug) 的网站：http://www.sensible.com
- 可用性基础：http://usability.gov/basics/index.html
- 可用性资源：http://www.infodesign.com.au/usabilityresources
- 可用性测试测试素材： http://www.infodesign.com.au/usabilityresources/usabilitytestingmaterials
- UIE 文章：https://articles.uie.com

复习和练习

复习题

选择题

1. Internet 专门用于文件传输的协议是什么？（　　）

    A. 端口   B. HTTP

    C. FTP   D. SMTP

2. meta 标记应该放在网页的（　　）部分。

    A. head   B. body

    C. 注释   D. 以上都不对

3. 以下哪种说法正确？（　　）

    A. 没有单一的测试工具能自动测试所有 Web 标准

    B. 可用性测试人越多越好

    C. 搜索引擎在你提交之后就能马上列出你的网站

    D. 以上都不对

4. WCAG 四大原则是什么？（　　）

    A. 对比，重复，对齐，近似   B. 可感知，可操作，可理解，健壮

    C. 无障碍，可读，可维护，可靠   D. 分级，线性，随机，顺序

5. 用什么衡量用户与网站交互时的体验？（　　）

    A. 无障碍访问   B. 可用性

    C. 有效性   D. 功能

6. 企业第一次进军 Web 时，主机选择是（　　）。

    A. 专用主机   B. 免费 Web 主机

    C. 虚拟主机   D. 托管主机

7. 域名保密注册的目的是什么？（　　）

    A. 网站保密   B. 是最便宜的域名注册方式

    C. 联系信息保密   D. 以上都不对

8. 以下关于域名的说法哪一种正确？（　　）

    A. 建议注册多个域名，将所有域名都重定向到网站

    B. 建议使用长的、描述性的域名

    C. 建议在域名中使用连字号

    D. 选择域名时不必检查商标使用情况

9. 搜索引擎根据到一个网站的链接数量和质量来确定其评级，这评定的是（　　）。

    A. 链接检查　　　　　　　　　B. 链接评级

    C. 链接受欢迎程度　　　　　　D. 操作系统优化

10. 设计产品和环境时尽量方便所有人使用，免除届时还得修改或特制，这称为（　　）。

    A. 无障碍设计　　　　　　　　B. 可用性

    C. 通用设计　　　　　　　　　D. 功能性

动手练习

1. 写 HTML 创建区段标识符 main 来标识网页文档的主内容区域。

2. 写 HTML 创建指向命名区段 main 的超链接。

3. 对自己学校的网站进行自动化的可用性测试。同时使用 WebAim Wave(https://wave.webaim.org) 和 ATRC AChecker(https://www.achecker.ca/checker) 自动测试工具。描述两个工具报告测试结果在方式上的差异。它们都找到了类似的错误吗？写一页报告描述测试结果，列出你对网站的改进意见。

4. 在网上搜索主机提供商，汇报符合以下条件的三个主机提供商：

   ▸ 支持 PHP 和 MySQL

   ▸ 提供电子商务功能

   ▸ 提供至少 1 GB 硬盘空间

使用你最喜欢的搜索引擎来查找主机提供商或访问主机分类目录，比如 https://www.hosting-review.com 和 https://www.hostindex.com/。由 http://uptime.netcraft.com/perf/reports/Hosters 提供的 Web 主机调查结果也可能有些帮助。创建网页来展示你的发现，添加三个主机提供商的链接。网页还必须用表格罗列一些信息，例如开通费、月费、域名注册费、硬盘空间、电子商务软件包的类型和费用等。在网页上恰当地使用颜色和图片。将姓名和 E-mail 地址放在网页底部。

聚焦网页设计

1. 探索如何设计网站使它为搜索引擎优化 (SEO)。访问以下资源搜索三条 SEO

的技巧与建议：

- https://www.searchenginejournal.com/101-quick-seo-tips/180563/
- https://www.seomoz.org/beginners-guide-to-seo
- https://www.bruceclay.com/seo/search-engine-optimization.htm

写一页报告描述你觉得有意思或者有用的技巧，引用资源 URL。

2. 探索如何通过社交媒体优化 (SMO) 来沟通当前与潜在的网站访问者。根据
Rohit Bhargava 的描述，SMO 是对网站进行优化，使其"更容易链接到，在
通过定制搜索引擎 (比如 Technorati) 进行的社交媒体搜索中更容易出现，而
且更频繁地被包含在文字博客、播客和视频博客中。"SMO 的优点包括品
牌和站点的知名度的提升，以及来自外部网站的链接数量的增多，从而有利
于提升在搜索结果中的排名。访问以下资源搜索三条 SMO 的技巧或建议：

- https://moz.com/beginners-guide-to-social-media
- http://www.rohitbhargava.com/2010/08/the-5-new-rules-of-social-media-optimization-smo.html
- https://www.toprankblog.com/2009/03/sxswi-interview-rohit-bhargava

写一页报告描述你觉得有意思或者有用的技巧，引用资源 URL。

案例学习：度假村 Pacific Trails Resort

这个案例学习以第 11 章的 Pacific Trails 网站为基础创建网站的新版本，在每个网页
中实现 description meta 标记。有 3 个任务。

1. 为这个 Pacific Trails 案例学习创建新文件夹。

2. 撰写 Pacific Trails Resort 描述。

3. 在每个网页中编码 description meta 标记。

任务 1：新建文件夹 ch12pacific 来包含 Pacific Trails Resort 网站文件。复制第 11 章
创建的 ch11pacific 文件夹中的文件。

任务 2：撰写描述。查看之前各章创建的 Pacific Trails Resort 网页。写简短的一段话
来描述网站。注意，只需要短短几句话，不超过 25 个字。

任务 3：更新每个网页。用文本编辑器打开每个网页，在 head 部分添加 description meta 标记。保存文件并在浏览器中测试。外观没有变化，但对于搜索引擎的友好度大大提高了！

JavaJam Coffee House 案例学习

这个案例学习以第 11 章的 Path of Light Yoga Studio 网站为基础创建网站的新版本，在每个网页中实现 description meta 标记。有 3 个任务。

1. 为这个案例学习：瑜珈馆 Path of Light Yoga Studio 创建新文件夹。

2. 撰写 Path of Light Yoga Studio 描述。

3. 在每个网页中编码 description meta 标记。

任务 1：新建文件夹 ch12yoga 来包含 Path of Light Yoga Studio 网页文件。复制第 11 章创建的 ch11yoga 文件夹中的文件。

任务 2：撰写描述。查看之前各章创建的 Path of Light Yoga Studio 网页。写简短的一段话来描述网站。注意，只需要短短几句话，不超过 25 个字。

任务 3：更新每个网页。用文本编辑器打开每个网页，在 head 部分添加 description meta 标记。保存文件并在浏览器中测试。外观没有变化，但对搜索引擎的友好度大大提高了！

附录 A　复习和练习答案

第1章

1. B	2. B	3. B
4. D	5. 对	6. 错
7. 错	8. HTML	
9. .htm, .html	10. index.htm, index.html	

第2章

1. C	2. A	3. C
4. C	5. A	6. B
7. C	8. B	9. B
10. B		

第3章

1. D	2. B	3. B
4. B	5. C	6. B
7. C	8. A	9. C
10. D		

第4章

1. B	2. D	3. D
4. A	5. C	6. B
7. B	8. D	9. A
10. B		

第5章

1. A	2. B	3. B
4. B	5. C	6. D
7. D	8. D	9. B
10. B		

第6章

1. B	2. C	3. B
4. B	5. A	6. C
7. C	8. A	9. B
10. A		

第7章

1. D	2. A	3. B
4. C	5. D	6. C
7.B	8. D	9. C
10. B		

第8章

1. A	2. C	3. B
4. B	5. D	6. D
7. B	8. D	9. C
10. B		

第9章

1. B	2. C	3. C
4. C	5. B	6. C
7. B	8. B	9. C
10. B		

第10章

1. D	2. A	3. C
4. B	5. A	6. C
7. A	8. D	9. C
10. D		

第11章

1. C	2. B	3. C
4. A	5. A	6. C
7. B	8. B	9. B
10. A		

第12章

1. C	2. A	3. A
4. B	5. B	6. C
7. C	8. A	9. C
10. C		

附录 B HTML5 速查表

常用 HTML5 标记

标记	用途	常用属性
<!-- -->	注释	
<a>	锚点标记：配置超链接	accesskey，class，href，id，name，rel，style，tabindex，target，title
<abbr>	配置缩写	class，id，style
<address>	配置联系信息	class，id，style
<area>	配置图像地图中的一个区域	accesskey，alt，class，href，hreflang，id，media，rel，shape，style，tabindex，target，type
<article>	将文档的一个独立区域配置成一篇文章	class，id，style
<aside>	配置补充内容	class，id，style
<audio>	配置浏览器原生的音频控件	autoplay，class，controls，id，loop，preload，src，style，title
<b>	配置加粗文本，没有暗示的重要性	class，id，style
<bdi>	配置双向文本格式中使用的文本 (bi-directional isolation)	class，id，style
<bdo>	指定双向覆盖	class，id，style
<blockquote>	配置长引用	class，id，style
<body>	配置 body 部分	class，id，style
 	配置换行	class，id，style
<button>	配置按钮	accesskey，autofocus，class，disabled，format，formaction，formenctype，mormmethod，formtarget，formnovalidate，id，name，type，style，value
<canvas>	配置动态图形	class，height，id，style，title，width
<caption>	配置表题	align (已废弃) class，id，style

标记	用途	常用属性
<cite>	配置引用作品的标题	class，height，id，style，title
<code>	配置计算机代码段	class，id，style
<col>	配置表列	class，id，span，style
<colgroup>	配置一组表列	class，id，span，style
<command>	配置代表命令的区域	class，id，style，type
<datalist>	配置包含一个或多个 option 元素的控件	class，id，style
<dd>	配置描述列表中的"描述"	class，id，style
<del>	配置删除文本 (显示删除线)	cite，class，datetime，id，style
<details>	配置控件提供额外的信息	class，id，open，style
<dfn>	配置术语中的定义部分	class，id，style
<div>	配置文档中的一个区域	class，id，style
<dl>	配置描述列表 (以前称为定义列表)	class，id，style
<dt>	配置描述列表中的"术语"	class，id，style
<em>	配置强调文本 (一般倾斜)	class，id，style
<embed>	集成插件 (比如 Adobe Flash Player)	class，id，height，src，style，type，width
<fieldset>	配置带有边框的表单控件分组	class，id，style
<figcaption>	配置图题	class，id，style
<figure>	配置插图	class，id，style
<footer>	配置页脚	class，id，style
<form>	配置表单	accept-charset，action，autocomplete，class，enctype，id，method，name，novalidate，style，target
<h1> … <h6>	配置标题	class，id，style
<head>	配置 head 部分	
<header>	配置标题区域	class，id，style
<hgroup>	配置标题组	class，id，style
<hr>	配置水平线；在 HTML5 中代表主题划分	class，id，style
<html>	配置网页文档根元素	lang，manifest

标记	用途	常用属性
<i>	配置倾斜文本	class，id，style
<iframe>	配置内联框架	class，height，id，name，sandbox，seamless，src，style，width
<img>	配置图片	alt，class，height，id，ismap，name，src，style，usemap，width
<input>	配置输入控件。包括文本框，email 文本框，URL 文本框，搜索文本框，电话号码文本框，滚动文本框，提交按钮，重置按钮，密码框，日历控件，slider 控件，spinner 控件，选色器控件和隐藏字段	accesskey，autocomplete，autofocus，class，checked，disabled，form，id，list，max，maxlength，min，name，pattern，placeholder，readonly，required，size，step，style，tabindex，type，value
<ins>	配置插入文本，添加下划线	cite，class，datetime，id，style
<kbd>	代表用户输入	class，id，style
<keygen>	配置控件来生成公钥 / 私钥对，或者是提交公钥	autofocus，challenge，class，disabled，form，id，keytype，style
<label>	为表单控件配置标签	class，for，form，id，style
<legend>	为 fieldset 元素配置标题	class，id，style
<li>	配置无序或有序列表中的列表项	class，id，style，value
<link>	将网页文档与外部资源关联	class，href，hreflang，id，rel，media，sizes，style，type
<main>	配置网页主内容区域	class，id，style
<map>	配置图像地图	class，id，name，style
<mark>	配置被标记 (或者突出显示) 的文本供参考	class，id，style
<menu>	配置命令列表	class，id，label，style，type
<meta>	配置元数据	charset，content，http-equiv，name
<meter>	配置值的可视计量图	class，id，high，low，max，min，optimum，style，value
<nav>	配置导航区域	class，id，style
<noscript>	为不支持客户端脚本的浏览器配置内容	
<object>	配置常规的嵌入对象	classid，codebase，data，form，height，name，id，style，title，tabindex，type，width

标记	用途	常用属性
\<ol>	配置无序列表	class，id，reversed，start，style，type
\<optgroup>	配置选择列表中相关选项的分组	class，disabled，id，label，style
\<option>	配置选择列表中的选项	class，disabled，id，selected，style，value
\<output>	配置表单处理结果	class，for，form，id，style
\<p>	配置段落	class，id，style
\<param>	配置插件的参数	name，value
\<picture>	配合媒体查询来配置灵活响应图像	class，id，style
\<pre>	配置预格式化文本	class，id，style
\<progress>	配置进度条	class，id，max，style，value
\<q>	配置引文	cite，class，id，style
\<rp>	配置 ruby 括号	class，id，style
\<rt>	配置 ruby 注音文本	class，id，style
\<ruby>	配置 ruby 注音	class，id，style
\<samp>	配置计算机程序或系统的示例输出	class，id，style
\<script>	配置客户端脚本（一般是 JavaScript）	async，charset，defer，src，type
\<section>	配置文档区域	class，id，style
\<select>	配置选择列表表单控件	class，disabled，form，id，multiple，name，size，style，tabindex
\<small>	用小字号配置免责声明	class，id，style
\<source>	配置媒体文件和 MIME 类型	class，id，media，src，style，type
\<span>	配置内联显示的文档区域	class，id，style
\<strong>	配置强调文本（一般加粗）	class，id，style
\<style>	配置网页文档中的嵌入样式	media，scoped，type
\<sub>	配置下标文本	class，id，style
\<summary>	配置总结文本	class，id，style
\<sup>	配置上标文本	class，id，style
\<table>	配置表格	class，id，style，summary
\<tbody>	配置表格主体	class，id，style

标记	用途	常用属性
\<sup>	配置上标文本	class，id，style
\<table>	配置表格	class，id，style，summary
\<tbody>	配置表格主体	class，id，style
\<td>	配置表格数据单元格	class，colspan，id，headers，rowspan
\<textarea>	配置滚动文本框表单控件	accesskey，autofocus，class，cols，disabled，id，maxlength，name，placeholder，readonly，required，rows，style，tabindex，wrap
\<tfoot>	配置表脚	class，id，style
\<th>	配置表格的列标题或行标题	class，colspan，id，headers，rowspan，scope，style
\<thead>	配置表格的 head 区域，其中包含行标题或列标题	class，id，style
\<time>	配置日期和 / 或时间	class，datetime，id，pubdate，style
\<title>	配置网页标题	
\<tr>	配置表行	class，id，style
\<track>	为媒体配置一条字幕或评论音轨	class，default，id，kind，label，src，srclang，style
\<u>	为文本配置下划线	class，id，style
\<ul>	配置无序列表	class，id，style
\<var>	配置变量或占位符文本	class，id，style
\<video>	配置浏览器原生视频控件	autoplay，class，controls，height，id，loop，poster，preload，src，style，width
\<wbr>	配置适合换行的地方	class，id，style

附录 C   CSS 速查表

常用 CSS 属性

属性名称	说明
align-items	配置灵活容器在 cross-axis 上的额外空白。取值 flex-start，flex-end，center，baseline 或 stretch
background	配置全部背景属性的快捷方式。取值 background-color，background-image，background-repeat，background-position
background-attachment	配置背片固定或滚动。取值 scroll (默认) 或 fixed
background-clip	配置显示背景的区域。取值 border-box, padding-box 或 content-box
background-color	配置元素的背景颜色。取有效颜色值
background-image	配置元素的背景图片。取值 url (图片的文件名或路径), none (默认)。可选新 CSS3 函数：linear-gradient() 和 radial-gradient()
background-origin	配置背景定位区域。取值 padding-box, border-box 或者 content-box
background-position	配置背景图片的位置。取值两个百分比，像素值或者位置名称 (left, top, center, bottom, right)
background-repeat	配置背景图片的重复方式。取值 repeat (默认), repeat-y, repeat-x 或者 no-repeat
background-size	配置背景图片的大小。取值数值 (px 或 em), 百分比 , contain, cover
border	配置元素边框的快捷方式。取值 border-width border-style border-color
border-bottom	配置元素的底部边框。取值 border-width border-style border-color
border-collapse	配置表格中的边框显示。取值 separate (默认) 或者 collapse
border-color	配置元素的边框颜色。取值有效颜色值
border-image	配置图片作为元素的边框，参考 http://www.w3.org/TR/css3-background/#the-border-image
border-left	配置元素的左边框。取值 border-width border-style border-color
border-radius	配置圆角。取值一个或两个数值 (px 或 em) 或者百分比，配置圆角的水平和垂直半径。如果仅提供一个值，就同时应用于水平和垂直半径。相关属性：border-top-left-radius，border-top-right-radius，border-bottom-left-radius 和 border-bottom-right-radius
border-right	配置元素的右边框。取值 border-width border-style border-color

属性名称	说明
border-spacing	配置表格单元格之间的空白间距。取值数值 (px 或 em)
border-style	配置元素边框的样式。取值 none (默认), inset, outset, double, groove, ridge, solid, dashed 或者 dotted
border-top	配置元素的顶部边框。取值 border-width border-style border-color
border-width	配置元素的边框粗细。取值数字像素值 (比如 1 px), thin, medium 或者 thick
bottom	配置距离包容元素底部的偏移。取值数值 (px 或 em), 百分比或者 auto (默认)
box-shadow	配置元素的阴影。取值三个或四个数值 (px 或 em) 分别表示水平偏移、垂直偏移、模糊半径和 (可选的) 扩展距离,以有一个有效的颜色值。用 inset 关键字配置内阴影
box-sizing	更改计算元素宽度和高度的默认 CSS 框模型。取值 content-box (默认), padding-box 或者 border-box
caption-side	配置表题所在的位置。取值 top (默认) 或者 bottom
clear	配置元素相对于浮动元素的显示。取值 none (默认), left, right 或者 both
color	配置元素中的文本颜色。取有效颜色值
column-gap	配置网格列之间的空白。取数值长度或百分比
display	配置元素是否以及怎样显示。取值 inline, inline-block, none, block, flex, grid, inline-flex, list-item, table, table-row 或 table-cell
flex	配置每个灵活项相对于整体的大小。取整数值,auto,flex-grow,flex-shrink 或者 flex-basis
flex-basis	配置沿灵活在主轴上的初始大小。取值 auto(默认),content 或者一个正值
flex-direction	配置灵活项方向。取值 row,column,row-reverse 或者 column-reverse
flex-flow	同时配置灵活容器方向和自动换行的简写属性
flex-grow	指定灵活项相对于灵活容器中的其他项的拉伸幅度。取值为 0(默认) 或者一个正值
flex-shrink	指定灵活项相对于灵活容器中的其他项的收缩幅度。取值为 1(默认) 或者其他正值
flex-wrap	配置灵活项在多行上的显示。取值 nowrap(默认),wrap 或者 wrap-reverse
float	配置元素水平放置方式 (左还是右)。取值 none (默认), left 或者 right
font	配置元素中的字体属性的快捷方式。取值 font-style,font-variant,font-weight,font-size/line-height,font-family

属性名称	说明
font-family	配置字体。取值列出有效字体名称或者常规 font family 名称
font-size	配置字号。取值数值 (px, pt, em), 百分比值, xx-small, x-small, small, medium (默认), large, x-large, xx-large, smaller 或者 larger
font-stretch	对字体进行伸缩变形。取值 normal, wider, narrower, condensed, semi-condensed, expanded, ultra-expanded
font-style	配置字形。取值 normal (默认), italic 或者 oblique
font-variant	配置文本是否用小型大写字母显示。取值 normal (默认) 或者 small-caps
font-weight	配置字本浓淡 (称为 weight 或 boldness)。取值 normal (默认), bold, bolder, lighter, 100, 200, 300, 400, 500, 600, 700, 800 或 900
gap	配置网格轨道之间空白的简写属性，值为 row-gap 和 column-gap
grid-column	为一个网格项或者区域配置网格的一列或多列。值的情况请参考 https://www. w3.org/TR/css-grid-1/#typedef-grid-row-start-grid-line
grid-column-gap	配置网格列之间的空白，值为数值长度或百分比
grid-gap	配置网格轨道之间空白的简写属性，值为 grid-row-gap 和 grid-column-gap
grid-row	为一个网格项或者区域配置网格的一行或多行。值的情况请参考 https://www. w3.org/TR/css-grid-1/#typedef-grid-row-start-grid-line
grid-row-gap	配置网格行之间的空白，值为数值长度或百分比
grid-template-columns	指定为网格中每一列保留多大空间。值为像素单位的数值，百分比，auto 和灵活因子单位 (fr)。参考：https:// www.w3.org/TR/css-grid-1/#propdef-grid-template-columns
grid-template-rows	指定为网格中每一行保留多大空间。值为像素单位的数值，百分比，auto 和灵活因子单位 (fr)。参考：https:// www.w3.org/TR/css-grid-1/#propdef-grid-template-columns
height	配置元素高度。取数值 (px 或 em), percentage 或者 auto (默认)
justify-content	配置如何显示额外空白。取值 center，space-between，space-around，flex-start(默认) 或 flex-end
left	配置距离包容元素左侧的偏移。取数值 (px 或 em), percentage 或者 auto (默认)
letter-spacing	配置字间距。取数值 (px 或 em) 或者 normal (默认)
line-height	配置行高。取数值 (px 或 em), 百分比, 倍数或者 normal (默认),
list-style	配置列表属性的快捷方式。取值 list-style-type list-style-position list-style-image
list-style-image	配置作为列表符号使用的图片。取值 url (图片文件名或者路径) 或者 none (默认)

属性名称	说明
list-style-position	配置列表符号的位置。取值 inside 或者 outside（默认）
list-style-type	配置列表符号的类型。取值 none, circle, disc（默认），square, decimal, decimal-leading-zero, Georgian, lower-alpha, lower-roman, upper-alpha 或者 upper-roman
margin	配置元素边距的快捷方式。取值一到四个数值 (px 或 em), 百分比 , auto 或者 0
margin-bottom	配置元素底部边距。取值数值 (px 或 em), 百分比 , auto 或者 0
margin-left	配置元素左侧边距。取值数值 (px 或 em), 百分比 , auto 或者 0
margin-right	配置元素右侧边距。取值数值 (px 或 em), 百分比 , auto 或者 0
margin-top	配置元素顶部边距。取值数值 (px 或 em), 百分比 , auto 或者 0
max-height	配置元素最大高度。取值数值 (px 或 em), 百分比或者 none（默认）
max-width	配置元素最大宽度。取值数值 (px 或 em), 百分比或者 none（默认）
min-height	配置元素最小高度。取值数值 (px 或 em) 或者百分比
min-width	配置元素最小宽度。取值数值 (px 或 em) 或者百分比
opacity	配置元素的不透明度。值 : 0(完全透明) 到 1(完全不透明) 之间
outline	配置元素轮廓线。取值 outline-width，outline-style，outline-color
outline-color	配置元素轮廓线颜色。取有效颜色值。
outline-style	配置元素轮廓线样式。取值 none(默认)，inset，outset，double，groove，ridge，solid，dashed 或 dotted
outline-width	配置元素轮廓线宽度。取像素值 (比如 1 px)，thin，medium 或 thick
overflow	配置内容大于所分区区域时应如何显示。取值 visible(默认), hidden, auto 或 scroll
padding	配置元素的填充的快捷方式。取值一到四个数值 (px 或 em), 百分比或者 0
padding-bottom	配置元素底部填充。取值数值 (px 或 em), 百分比或者 0
padding-left	配置元素左侧填充。取值数值 (px 或 em), 百分比或者 0
padding-right	配置元素右侧填充。取值数值 (px 或 em), 百分比或者 0
padding-top	配置元素顶部填充。取值数值 (px 或 em), 百分比或者 0
page-break-after	配置元素之后的换页。取值 auto（默认）, always, avoid, left 或者 right
page-break-before	配置元素之前的换页。取值 auto（默认）, always, avoid, left 或者 right
page-break-inside	配置元素内部换页。取值 auto（默认）或者 avoid
position	配置用于显示元素的定位类型。取值 static（默认）, absolute, fixed 或者 relative

属性名称	说明
right	配置距离包容元素右侧的偏移。取值数值 (px 或 em), 百分比或者 auto (默认)
text-align	配置文本的水平对齐方式。取值 left, right, center, justify
text-decoration	配置文本装饰。取值 none (默认), underline, overline, line-through 或者 blink
text-indent	配置首行缩进。取值数值 (px 或 em) 或者百分比
text-outline	配置元素中显示的文本的轮廓线。取值一个或两个数值 (px 或 em) 分别代表轮廓线的粗细和 (可选的) 模糊半径，以及一个有效的颜色值
text-overflow	配置浏览器如何标识溢出容器并不可见的内容。取值 clip(默认)，ellipsis 或字符串值
text-shadow	配置元素中显示的文本的阴影。取值三个或四个数值 (px 或 em) 分别表示水平偏移、垂直偏移、模糊半径和 (可选的) 扩展半径，以及一个有效的颜色值
text-transform	配置文本大小写。取值 none (默认), capitalize, uppercase 或者 lowercase
top	配置距离包容元素顶部的偏移。取值数值 (px 或 em), 百分比或者 auto (默认)
transform	配置元素在显示上的变化。取值一个变化函数，比如 scale(), translate(), matrix(), rotate(), skew() 或者 perspective()
transition	配置一个 CSS 属性值在指定时间内的变化方式。取值列出 transition-property, transition duration, transition-timing-function 和 transition-delay 的值, 以空格分隔。默认值可省略, 但第一个时间单位应用于 transition-duration
transition-delay	指定过渡的延迟时间；默认为 0，表示不延迟。否则使用一个数值指定时间 (一般以秒为单位)
transition-duration	指定完成变化所需的时间，默认为 0，表示立即完成变化，无过渡；否则用一个数值指定持续时间，一般以秒为单位
transition-property	指定过渡效果应用于的 CSS 属性；支持的属性请参考 http://www.w3.org/TR/css3-transitions
transition-timing-function	描述属性值的变化速度。常用的值包括 ease(默认，逐渐变慢)，linear(匀速变化)，ease-in(加速变化)，ease-out(减速变化)，ease-in-out(加速然后减速)
vertical-align	配置元素的垂直对齐方式。取值数值 (px 或 em), 百分比 , baseline (默认), sub, super, top, text-top, middle, bottom 或者 text-bottom
visibility	配置元素的可见性。取值 visible (默认), hidden 或者 collapse
white-space	配置元素内的空白。取值 normal (默认), nowrap, pre, pre-line 或者 pre-wrap
width	配置元素宽度。取值数值 (px 或 em), 百分比或者 auto (默认)
word-spacing	配置词间距。取值数值 (px 或 em) 或者 auto (默认)
z-index	配置元素堆叠顺序。取值数值或 auto (默认)

名称	用途
:active	配置点击过的元素
:after	插入并配置元素后的内容
:before	插入并配置元素前的内容
:first-child	配置元素的第一个子元素
:first-letter	配置第一个字符
:first-line	配置第一行
:first-of-type	配置指定类型的第一个元素
:focus	配置得到键盘焦点的元素
:hover	配置鼠标放在上方时的元素
:last-child	配置元素的最后一个子元素
:last-of-type	配置指定类型的最后一个元素
:link	配置还没有访问过的链接
:nth-of-type(n)	配置指定类型的第 n 个元素。取值一个数字，odd 或 even
:visited	配置访问过的链接

附录 D WCAG 2.1 快速参考

Web Content Accessibility Guidelines (Web 内容无障碍指导原则，WCAG) 2.1 于 2018 年 6 月进入 W3C Recommendation 阶段。WCAG 2.1 包括 WCAG 2.0 所有条款，同时引入了一些新条款。

可感知

▸ 1.1 替代文本：为非文本内容提供替代文本，使其能改变成其他形式，比如大印刷体，盲文，语音，符号或者更简单的语言。图片 (第 6 章) 和多媒体 (第 11 章) 都应提供替代文本。

▸ 1.2 基于时间的媒体：为基于时间的媒体提供替代物。本书没有创建基于时间的媒体，但将来创建动画或者使用客户端脚本来实现交互式幻灯片这样的功能时，就要注意这一点。

▸ 1.3 可调整：创建能在不丢失信息或结构的前提下以不同方式呈现的内容 (比如更简单的布局)。第 2 章使用块元素 (比如标题、段落和列表) 创建单栏网页。第 7 章创建多栏网页。第 8 章使用了媒体查询并运用了灵活 Web 设计的原则。第 10 章将有意义的标签与表单控件关联。

▸ 1.4 可区分：用户更方便地看到或听到内容，包括对前景和背景进行区分。文本和背景要有良好的对比。

可操作

▸ 2.1 可通过键盘访问：所有功能都应该能通过键盘使用。第 12 章配置了到命名区段的链接。第 10 章介绍了 label 元素。

▸ 2.2 足够的时间：提供足够的时间来阅读和使用内容。本书没有创建基于时间的媒体，但将来创建动画或者使用客户端脚本来实现交互式幻灯片这样的功能时，就要注意这一点

▸ 2.3 癫痫：内容的设计方式不要引发用户癫痫。使用别人创建的动画时要注意。网页中的元素每秒闪烁不应超过 3 次。

▸ 2.4 可导航：帮助用户导航、查找内容和了解当前所在位置。第 2 章使用块元素 (比如标题和列表) 组织网页内容。第 12 章配置指向命名区段的链接。

▸ 2.5 输入方式多样化：支持用除键盘之外的其他设备进行输入。第 8 章创建了灵活响应的网页，它在桌面和移动设备上都能良好工作。

可理解

▶ 3.1 可读: 文本要可读、可理解。第3章讨论了进行Web创作时使用的技术。

▶ 3.2 可预测：网页的显示和工作要以可预测的方式进行。本书案例学习创建的网站具有一致性的设计，提供了明确标注、能正常工作的超链接。

▶ 有要明显的标签和起作用的链接

▶ 3.3 输入辅助：帮助用户避免和纠正错误。第10章用新的HTML5表单控件和属性来校验网页表单的信息输入并向用户提供反馈。

健壮

▶ 4.1 兼容: 最大程度保证与当前和未来的用户代理(包括辅助技术)的兼容。编写的代码要符合W3C推荐标准。

 访问 https://www.w3.org/WAI/standards-guidelines/wcag/newin-21/，了解 WCAG 2.1 的增补内容。访问以下资源获得有关 WCAG 2.1 的最新信息：

▶ Web Content Accessibility Guidelines (WCAG) 2.1
http://www.w3.org/TR/WCAG21

▶ Understanding WCAG 2.1
https://www.w3.org/WAI/WCAG21/Understanding/

▶ How to Meet WCAG 2.1
http://www.w3.org/WAI/WCAG21/quickref

附录 E　ARIA 地标角色

W3C 的 Web Accessibility Initiative(WAI) 开了一个标准来提供额外的无障碍访问，称为 Accessible Rich Internet Applications(无障碍丰富互联网应用，ARIA)。ARIA 通过标识元素在网页上的角色或用途来增强网页和网页应用的无障碍访问 (http://www.w3.org/WAI/intro/aria)。

本附录着眼于 ARIA 地标（landmark）角色。网页上的地标是指一个主要区域，比如横幅、导航、主内容等等。ARIA 地标角色允许网页开发人员使用 role 属性指定网页上的地标，从而配置 HTML 元素的语义描述。例如，为了将包含网页文档主内容的元素配置成地标角色 main，请在起始标识中编码 role="main"。

用屏幕朗读器或其他辅助技术访问网页的用户可访问地标角色，快速跳过网页上的特定区域（演示视频 http://www.youtube.com/watch?v=IhWMou12_Vk）。ARIA 地标角色的完整列表请访问 http://www.w3.org/TR/wai-aria/roles#landmark_roles。常用 ARIA 地标角色包括：

- banner (横幅 /logo 区域)
- navigation (导航元素的集合)
- main (文档主内容)
- complementary (网页文档的支持部分，旨在补充主内容)
- contentinfo (包含版权等内容的一个区域)
- form (表单区域)
- search (提供搜索功能的区域)

下面是一个示例网页的 body 区域，其中配置了 banner, navigation, main 和 contentinfo 等角色。注意，role 属性并不改变网页显示，只是提供有关文档的额外信息，以便各种辅助技术使用。

```
<body>
  <header role="banner">
    <h1>Heading Logo Banner</h1>
  </header>
  <nav role="navigation">
    <a href="index.html">Home</a> <a href="contact.html">Contact</a>
  </nav>
  <main role="main">
    This is the main content area.
  </main>
  <footer role="contentinfo">
    Copyright &copy; 2018 Your Name Here
  </footer>
</body>
```

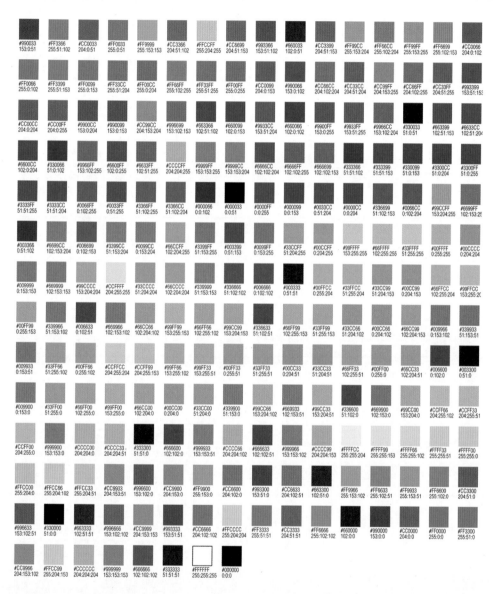

网页安全颜色在不同计算机平台和显示器上能保证最大程度的一致。在 8 位彩色时代，使用网页安全颜色至关重要。由于现代大多数显示器都支持千百万种颜色，所以网页安全颜色已经不如以前那么重要。每种颜色都显示了十六进制和十进制 RGB 值。